工业和信息化普通高等教育"十二五"规划教材立项项目

21世纪高等学校计算机规划教材
21st Century University Planned Textbooks of Computer Science

Visual Basic.NET 程序设计教程

An Introduction to Visual Basic.NET Programming

兰顺碧 主编

阙向红 万奕 杨向东 齐敏 吴霞 王芬 编著

U0650853

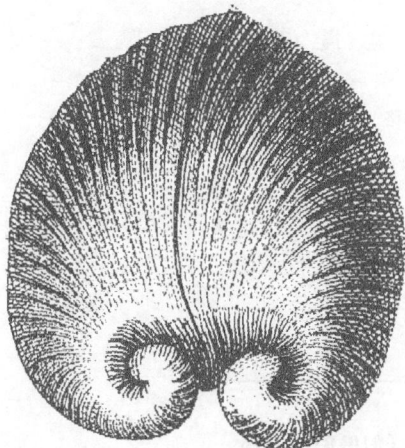

高校系列

人民邮电出版社
北 京

图书在版编目（CIP）数据

Visual Basic.NET程序设计教程 / 兰顺碧主编. --
北京：人民邮电出版社，2012.2（2021.1重印）
21世纪高等学校计算机规划教材
ISBN 978-7-115-27325-3

Ⅰ. ①V… Ⅱ. ①兰… Ⅲ. ①
BASIC语言－程序设计－高等学校－教材 Ⅳ. ①TP312

中国版本图书馆CIP数据核字(2011)第274196号

内 容 提 要

本书从最简单的操作、最基本的概念入手，由简到繁、由浅入深地介绍 Visual Basic.NET 2010 程序
设计。本书结合最基本的内容，通过丰富的实例，阐述基本编程方法和程序设计技巧，并详尽地介绍了
VB.NET 语言基础、程序的基本控制结构、数组、过程、用户界面设计、通用对话框和菜单、图形、面向
对象的编程、建立类库、文件、访问数据库及调试和错误处理等内容。书中提供的有针对性的实例、精心
编排的内容和科学的学习顺序是初学者深入理解"面向对象"思想和从入门到精通的保证。

全书分两部分，第一部分是 Visual Basic.NET 2010 教程。各章都设计了许多应用实例和综合应用，
编排合理，概念清晰，有针对性地提高读者计算机程序设计的能力。第二部分共有 10 个实验，认真完成
每个实验，就能在较短的时间内基本掌握 Visual Basic.NET 2010 及其应用技术。

本书适合作为高等院校计算机公共课教学及专科生相关课程的教材，也可供学习 Visual Basic.NET
2010 程序设计的读者参考。

工业和信息化普通高等教育"十二五"规划教材立项项目
21 世纪高等学校计算机规划教材
Visual Basic.NET 程序设计教程

- ◆ 主 编 兰顺碧
  编 著 阙向红 万 奕 杨向东 齐 敏 吴 霞 王 芬
  责任编辑 武恩玉
- ◆ 人民邮电出版社出版发行 北京市丰台区成寿寺路 11 号
  邮编 100164 电子邮件 315@ptpress.com.cn
  网址 http://www.ptpress.com.cn
  北京九州迅驰传媒文化有限公司印刷
- ◆ 开本：787×1092 1/16
  印张：19 2012 年 2 月第 1 版
  字数：477 千字 2021 年 1 月北京第 5 次印刷

ISBN 978-7-115-27325-3
定价：36.00 元
读者服务热线：(010)81055256 印装质量热线：(010)81055316
反盗版热线：(010)81055315
广告经营许可证：京东市监广登字 20170147 号

前　言

本书是根据教育部高等学校非计算机专业计算机基础课程教学指导分委员会提出的《关于进一步加强高等学校计算机基础教学的意见》（白皮书）中有关计算机程序设计基础课程的教学基本要求编写的，是为高等学校将 Visual Basic 程序设计作为第一门开设的程序设计语言课程而编写的教材。

本书以 Visual Basic.NET（简称 VB.NET）2010 版本为平台，从最简单的操作、最基本的概念入手，由简到繁、由浅入深地介绍 Visual Basic.NET 程序设计方法和技巧，从实际应用的角度出发，帮助读者快速掌握程序设计的方法和思路。

全书分两部分，第一部分是 Visual Basic.NET 2010 教程，分为 13 章。各章都设计了许多应用实例和综合应用，有针对性地提高读者计算机程序设计的能力。教程的主要特点是编排合理，概念清晰，便于教学和自学。

第二部分是实验，共有 10 个实验。认真完成每个实验，就能在较短的时间内基本掌握 Visual Basic .NET 2010 及其应用技术。

本书是面向没有程序设计基础的读者编写的入门教材，适用作为 Visual Basic 程序设计课程教材，也可以供学习 Visual Basic.NET 2010 程序设计的读者参考。

本书第 1 章由齐敏编写，第 2、第 11 章由吴霞编写，第 3 章由杨向东编写，第 4、第 5 章由阙向红编写，第 6、第 7、第 8、第 13 章由兰顺碧编写，第 9、第 10 章由万奕编写，第 12 章由王芬编写。兰顺碧、阙向红和万奕负责全书的总体规划、统稿和定稿工作。

本书的编写得到了华中科技大学网络与计算中心和基础教研室的关心、支持和帮助，在此一并表示感谢。

由于作者写作时间仓促，自身水平有限，书中不当之处在所难免，衷心希望读者给予批评指正。

编者
2011 年 11 月

目　录

第一部分 Visual Basic.NET 2010 教程

第1章
概　论

本章主要介绍 Visual Basic.NET 的基本概念、集成开发环境、窗体和基本控件、程序结构以及基本开发方法。

1.1　Visual Basic.NET 概述

Visual Basic.NET（简称 VB.NET）是在 BASIC 语言的基础上发展而来的。VB.NET 与 VB 有很大的不同，VB 是基于事件和对象的思想，VB.NET 是基于.NET 框架，这是微软公司为了将新的编译环境与潮流接轨所致。.NET 是当前程序设计的主流体系之一，代表了程序设计技术发展的方向。

.NET 的核心是.NET 框架（.NET Framework），它是以一种采用系统虚拟机运行的编程平台，以通用语言运行库（Common Language Runtime）为基础，支持多种语言（Visual Basic.NET、Visual C++.NET、Visual C#.NET、Visual J#.NET 等）的开发。从层次结构来看，.NET 框架又包括 3 个主要组成部分：公共语言运行时（CLR：Common Language Runtime）、服务框架（Services Framework）和上层的两类应用模板，即传统的 Windows 应用程序模板（Win Forms）和基于 ASP.NET 的面向 Web 的网络应用程序模板（Web Forms 和 Web Services）。

.NET 框架还提供了一个跨语言的统一编程环境和开发工具，即 Visual Studio.NET（简称 VS.NET），它将过程的思想完全用 OOP（Object Oriented Programming，面向对象程序设计）的思想取代，是真正面向对象、功能强大的集成开发工具。VB 面向对象的能力远远不能满足计算机网络的需求，这也是越大项目越少用到 VB 的原因。VB.NET 新增并加强了许多新的面向对象的特征，比如继承、重载、多态等，使开发者可以快速地可视化开发网络应用程序、网络服务、Windows 应用程序和服务器端组件，可以说是一门全新的面向对象语言。

VB.NET 作为 VS.NET 的重要成员之一，它继承了 VB 语言简单、易学、易用的优点，更是云计算时代唯一的开发工具与协作管理平台，它将为软件开发设计带来深远的影响。

为了掌握程序设计的最新技术，本书以 Visual Studio 2010（简称 VS 2010）下的 VB.NET 为平台进行讲解。

1.1.1 第一个 VB.NET 程序

下面通过一个简单的 VB.NET 应用程序，来了解 VB.NET 的基本概念和特点。

例 1.1 简单的字幕跑马灯演示。一匹小木马在一行字幕"学习使用 VB.NET"的映衬下，在标题为"跑马灯游戏"的窗体上按照自右向左或自左向右两边跑动，且该字幕会在不同的方向上有颜色的变化。在程序运行阶段，木马与字幕的行进方向以及与窗体左边界的距离位置会在窗体上动态显示。任务大致介绍如下。

（1）设计程序界面与设置控件对象属性。界面由窗体对象 Form1 组成，如图 1-1 所示。在工具箱的"所有 Windows 窗体"组项中，分别选择 5 个 Label 控件、1 个 PictureBox 控件和 1 个 Timer控件，拖放或双击到窗体相应的位置，并设置各个控件的相应属性。程序运行时的初始界面如图1-2 所示。

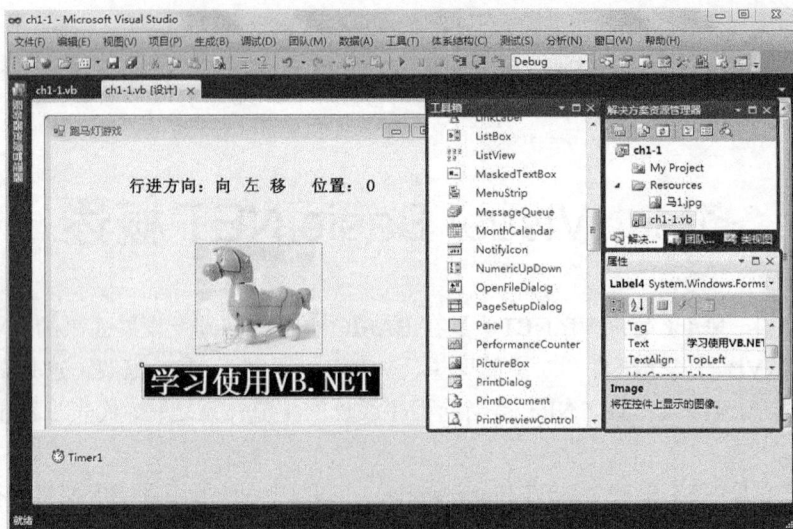

图 1-1 程序设计界面

图 1-2 程序运行效果

（2）编写控件对象的事件过程。在代码窗口中为窗体对象 Form1 编辑 Load（加载）事件过程，为计时器控件对象 Timer1 编辑 Tick()事件过程，各个对象程序代码如下：

```
Public Class Form1
```

```
        Dim x As Integer, y As Integer, k As Integer        '走马灯坐标
        Dim flag As Boolean = True                          '走马灯初始左移
        Private Sub Form1_Load(ByVal sender As System.Object, ByVal e As System.EventArgs)_
        Handles MyBase.Load
            x = 150 : y = 150
            Label5.Location = New Point(x - 70, y + 150)    '设定文本控件的起始位置
            PictureBox1.Location = New Point(x, y)          '设定图形控件的起始位置
            Label5.AutoSize = True                          '设定文本控件能按数据调整大小
            Timer1.Interval = 10                            '设定时器周期为10/1 000=0.01秒
            Timer1.Enabled = True                           '定时器触发
        End Sub
        Private Sub Timer1_Tick(ByVal sender As System.Object, ByVal e As System.EventArgs)_
        Handles Timer1.Tick
            Label4.Text = Label5.Left()
            If flag = True Then                             '左移情况
                x -= 1
                Label5.Location = New Point(x - 70, y + 150)
                PictureBox1.Location = New Point(x, y)
                Label2.Text = "左"
                Label5.BackColor = Color.Blue               '变走马灯字体背景为蓝色
                Label5.ForeColor = Color.FloralWhite        '变走马灯字体为白色
                If (Integer.Parse(Label5.Left) <= 0) Then
                    flag = False                            '设置右移
                End If
            Else                                            '右移情况
                x += 1
                Label5.Location = New Point(x - 70, y + 150)
                PictureBox1.Location = New Point(x, y)
                Label2.Text = "右"
                Label5.BackColor = Color.FloralWhite        '变走马灯字体背景为白色
                Label5.ForeColor = Color.Blue               '变走马灯字体为蓝色
                If (Integer.Parse(Label5.Left) + Integer.Parse(Label5.Width) >=Integer._
                Parse(Me.Width)) Then
                    flag = True                             '设置左移
                End If
            End If
        End Sub
    End Class
```

（3）按"F5"键或单击工具栏中的 ▶ 图标或在"调试（D）"菜单下单击"启动调试（S）"项，字幕跑马灯程序开始运行。

1.1.2 基本概念

1. 类和对象

（1）类

现实世界中，类（Class）定义了一件事物的抽象特点。在面向对象程序设计中，类是创建对象实例的模板，是同种对象的集合与抽象。类包含了所创建对象属性的数据以及对这些数据进行操作的方法定义。

在 VB.NET 中，类可以分为两种：一种由系统预先设定好，用户可以直接使用，如窗体、控件等，即控件类；另一种是由用户自定义的类。

类的定义格式：

```
[访问符] Class 类名
    ‵类体
End Class
```

其中，"Class"是用于声明类的关键字，必须以"End Class"关键字进行结束。在类体中可以定义类的字段、属性、方法和事件。

在"解决方案资源管理器"窗口中，右键单击项目，在弹出的快捷菜单中选择"添加"→"类"命令，并在弹出的"添加新项"对话框中输入类的名字，即可以创建一个用户自定义的类，如图1-3 所示。

图 1-3　创建一个用户自定义类

（2）对象

对象（Object）是面向对象的程序设计思想的核心概念之一，是类的实例，其定义格式为：

```
Dim 对象名 As 类名[=New 类名()]
```

其中，类名是系统预定义或用户自定义的类。可以先实例化一个对象，在程序中为该对象赋值；也可以在实例化的同时，使用 New 关键字调用类的构造函数创造一个实例，为对象赋值，如 [=New 类名()]。

一般来说对象都有自己的特征、行为和发生在该对象上的活动。如某一辆车，这个对象具有颜色、重量、油耗等特征，并具有开动、行驶、载人载物等行为。当外界作用其上时，它产生相应的活动，如上坡加油，下坡刹车等。

在面向对象程序设计中，我们将对象的特征称为字段或属性，对象的行为称为方法，对象的活动称为事件。

2. 对象的字段、属性、方法和事件

（1）对象的字段、属性

字段（Fields）和属性（Property）都是类用于保存数据的成员，它们的区别在于，字段只是类的简单变量，是一个对象含有的片断的信息；而属性是对象的特征，当描述一个对象的特征时，就是在描述该对象的属性，对象的每一个属性描述了对象的每一个特定面。属性被描述成名|值

对，即每一个属性都具有属性名和对应的属性值，如：颜色——红色，高度——800 像素。

在 VB.NET 中，每一个控件对象都具有许多属性，例如，控件名称（Name）、标题（Text）、颜色（Color）、字体（Font）等。不同的对象具有各自不同的属性。

对象属性值的设定可以通过两种方式来实现。

① 设计阶段：利用属性窗口直接设置对象的属性值。

② 运行阶段：利用赋值语句实现，格式为：

对象名.属性名=属性值

在设计阶段，对象的属性都显示在属性窗口中。要通过属性窗口修改对象的属性值，必须先选择要设置属性的对象。选择之后，属性窗口中就列出了该对象的全部属性；选中要修改的属性名，在右边的单元格中直接输入或设置其属性值，如图 1-4 所示。

如果在程序运行过程中，对象的属性值发生了动态的变化，则需要在程序代码中修改对象的属性值。例如，一个名为 Button1 的命令按钮，按钮上显示的文本修改为"再次确认"，可以在程序中相应的位置加入代码：

```
Button1.Text = "再次确认"
```

在程序代码中，如果使用同一个对象的多个属性时，可以逐一设置多个属性，也可以使用 With…End With 语句，节约代码的书写。其语法格式如下：

图 1-4　属性面板

```
With <对象名>
<语句组>
End With
```

例 1.2　需要在程序代码中设置文本框 TextBox1 的属性：宽度（Width）、文本值（Text）、字体颜色（ForeColor）。逐行书写代码如下：

```
TextBox1.Width = 200
TextBox1.Text = "我的文本框"
TextBox1.ForeColor = Color.Blue
```

使用 With…End With 语句可以实现相同的功能。其代码如下：

```
With TextBox1
    .Width = 200
    .Text = "我的文本框"
    .ForeColor = Color.Blue
End With
```

注意：对象的大部分属性是可读|写的，即既可以在设计阶段也可以在程序运行阶段设置。如果属性只能在设计阶段设置，在程序运行阶段不可以改变，这样的属性称为只读属性，如名称（Name）、最大化（MaxButton）、最小化（MinButton）等。

（2）对象的方法

方法（Method）是对象能够执行的动作或功能，每一种对象都有其特定的方法。面向对象的程序设计语言为程序设计人员提供了一种特殊的过程供用户直接调用，这就是方法。它是对象本身内含的函数和过程，用于完成某种特定的功能。

实现方法的具体代码是不可见的。用户在编写代码时，通过方法名调用对应方法的程序代码，

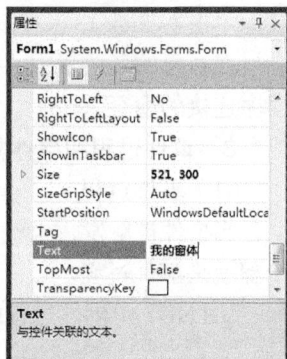

对象将按照顺序执行一系列动作。方法的调用格式为：

　　[对象名.]方法 [实参表]

其中，[对象名.]表示如果是当前窗体，则可以省略。

　　例如：

```
Me.Hide()                          '隐藏当前窗体
MainForm.Show()                    '显示名为 MainForm 的窗体
MainForm.TextBox1.Focus()          '将窗体 MainForm 上的控件 TextBox1 设为焦点
```

（3）对象的事件

事件（Event）是发生在对象上的活动。同一个事件，作用于不同的对象，会引发不同的反应，产生不同的结果。VB.NET 中的事件是由系统预先定义的、能够为对象和控件所识别的动作，如鼠标单击（Click）、鼠标双击（DoubleClick）、获得焦点（GotFocus）、按下键盘键（KeyPress）等。

在对象的各要素中，字段、属性和方法是对象的用户和对象连接的途径，而事件则是对象和程序连接的途径。

3. 事件过程和事件驱动

（1）事件过程

当事件被触发，也就是在对象上发生了事件后，相应的对象就会对该事件做出处理。处理的步骤就是事件过程。

VB.NET 中事件过程的形式如下：

```
Private Sub 对象名_事件名[（参数列表）]
    事件过程代码
    ......
End Sub
```

其中，

对象名：Name 属性。

事件名：VB.NET 中预先定义好的能被该对象识别的事件。

事件过程代码：处理该事件的程序。

例1.3　计算机 D 盘上文件夹 vb 内有图片文件 tulips.jpg，通过下列事件过程加载图片。

```
Private Sub Button1_Click(ByVal sender As System.Object, ByVal e As _ System.EventArgs)
Handles Button1.Click
    Me.Text = "装载图片"
    PictureBox1.SizeMode = PictureBoxSizeMode.StretchImage
    PictureBox1.Image = Image.FromFile("d:\vb\tulips.jpg")
End Sub
```

运行后单击命令按钮，结果如图 1-5 所示。

（2）事件驱动

VB.NET 中采用了事件驱动的编程机制，程序执行的次序与程序设计者无关，而是取决于用户的具体操作。

程序的执行步骤如下：

① 启动应用程序，装载和显示窗体；

② 窗体或控件等待事件的发生，直至退出；

图 1-5　例 1.3 的运行效果

③ 事件被触发，执行相应的事件过程，执行完后，返回步骤②；

④ 退出。

事件的触发可以有 3 种形式，第 1 种是由用户触发，如 Click、DbClick 等事件；第 2 种是由系统触发，如 Timer 事件；第 3 种是由代码间接触发，如加载窗体的 Load 事件等。

程序开发只需要编写相应用户事件的动作代码，且各个事件不一定存在着关联，因而无需关心执行的具体过程。用户对这些事件驱动的顺序决定了代码的执行顺序。

对象、事件和事件过程间的关系如图 1-6 所示。

图 1-6　对象、事件和事件过程之间的关系

1.2　VB.NET 集成开发环境

Visual Studio 产品系列共用一个集成开发环境（Integrated Development Environment，IDE），该环境由应用程序设计、编辑、运行、调试、资源管理等多种界面元素组成，是所见即所得的开发工具。

启动后的 Visual Studio 2010 窗口如图 1-7 所示，该窗口可完成新建项目、打开项目等操作。单击"新建项目"选项后，进入如图 1-8 所示"新建项目"对话框，在该窗体中间的列表中列出了创建某种类型的应用程序开发项，表 1.1 列出了部分选项的应用说明。例如，创建一个 Windows 应用程序，双击"Windows 窗体应用程序"即可。

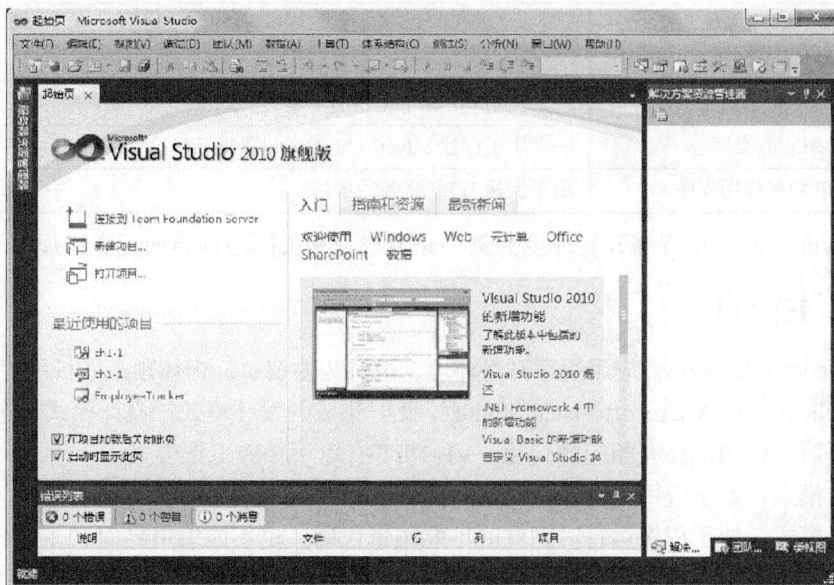

图 1-7　Visual Studio 2010 起始页

图 1-8　新建项目

表 1.1　　　　　　　　　　　　　　　　　"新建项目"部分选项

图标	选　　项	说　　　明
	Windows 窗体应用程序	用于创建具有 Windows 用户界面的应用程序的项目
	WPF 应用程序	Windows Presentation Foundation 客户端应用程序
	控制台应用程序	用于创建控制台应用程序
	ASP.NET Web 应用程序	用于创建具有 Web 用户界面的应用程序的项目
	类库	用于创建 VB 类库的项目（.dll）
	ASP.NET MVC 2 Web 应用程序	使用 ASP.NET MVC 2 创建应用程序的项目
	Silverlight 应用程序	一个使用 Silverlight 创建丰富的 Internet 应用程序的空项目
	Silverlight 类库	一个用于创建 Silverlight 类库的项目
	WPF 服务应用程序	用于创建 WPF 服务的项目

下面以 Windows 应用程序开发环境为例，介绍与之相关的各种界面元素组成。

1.2.1　主窗口

图 1-9 所示为 Windows 应用程序开发环境，也称为主窗口。窗体顶端的标题栏中的标题为 "WindowsApplication1 - Microsoft Visual Studio"，此时集成开发环境处于设计模式状态。进入其他工作模式状态后，标题栏会有相应的变化。VB.NET 有以下 3 种工作模式。

（1）设计模式：处于应用程序开发时用户界面设计（包括代码编辑）。

（2）运行模式：处于程序运行时，此时不能编辑代码，也不能编辑界面。

（3）调试模式：处于程序运行暂时中断状态，此时可以编辑代码，但不能编辑界面。按 "F5" 键或单击 "启动调试" 按钮，继续运行程序；单击 "停止调试" 按钮，停止程序运行。在此模式下会弹出"自动窗口"和"错误列表"窗口，在"自动窗口"中可编辑值，并立即执行；在"错误列表"窗口中可列出出现的错误信息。

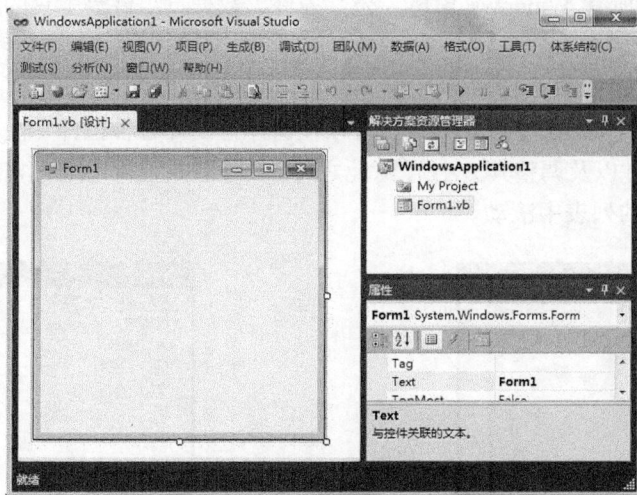

图 1-9 主窗口

1.2.2 菜单栏和工具箱窗口

1. 菜单栏

用户可以通过单击菜单中的菜单项，来实现应用程序所提供的功能。

在"设计"模式下，VS 2010 菜单栏中包含了 14 个下拉菜单，涵盖了 VB.NET 的所有功能，具体名称和主要功能如表 1.2 所示。

表 1.2　　　　　　　　　　　各项菜单功能

菜单名称	功能说明
文件（F）	用于文件、项目及系统相关的各种操作，如新建、打开、保存、退出等
编辑（E）	用于文件、控件及代码编辑相关的各种操作，如剪切、复制、粘贴、查找等
视图（V）	管理工作区的各种窗口及工具，如设计器、工具箱、工具栏、属性窗口等
项目（P）	用于在当前项目中添加各种组件操作，如添加窗体、控件、组件、类、模块等
生成（B）	用于生成和重新生成以及发布项目等操作
调试（D）	用于代码的调试与设置，如设置新断点，逐语句、逐过程、异常等调试
团队（M）	用于项目之间进行协同开发，如自动检测、虚拟部署等
数据（A）	用于对数据库中数据源的相关操作，如添加和显示数据源、添加查询等
格式（D）	用于与格式相关的操作，如对齐、水平间距、垂直间距等
工具（T）	提供各种工具的使用，如连接到数据库、服务器及设置集成开发环境选项等
体系结构（C）	包含建模和可视化工具中引入的新图类型，如 UML 图、DGML 等
测试（S）	用于完成与项目测试相关的操作，如新建测试、创建新测试列表等
分析（N）	用于性能分析，如启动性能向导、比较性能报告和探查器等
窗口（W）	用于设置窗口布局的各种操作，显示当前打开的窗口列表等
帮助（H）	包含获取帮助信息的相关命令，如查找帮助、管理帮助设置、MSDN 论坛等

2. 工具箱窗口

"工具箱"窗口如图 1-10 所示，其默认方式为自动隐藏并以折叠方式分组显示 Visual Studio 2010 所用组件，包括所有 Windows 窗体、公共控件、数据、组件等工具的集合，可用每组左侧的三角形标记折叠或展开。

"公共控件"工具箱如图 1-11 所示（上半部），是用户界面常用控件所在，由 23 个按钮形式的图标和文本所构成，利用这些工具，用户可以在窗体上设计各种控件（注明：指针不是控件，仅用于移动窗体和控件以及调整其大小）。除此之外，其他隐式控件可通过拖动垂直滚动条或使用鼠标的滚动轮在所有的列表中滚动。

图 1-10　"工具箱"窗口   图 1-11　"公共控件"工具箱

常用控件及说明如表 1.3 所示。

表 1.3　　　　　　　　　　　　　　常用控件

图标	控件名称	说　明
ab	Button	命令按钮，当用户选择命令按钮，就会发生相应的事件过程
A	Label	标签，用于显示文本信息，不能输入信息
abl	TextBox	文本框，用于输入、编辑、修改和显示正文内容
	PictureBox	图形框，既可显示图形，又可显示文本
	ListBox	列表框，用于显示多个项目的列表，不能直接修改其内容
	ComboBox	下拉组合框，兼有文本框和列表框两者的功能特性
	CheckBox	复选框，成组出现时，可以选择多项，打上勾的为被选项
	RadioButton	单选按钮，成组出现时，只能选择其中一项，带有黑点的为被选项

1.2.3　解决方案资源管理器

VS 2010 是以解决方案为单位来管理 VB.NET 程序设计过程的，解决方案资源管理器用于程序设计者在解决方案或项目中管理和查看一个应用程序的所有资源。解决方案和项目包含一些项，这些项表示创建应用程序所需的引用、数据连接、文件夹和文件，通过解决方案资源管理器可以打开、添加、删除、重命名和移动文件，可以发布安装程序，生成可执行程序等。

以例 1.1 为例，保存项目文件名为 ch1-1 后，在指定的文件夹中会形成文件 ch1-1.Designer.vb、ch1-1、ch1-1.vb 和一个名为 ch1-1 的文件夹，文件夹中又包含了一系列相关文件和文件夹，形成的一系列文件夹或文件类型及说明如表 1.4 所示。

表 1.4　　　　　　　　　　　　　　"项目 ch1-1" 文件夹及文件

图标	文件（夹）	说　明
	ch1-1.Designer.vb	窗体设计器生成的代码文件，对窗体上的控件起到初始化工作的作用
	ch1-1(.resx)	.NET 管理资源文件，由 XML 项组成
	ch1-1.vb	程序文件，是程序设计者编写的代码文件
	ch1-1	文件夹，里面包含了一个 ch1-1 文件夹和一个 ch1-1 文件
	ch1-1	MVS 解决方案文件（可执行文件），双击该文件可进入该项目
	ch1-1	文件夹，包含了一系列相关文件和文件夹

双击 "ch1-1" 解决方案文件，进入该项目的开发环境，该项目的解决方案管理器窗口可以 "自动隐藏" 在主窗体的右侧；也可以以标准形式 "停靠" 在主窗体的右侧，如图 1-12 所示；还可以 "以选项卡式文档停靠" 在设计窗口中，如图 1-13 所示，只要右击该窗口的标题栏，便可做出相应选择。

图 1-12　"停靠" 状态

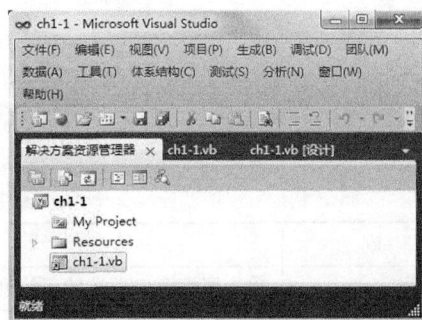

图 1-13　"以选项卡式文档停靠" 状态

解决方案资源管理器分为两部分：上半部分为动态的管理项，下半部分为分层显示解决方案、项目和项的状态信息。当选择不同的分层时，动态管理项目数有所不同，最多时有 6 项，具体组成和说明如表 1.5 所示。

表 1.5　　　　　　　　　　　　　　资源管理项目表

图标	管　理　项	说　明
	属性	用于显示树形视图中所有选项的相应属性用户界面
	显示所有文件	用于显示解决方案中的所有项目和项，包含已经被排除了的项，在正常情况下隐藏的项以及文件夹、文件、引用等状态信息
	刷新	用于更新下半部分层显示的各项或文件等状态信息
	查看代码	用于切换到当前项目的代码编辑器窗口，查看或编辑修改代码
	视图设计器	用于切换到当前项目的窗体设计器，查看或编辑修改设计界面
	查看类型	用于启动类设计器，以显示当前项目中类的关系图

通过 "视图" 菜单，可在解决方案资源管理器窗口位置打开一组窗口，这些窗口之间可以通过位于窗口下的选项卡进行切换。

1.2.4　属性窗口

属性窗口如图 1-14 所示，用于显示设计界面中所选窗体或控件等对象的各种设置信息。这些信息用于描述某个对象的外部特征，如对象名称（Name）、高度（Height）、宽度（Width）、边框式样（Border Style）、颜色（Color）等。在项目应用中，属性窗口会根据选取窗体中的对象元素自动更新。属性窗口由 4 部分构成，具体组成和操作及说明如表 1.6 所示。

图 1-14　"属性"窗口

表 1.6　　　　　　　　　　　　　　　　属性窗口构成

组　　成	操作及说明
对象列表框	单击属性窗口顶端的下拉列表框按钮，可以选取被打开的对象
属性排列方式	按分类顺序排列；　按字母顺序排列；　按属性排列；　按事件排列
属性列表框	分两列列出所选对象的属性和属性值。在设计模式下，当从工具箱中把控件拖到窗体中时，属性列表框左边列出的是控件的各种属性，右边列出的是相应的属性值
属性注释	属性窗口下端为属性注释区，当选取某一属性时，会在注释区中对其含义进行说明

1.2.5　窗体设计器与代码编辑器窗口

完成一个应用项目开发所需的大部分工作都是在窗体设计器与代码编辑器窗口中进行的。

1. 窗体设计器窗口

用 VB.NET 创建不同的应用程序，都需要使用相应的窗体设计器来完成图形用户界面的设计。例 1.1 创建的是一个 Windows 窗体应用程序，在新建项目时，需选择"Windows 窗体应用程序"来完成该程序的界面设计。可以从工具箱中选择并双击或拖动控件到窗体中，如图 1-15 所示。运行时，窗体就是用户看到的正在运行的界面。

一个应用程序可以有多个窗体，可通过选择菜单"项目"→"添加新项"，选择"Windows 窗体"，单击"添加"按钮增加新窗体。

2. 代码编辑器窗口

代码编辑器是用于编写各种事件过程、用户自定义过程等源代码的设计窗口，如图 1-16 所示。打开代码编辑器有多种方式，可通过菜单"视图"→"代码"，或按"F7"键，或单击"解决方案资源管理器"中的"查看代码"按钮打开，最简单的方式是双击窗体或控件。

代码编辑器窗口包含 3 部分内容，具体组成及说明如表 1.7 所示。

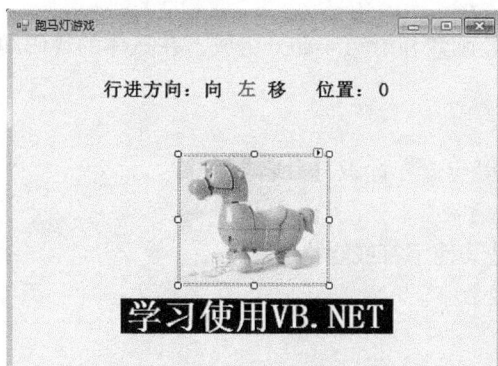

图 1-15 Windows 窗体设计器

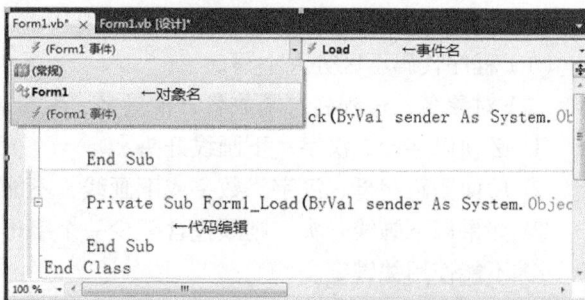

图 1-16 代码编辑器

表 1.7 代码编辑器窗口构成

组　　成	操作及说明
对象列表框	单击位于顶端左边的下拉列表框按钮，可以选取窗体中的对象名，如 Form1
过程列表框	单击位于顶端右边的下拉列表框按钮，可以选取对象名所对应的事件过程名，如 Load
代码编辑区	在选取的对象及事件过程中编辑源程序代码

1.3　创建 VB.NET 应用程序

1.3.1　VB.NET 应用程序结构与编码规则

任何一种程序设计语言都有自己的语法格式和编码规则，VB.NET 也不例外。对初学者来说应该养成严格遵守规则的习惯，以减少编译出错概率。

1. 程序结构

以 Windows 窗体应用程序为例，简述一个单一窗体的程序结构。

Windows 窗体应用程序的代码窗口分为两部分，最上部为常规声明段，主要对模块级以上的变量声明，不能书写控制结构等语句。其余部分为块结构的过程代码段，包括事件过程、自定义的子过程和函数过程等。块的前后次序与程序的执行先后次序无关，执行次数与功能构造有关。

VB.NET 程序结构如图 1-17 所示。

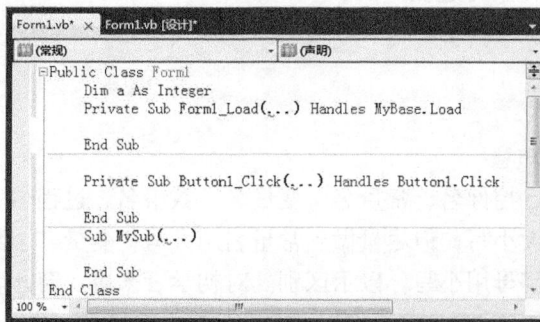

图 1-17　VB.NET 程序结构

2. 编码规则

在 VB.NET 中，程序代码一般由关键字、表达式、函数和语句 4 部分组成，在具体的代码编写过程中，应当遵守下述规则。

（1）程序代码不区分大小写。

（2）对象名、过程名、函数名、常量名、变量名等应遵守标识符命名规则。

① 必须以字母、汉字、下画线开头。

② 后面紧跟字母、汉字、数字或下画线，不能是其他字符或空格。

③ 如果以下画线开头，则须包含至少一个字母或数字。

④ 不能使用关键字。

（3）在语句格式中，应遵循以下规则。

① [   ] 中的内容为可选项，可以有，也可以没有。

② <   > 中的内容为必选项。

③ | 两边的表达式表示选择其一。

④ [，…] 表示如果出现重复，以逗号隔开。

（4）一行可书写若干语句，语句之间用"："隔开。

（5）一句代码过长一行书写不下可分若干行写，在本行末尾用空格+续行符"_"（下画线）连接下一行。

（6）可以用"Rem"或"'"开头加文字形成注释语句，便于程序阅读。注释语句为非执行语句，可以单独一行，也可以放在执行语句之后，但不能与续行符同行。

（7）一行语句书写完毕，如果出现绿色的下画波浪线，说明该语句存在语法错误，应即时纠正。只要将鼠标悬停在带有下画波浪线的语句处，即可查看错误信息。

1.3.2　创建 VB.NET 应用程序的步骤与规范

VB.NET 的 Windows 窗体应用程序提供了图形用户接口（GUI）支持，由窗体和控件组成。创建一个 Windows 应用程序可遵循一般步骤，在创建应用程序过程中，养成良好习惯，遵循编程规范将有助于程序编写。

1. 步骤

（1）新建项目。

（2）建立 Windows 窗体应用程序用户界面。

（3）为各对象设置属性。

（4）确立对象的事件，编写过程代码。

（5）运行、调试程序。

（6）保存项目。

2. 编程规范

（1）命名规范，见名知意

各种命名包括窗体名、控件名、常量名、变量名、数组名、过程名、函数名、类名等均要符合标识符规则。虽不区分大小写，但尽量做到常量名用大写，变量名、数组名用小写，其他命名第一个字母用大写，其余字母用小写，以示区别。对初学者来讲，窗体名、控件名可采用系统提供的默认名，也可自定义命名。自定义命名时，与常量名、变量名、数组名等一样尽可能做到见名知意，如求和用的变量名采用 sum 命名，排序用的过程名或函数名采用 Sort 命名等，便于阅读程序。

（2）注重代码格式，突出显示引用

为了让代码段结构清晰、层次分明、便于调试，在编辑程序代码时可采用缩进格式，并突出显示引用，如下列代码：

```
Private Sub Button1_Click(……) Handles Button1.Click
    Dim x As Integer, y As Integer, max As Integer
    x = InputBox("请输入 x 的值：")
    y = InputBox("请输入 y 的值：")
    If x > y Then
        max = x
    Else
        max = y
    End If
    MsgBox("x 和 y 的最大值是：" & max)
End Sub
```

对于许多 VB.NET 的控制结构，当单击某个关键字时，结构中的所有关键字都会突出显示。例如，在上述代码段中，当在 If … Then … Else 结构中单击 If 时，该结构中的所有 If、Then、Else 和 End If 都会突出显示，且缩进的代码也更显清晰。其他结构包括过程、类、控件名、变量名等都有这样的特点。

如果要启用或禁止引用突出显示，可按照菜单与对话框步骤："工具"→"选项"→选中左侧"文本编辑器"→选中或清除"启用引用和关键字的突出显示"。

（3）采用智能标记

很多事件过程、子过程、函数过程都需设置对象的属性值，VB.NET 提供了智能标记。在代码编辑中尽可能利用系统提供的智能标记来设置控件名、属性、属性值和方法。例如，当设置名为 TextBox1 文本框的前景色（实为字体颜色）为蓝色时，可采取如下方法：先输入控件名称前几个字母，然后双击弹出的智能标记，再输入句点，之后选择并双击弹出的智能属性列表（按字母顺序排列）中的相应属性，再输入等号，最后选择并双击弹出的属性值，即完成 TextBox1.ForeColor = Color.Blue 代码设置。利用智能标记的好处是，能减少出错概率。

1.4　窗体与基本控件

VB.NET 提供了基于 Windows 窗体应用程序开发的新平台，Windows 窗体作为其他控件的容器是 VB.NET 的重要对象。窗体就像是一块画布，用户根据需要，利用工具箱中提供的控件，在这块画布上画出自己需要的用户界面，完成用户与计算机打交道的信息平台与各种操作。

1.4.1　窗体

.NET Framework 提供的窗体是 System.Windows.Forms.Form，在任何基于 Windows 的应用程序中，窗体都是最基本的单元。窗体有属性、事件和方法，其常用属性如表 1.8 所示。

表 1.8　　　　　　　　　　　　　Form 窗体常用属性

属　　性	功能说明
Name	窗体的名称
Text	窗体标题栏中的文本

续表

属　性	功能说明
Size	窗体的宽度和高度
WindowState	窗体的状态：常规（默认状态）、最大化或最小化方式显示
StartPosition	窗体的起始位置，其属性值有以下几种选择 （1）Manual：窗体的位置和大小，决定窗体的起始位置 （2）CenterScreen：屏幕的中央 （3）WindowsoundDefaultLocation：默认位置显示，Size 属性决定（默认值） （4）WindowsoundDefaultBounds：默认位置显示，尺寸由系统决定 （5）CenterParent：在父窗体的中央显示

当用户操作窗体时会触发相应的事件。Windows 窗体常用的事件如表 1.9 所示。

表 1.9　　　　　　　　　　　　　　Form 窗体常用事件

事　件	功能说明
Click	用户在窗体中的任意位置进行单击时触发该事件
Closed	关闭窗体时触发该事件
Deactivate	当窗体失去聚焦时触发该事件
Load	当窗体在内存中被加载时触发该事件

Windows 窗体的方法允许用户根据需要执行各种操作，如打开、激活或关闭窗体等。其常用方法如表 1.10 所示。

表 1.10　　　　　　　　　　　　　　Form 窗体常用方法

方　法	功能说明
Show()	显示窗体
Activate()	激活窗体，并将使窗体获得聚焦
Close()	关闭窗体
SetDesktopLocation()	设置窗体的桌面位置

1.4.2　基本控件

控件是安放在窗体上的可由用户操纵执行一定动作的对象，是构成用户界面的基本元素。控件也有自己的属性、事件和方法。基本控件有标签、文本框、命令按钮等。

1．Label 控件

标签（Label）控件用于显示用户不能编辑的文本信息或图像，其文本信息起到标注或说明作用。其常用的属性如表 1.11 所示。

表 1.11　　　　　　　　　　　　　　Label 常用属性

属　性	功能说明
Name	标签的名称
Text	标签上显示的文本
AutoSize	根据标签上的字号调整大小
Image	标签上显示的图片（.bmp、.gif、.jpg、.jpeg、.wmf、.png）； 必须设置 AutoSize = False

标签常用的方法如表 1.12 所示。

表 1.12　　　　　　　　　　　　　Label 常用方法

方　　法	功能说明
Hide()	隐藏控件
Show()	显示控件

例 1.4　在例 1.1 简单字幕跑马灯演示中，设有 5 个标签，其名称分别为 Label1~Label5，每个标签的各项属性设置见表 1.13 ，运行后的效果显示如图 1-2 所示。

表 1.13　　　　　　　　　　Label1~ Label5 　属性设置

默认控件名称（Name）	文本（Text）	有关属性设置
Label1	行进方向：向　移	Font＝宋体，粗体，小四
Label2	左	Font＝宋体，粗体，小四；ForeColor=Red
Label3	位置	Font＝宋体，粗体，小四
Label4	0	Font＝宋体，粗体，小四；ForeColor= Blue
Label5	学习使用 VB.NET	Font＝宋体，粗体，二号；BackColor= Blue；ForeColor=White

注：Label1~Label5 的 AutoSize=True

2．文本框控件

文本框控件用于接收用户输入、编辑、修改的信息或向用户显示文本。VB.NET 存在 TextBox 和 RichTextBox 两类文本控件，其主要区别如下。

（1）TextBox 接收的文本长度不超过 32 767 个字符。

（2）RichTextBox 最长可以接收 2 147 483 647 个字符，且具有更高的特性。如提供文字处理功能（包括混合不同的字体、尺寸和属性，可以放置图片等）。

由于 RichTextBox 控件相对于 TextBox 控件要复杂得多，因此本书重点介绍 TextBox 控件的使用。TextBox 常用的属性如表 1.14 所示。

表 1.14　　　　　　　　　　　　　TextBox 常用属性

属　　性	功能说明
Name	文本框的名称
Text	显示文本框中的文本内容
MaxLength	设置输入文本的最大字符数，默认为 32 767
MultiLine	是否多行显示，为 True 时多行显示，为 False 时单行显示
PasswordChar	密码符号，使用此符号显示用户输入的密码，一般以 "*" 显示
UseSystemPasswordChar	是否使用系统密码符号
ReadOnly	是否只读，为 True 时文本框中的内容为只读
ScrollBars	是否显示滚动条，此属性必须在 MultiLine 的值为 True 时才有效

TextBox 常用的事件如表 1.15 所示。

表 1.15 TextBox 常用事件

事　件	功能说明
TextChanged	当修改文本框中的内容时触发，此事件为文本框的默认事件
KeyPress	按某个键结束时触发

TextBox 常用的方法如表 1.16 所示。

表 1.16 TextBox 常用方法

方　法	功能说明
AppendText()	追加文本，在文本框内原有文本的末尾添加指定的文本
Clear()	清除文本
Copy()	复制文本框中选择的内容，并放到剪贴板上
Cut()	剪切文本框中选择的内容，并放到剪贴板上
Paste()	将剪贴板中的文本粘贴到文本框中

例 1.5 创建一个简单的文本复制器，建立两个文本框，它们的有关属性如表 1.17 所示。

表 1.17 文本框属性

默认控件名	字体属性（Font）	多行属性（MultiLine）	滚动条属性（ScrollBars）
TextBox1	12pt，style=Bold	True	Vertical：只有垂直滚动条
TextBox2	12pt，style=Bold	True	Vertical：只有垂直滚动条

TextChanged 事件过程代码如下：

```
Private Sub TextBox1_TextChanged(ByVal sender As System.Object, ByVal e As System._
EventArgs) Handles TextBox1.TextChanged
    TextBox2.Text = TextBox1.Text
End Sub
```

在程序运行期间，当 TextBox1 输入内容时，TextBox2 文本框出现如图 1-18 所示的复制 TextBox1 中的内容情形。

3. Button 控件

命令按钮（Button）控件提供了用户与应用程序交互的最简便方法，当用户选择某个命令按钮就会发生相应的事件过程，执行所需要的操作。其常用属性如表 1.18 所示。

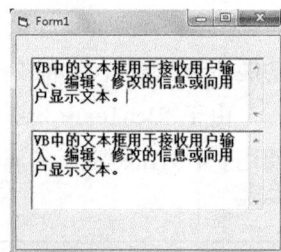

图 1-18 文本复制器

表 1.18 Button 常用属性

属　性	功能说明
Name	按钮的名称
Text	按钮上显示的文本
Image	按钮上显示的图片（.bmp、.gif、.jpg、.jpeg、.wmf、.png）
TextAlign	按钮上文本的对齐方式
DialogResult	单击该按钮时返回给窗体的值，例如：None（默认值）、Yes、Cancel

命令按钮常用的事件如表 1.19 所示。

表 1.19 　　　　　　　　　　　　　　Button 常用事件

事　件	功能说明
Click	单击按钮时触发该事件，此事件为命令按钮的默认事件

命令按钮主要的用途是 Click 事件，在其 Click 事件中进行编辑，实现特定的功能。

1.5　综　合　应　用

本章介绍了 VB.NET 基本概念和功能特点、建立 Windows 窗体应用程序的步骤与规则以及最常用的窗体、标签、文本框和命令按钮，读者应该对 VB.NET 有了一个较为全面的了解。

下面通过一个综合应用的例子，将本章的知识作一个归纳。

例 1.6　建立一个实现登录界面的应用程序，程序运行效果如图 1-19 所示。该程序主要提供两类操作。

（1）按提示正常输入用户名和密码（用户名不允许为空，密码为 6~10 个字符）。

（2）单击"登录"按钮判断其正确性；单击"取消"按钮清空用户名和密码信息。

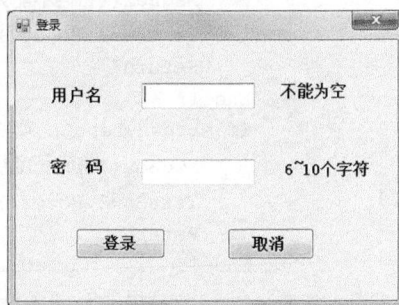

图 1-19 　"登录"界面

分析：

（1）根据题目要求，设置登录界面中的控件及属性，如表 1.20 所示。

表 1.20 　　　　　　　　　　　　　　属性设置

默认控件名	Text	属性设置
Form1	登录	Size=350,300　　　；　　StartPosition = CenterScreen MaximizeBox=False ；　　MinimizeBox=False
Label1	用户名	
Label2	密　码	
Label3	不能为空	
Label4	6~10 个字符	
TextBox1		
TextBox2		MaxLength = 10　；　PasswordChar = *
Button1	登录	
Button2	取消	

注：所有控件的 Font = 宋体，12pt，Style=Bold。

（2）实现"登录"命令按钮（Button1）的 Click 事件和"取消"命令按钮(Button2) 的 Click 事件。

程序代码如下：

```
        "ch1-6" Form1.vb
Public Class Form1
    Private Sub Button1_Click(ByVal sender As System.Object, ByVal e As System.EventArgs) _
Handles Button1.Click
        Dim strname As String = TextBox1.Text
        Dim strpwd As String = TextBox2.Text
        If strname = "" Then
            MsgBox("用户名不能为空！", MsgBoxStyle.Information, "提示")
            TextBox1.Focus()
            Return
        End If
        If strpwd = "" Then
            MsgBox("密码不能为空！", MsgBoxStyle.Information, "提示")
            TextBox2.Focus()
            Return
        End If
        If strpwd.Length < 6 Or strpwd.Length > 10 Then
            MsgBox("密码长度在6~10之间", MsgBoxStyle.Information, "提示")
            TextBox2.Focus()
            Return
        End If
        MsgBox("用户名：" & strname + "   " + "密码：" & strpwd, MsgBoxStyle.Information, _
"输入的信息")
    End Sub
    Private Sub Button2_Click(ByVal sender As System.Object, ByVal e As System.EventArgs) _
Handles Button2.Click
        TextBox1.Text = ""
        TextBox2.Text = ""
    End Sub
End Class
```

注意：

（1）上述代码中 Button1_Click() 是"登录"命令按钮的事件过程。在此过程中先通过文本框的 Text 属性提取用户输入的用户名和密码，再进行判断，其中

```
MsgBox("用户名不能为空！", MsgBoxStyle.Information, "提示")
```

用于显示一个对话框。MsgBox()的第1个参数是对话框中显示的文本内容，第2个参数是对话框的样式，第3个参数是对话框的标题。

（2）程序运行期间，当输入的信息不符合要求时，会弹出如图 1-20 所示的相应提示对话框。当输入的信息符合要求时，会弹出如图 1-21 所示的提示信息。

图 1-20 "登录"失败信息提示　　　　图 1-21 "登录"成功信息提示

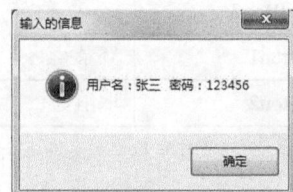

习　题

一、选择题

1．在 Visual Studio 2010 的集成开发环境中，以下不属于该环境编程语言的是_____。
　　A．VB.NET　　　　B．VC#.NET　　　　C．J#.NET　　　　D．Delphi

2．关于.NET 的说法，错误的是_____。
　　A．.NET 代表一个集合，一个环境，可以作为平台支持下一代 Internet 的可编程结构
　　B．.NET = 新平台 + 标准协议 + 统一开发工具
　　C．.NET 致力于将手机、浏览器和门户应用程序集成到一起，形成一个统一的开发环境
　　D．.NET 提供 3 类应用模板，即传统的 Windows 应用程序模板、基于 ASP.NET 的面向 Web 的应用程序模板和基于数据库的应用程序模板

3．_____不是 TextBox 对象的属性。
　　A．Name　　　　　B．Text　　　　　C．Image　　　　D．Caption

4．VB.NET 在窗体上显示控件的文本，用_____属性设置。
　　A．Name　　　　　B．Text　　　　　C．Image　　　　D．Caption

5．能够让 TextBox 对象显示多行的属性是_____。
　　A．Text　　　　　B．MaxLength　　　C．MultiLine　　　D．ScrollBars

二、填空题

1．类与对象的关系是_____。

2．对象具备的 3 个要素是_____、_____和_____。

3．打开代码设计器的快捷键是_____。

4．在程序运行过程中，修改对象的属性值的格式是_____。

5．VB.NET 窗体常见属性中，_____属性用于显示控件文本，_____属性用于显示控件文本的字体，_____属性用于设置窗体在项目中的名称。

6．能清除 TextBox 对象中的文本的方法是_____。

三、简答题

1．Label 控件和 TextBox 控件都可以显示信息，两者有什么区别？

2．控件的 Name 和 Text 属性有什么不同？

3．简述创建一个 VB.NET 应用程序的一般步骤。

第2章
VB.NET 语言基础

在 Visual Basic.NET（简称 VB.NET）中开发一个应用程序，一般包括界面设计和程序代码两部分。通过窗体实现用户界面，通过程序代码完成用户所需要的功能。

2.1 数 据 类 型

数据是关于自然、社会现象和科学实验的定量或定性的记录。在现实世界中的数据具有不同类型的分类，数学中有整数、实数等概念，日常生活中需要用字符串来表示姓名、籍贯等信息，用"是"与"否"（即逻辑"真"与"假"）来描述事件的发生。

在程序设计中，数据是程序处理的对象，数据类型的不同决定了数据在计算机中的存储和处理方式的不同。例如，成绩 85 分是整数，为数值型，在计算机内可以用两个字节表示；而姓名"李红"和籍贯"湖北省江城市"是字符串型，根据其长度用多个字节表示；出生年月"1993 年 10 月 5 日"是日期型，则用 8 个字节存放。

在处理不同类型数据时，其处理方式也不同：数值型可以进行四则运算；字符串类型只可以进行连接运算；逻辑数据可以参与"与"、"或"、"非"等逻辑运算。

VB.NET 提供了非常丰富的数据类型，包括数值型、字符串型、逻辑型、日期型、货币型以及变体型等，用户还可以根据自己的需要自定义数据类型。这些数据类型分为基本数据类型和复合数据类型两大类。在本节中，将主要介绍最常用到的几种基本数据类型，如表 2.1 所示。

表 2.1　　　　　　　　　　　　　VB.NET 基本数据类型

数据类型	关键字	类型符	字节	范　围
字节型	Byte		1	0~255
短整型	Short		2	−32 768~32 767
整型	Integer	%	4	−2 147 483 648~2 147 483 647
长整型	Long	&	8	−9 223 372 036 854 775 808 ~9 223 372 036 854 775 807
单精度型	Single	!	4	负数：−3.402823E38~ −1.401298E−45 正数：1.401298E−45~3.402823E38
双精度型	Double	#	8	负数：−1.79769313486231D308 ~ −4.94065645841247D−324 正数：4.94065645841247D−324 ~ 1.79769313486231D308

续表

数据类型	关键字	类型符	字节	范 围
十进制型	Decimal		16	没有小数位： +/−79228162514264337593543950335 小数位数有 28 位： +/−7.9228162514264337593543950335 最小的非零数字为：+/−10^{-28}
字符型	Char		2	0~65 535
字符串型	String	$	不定	0~2^{31} 个字符
逻辑型	Boolean		2	True 和 False
日期型	Date		8	1/1/0001~12/31/9999
对象型	Object		4	可存放任何数据类型的变量

2.1.1 数值型

1. 整数

整数是没有小数点和指数符号的数，分为短整型（Short）、整型（Integer）和长整型（Long）3 种。其特点是运算速度快、精确，但表示的数的范围较小。

在 VB.NET 中，整数可以用八进制、十进制和十六进制表示，最常采用的是十进制。整数的表示形式为：

± n [% | &]

其中 n 是数字，[% | &]是类型符，可以省略。如果是%表示是整型，当要表示长整型的数时，在数字后面加上类型符&。

例如，21、−21、21%、−21%均表示整型数，用 2 个字节保存；21&、−21&表示长整型数，用 4 个字节保存。

如果是八进制数，则在前面加上&或&O（或&o），如：&12、&170 都是八进制的整型数；&123&、&O20&都是八进制的长整型数。

十六进制数以&H（或&h）开头。在 VB.NET 中使用十六进制长整型数来表示颜色。如：&h00（黑色），&hFF（红色）。

2. 浮点数

浮点数又称为实数，分为单精度（Single）型和双精度（Double）型两种。浮点数表示的范围大，但保存的方式比较复杂，所以运算速度较慢，且精度有限。

浮点数的表示有定点形式和指数形式两种。

定点形式指的是直接用带小数点的形式表示的单精度数或双精度数，即：

±n [! | #]

其中 n 是数字，这个数字可以是带有小数点的数；如果不带小数点，后面需要跟类型符，否则，当作整型数处理。如：12.34、−123.0、123!、−1234.56&。

指数形式指的是用科学计数法表示的单精度数或双精度数，即以 10 的整数次幂表示。对于单精度数，用字母 E（或 e）表示以 10 为底的指数，其形式为：

±n E ±m

其中 n 和 m 都是数字，n 既可以带小数点，也可以不带小数点；m 必须为整数。如，1.234E6 表

示 1.234×10^6、$-9.87E-2$ 表示-9.87×10^{-2}，它们都是单精度数，用 4 个字节保存。

对于双精度数，用字母 D（或 d）表示以 10 为底的指数，其形式为：

± n D± m

如，1.234D6 表示 1.234×10^6、$-9.87D-2$ 表示-9.87×10^{-2}，它们都是双精度数，用 8 个字节保存。

Decimal（十进制型）是 VB. NET 框架内的通用数据类型，可以表示 28 位十进制数，且小数点的位置可根据数的范围及精度要求而定。

3. 字节型

字节型（Byte）数据占 1 个字节的存储空间，其取值范围为 0~255，适合于表示二进制数据。如果变量包含二进制数，则可将其声明为 Byte 类型的数。Byte 类型数据可以转换成 Integer 类型、Long 类型、Short 类型、Single 类型、Double 类型、Decimal 类型，且不会出现溢出的错误。

使用数值型数据时，注意以下几点。

（1）使用任何一种数据类型时，都有相应的范围，即明确的上界和下界。例如，一个变量被声明为 Short，其取值范围为$-32\,768 \sim 32\,767$。用户使用的时候，只能在这个上界和下界范围内使用，不能超过范围；否则，系统将提示"溢出"错误。

（2）如果数据可能包含小数，一般应使用 Single、Double 或 Decimal 数据类型。只有能明确断定一定为整数，才能使用 Short、Integer 或 Long 类型。

（3）在存储空间不一致的变量间赋值时，有可能会丢失数据而影响精度，也有可能会发生"溢出"错误。

2.1.2　字符串型

字符串型（String）数据用于存放一串字符，即字符串。字符可以包括所有西文字符和汉字，首尾用双引号（""）括起来作为定界符，长度可以是 0 个或多个字符。如果是 0 个字符组成的字符序列，称为空字符串，简称空串。

例如："" 、"123"、"Visual Basic.NET 程序设计"、"abc123"。

注意：

（1）"" 表示一个空串，" " 表示有一个空格的字符串。

（2）如果字符串序列中含有双引号字符，则必须用两个连续的双引号表示。例如，要表示字符串 abc"12，则需要表示为"abc""12"，其中首尾的双引号为定界符。

（3）首尾的双引号仅仅是字符串的定界符，在应用程序中输出或显示一个字符串时，双引号不会随着字符一起输出或显示；在应用程序中输入一个字符串时，也不需要输入双引号。

2.1.3　日期型

日期型（Date）数据用于表示日期和时间，日期和时间之间用空格分隔。日期表示的范围为 0001 年 1 月 1 日~9999 年 12 月 31 日，时间表示的范围是 0:00:00~23:59:59。

日期型常量数据通常使用"#" 括起来作为定界符，例如：#5/1/2011#、#August 1,2012#、#2012-3-15 8:30:00 AM#。

2.1.4　逻辑型

逻辑型（Boolean）也称为布尔型，其值只有 True（真）和 False（假）两种，用于表示条件的成立与否或真与假。

在 VB.NET 中，逻辑型数据可以和数值型数据相互自动转换。

（1）当逻辑型数据转换为数值型数据时，False 转换为数值 0，True 转换为数值–1。

（2）当数值型数据转换为逻辑型数据时，0 值转换为 False，非 0 值转换为 True。

2.1.5 对象型

对象型（Object）存放的是一个地址，使用该地址可引用应用程序中或某些其他应用程序中的对象。

对象型变量也可以用来存储各种类型的数据变量，这个功能使得对象型取代了 VB 6.0 中的变体型。

2.2 常量和变量

常量和变量是计算机在进行数据处理时使用的最基本的运算对象。掌握常量与变量的性质，合理有效地使用常量和变量，有利于提高编程效率和节省计算机资源。本节将对 VB.NET 中常用的常量和变量的特征和用法做详细介绍。

2.2.1 常量

常量是指在程序执行期间其值不发生变化的数据。在 VB.NET 中，有两种类型的常量：直接常量和符号常量。符号常量又分为系统定义的符号常量和用户自定义的符号常量。

1. 直接常量

直接常量又称字面常量，就是在程序中直接使用的各种常量，其值是数据值本身直接给出，也直接反应了该常量的类型。

例如：""、"   "、"abc"、"xyz"是字符串型常量；12345%、1.234E2、0.5!、.5、&O123、&H12A 是数值型常量；True、False 是逻辑型常量；#11/10/2001#、#3-6-93 13:20#、#March 27,1993 1:20am# 是日期型常量。

2. 系统定义的符号常量

VB.NET 提供了一系列预先定义的符号常量，供用户直接使用。这些符号常量称为系统定义的符号常量。

系统定义的符号常量位于对象库中，可以通过单击"视图"菜单中的"对象浏览器"命令或单击"标准"工具栏中的"对象浏览器"进行查看，如图 2-1 所示。

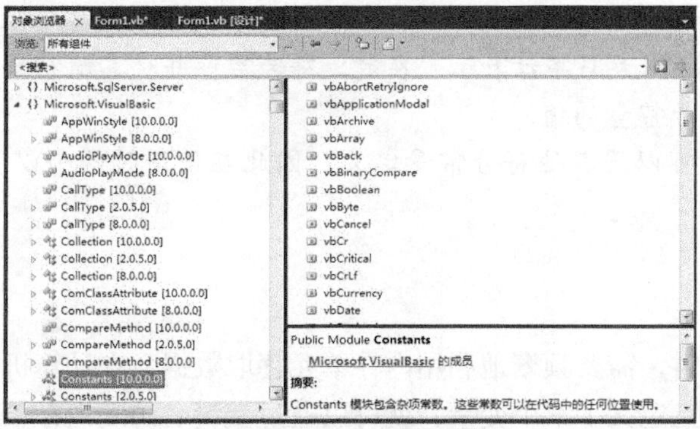

图 2-1 "对象浏览器"窗口

系统定义的符号常量通常定义在不同的类中，可以通过类名来引用相应的符号常量。常用的系统定义的符号常量见表 2.2。

表 2.2　　　　　　　　　　　　常用的系统定义的符号常量

常　　量		值	描述
控制符常量	vbCr	Chr（13）	回车符
	vbLf	Chr（10）	换行符
	vbTab	Chr（9）	水平制表符
WindowState 常量	FormWindowState.Normal	0	正常
	FormWindowState.Minimized	1	最小化
	FormWindowState.Maximized	2	最大化
颜色常量	Color.Black	&h00	黑色
	Color.Red	&hFF	红色
	Color.Green	&hFF00	绿色
	Color.Blue	&hFF0000	蓝色
	Color.White	&hFFFFFF	白色

3．用户自定义的符号常量

在 VB.NET 中，对于在程序中经常要用到但不需要修改的某些常数值，可以由用户自定义的符号常量来表示。一方面可以提高程序代码的可读性；另一方面当需要修改时，只要改变对应的符号常量的值，那么整个程序中所有该符号常量的值都被修改，提高了代码的可维护性。

用户自定义的符号常量的格式如下：

[访问符] Const 符号常量名 [As 数据类型]=表达式

其中，符号常量名的命名要符合标识符的命名规则；[As 数据类型]用来说明该常量的类型，如果省略则由 "=" 后的表达式决定其类型；表达式可以是常量或运算符所组成的表达式。

例如：

```
Const  PI As single = 3.14159!
Const  PI2 = PI*2
Const  st = "sum"
a = PI * 10
PI = PI * 10          ' 错误，不能修改常数
```

注意：

（1）符号常量名一般用大写字母表示。在定义符号常量并对其赋初始值后，其后的代码只能对其引用，不能修改符号常量的值。

（2）由于符号常量可以用其他符号常量定义，因此在使用时两个以上符号常量时不要出现循环或循环引用。

2.2.2　变量

计算机在处理数据时，需要频繁地利用内存单元存取数据。在计算机高级语言中，变量对应计算机的内存单元。一旦定义了某个变量，就可以通过变量名访问内存单元中存放的数据，直到

释放该变量。

在 VB.NET 中，变量是指没有固定的值，在程序运行中取值可以改变的数据。一个变量在任何时刻只能存放一个值。

变量具有 3 个要素：变量名、变量类型、变量值。在程序中，通过变量名引用变量中的数据；而变量的类型决定了该变量的存储方式以及使用该变量的操作方式；变量的值是该变量对应的内存单元中存储的值，这个值随着程序的运行是可以改变的。

例如：

```
Dim sum%
sum = 10
```

其中，sum 是一个整型变量，10 是常量。假定 sum 对应的内存单元地址为 2000，该变量在内存中如图 2-2 所示。

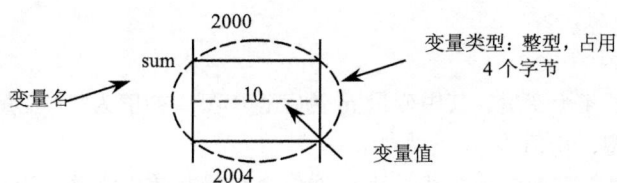

图 2-2　变量的 3 个要素

1．变量的命名规则

变量名，即变量的标识符，可以由字符、数字以及下画线来组成，用于标识用户自定义的数据类型、常量、变量、控件、窗体、过程或函数等的名字。在 Visual Basic.NET 中变量的命名规则为：

（1）以字母（或汉字）开头，由字母（或汉字）、下画线或数字组成，长度不超过 255 个字符；

（2）不能使用 Visual Basic.NET 中的关键字；

（3）不区分大小写，切标识符中不允许出现间隔符号，如空格、分号、逗号或运算符号等；

（4）为了增加程序的可读性，可在变量名前加一个缩写的前缀来表明该变量的数据类型。最好能"见名知意"。

2．变量声明

变量声明又称变量定义，分为显式声明和隐式声明两种方式。

（1）用 Dim 语句显式声明变量。一般情况下，一个变量在使用之前要先声明，以决定系统为它分配的内存单元及操作方式，这种方式称为变量的显式声明。

声明变量的语法格式如下：

```
Dim 变量名 [As 类型]
```

其中，类型为表 2.1 中所列举出的关键字，[As 类型]也可以用类型符来代替，默认情况下该部分是必写的。单击菜单"项目"下的"属性"，打开工程的属性页，将"编译"选项中的"Option strict"设置为"Off"，则该部分可以省略，变量的类型默认为对象型。可以同时声明多个变量，中间用逗号隔开。

例如：

```
Dim x As Integer, y As String
```

也可以写成：

```
Dim x%, y$
```

这两条语句是等价的。

注意：

（1）可以在声明变量的同时对其赋初值，也可以在声明变量后使用过程中对其赋值。

（2）声明变量后不对其赋初值，系统会根据变量的类型分配相应的内存单元并对其初始化（数值型初始化为 0，字符串型或对象型初始化为空串""，逻辑型初始化为 False）。

（3）同时声明多个变量时，如果变量的类型不一样，每个变量加上各自的类型说明；如果类型一样，只需使用一个 As 子句，且使用单独的 Dim 语句。

（4）外部过程中，还可以使用 Static、Public、Private 等关键字声明变量（第 5 章中介绍）。

例如：

```
Dim m As String, n%
Dim x, y As Single
```

上面的语句声明了 4 个变量，其中变量 m 为字符串型，初值为""；变量 n 为整型，初值为 0；变量 x 和 y 为单精度型，初值为 0。

（2）隐式声明变量。在 VB.NET 中，也允许一个变量在使用之前不进行声明，这样的变量具有默认的数据类型对象型（Object），这种方式称为变量的隐式声明。

如果要在当前工程中允许使用隐式声明，可以将工程属性页中"编译"中的"Option explicit"设置为"Off"。

例如：

```
Dim sum%, y!
smu = 100          ' 隐式声明变量 smu
y = 2 * sum
Console.WriteLine(y)
```

运行后，程序的输出结果为 0，没有得到预期的结果 200。这是因为定义了变量 sum 后，系统对其初始化为 0。在第 2 行的赋值语句中，遇到了新变量 smu，系统认为是隐式声明，并将 100 这个值赋给了变量 smu 而不是 sum。

隐式声明虽然较方便灵活，但可变类型需要的存储空间较大，且无法检测变量名输入错误的问题，为程序的执行埋下隐患。对于初学者，一般不建议使用。

2.3　运算符和表达式

运算（即操作）是对数据的加工，运算符指明对操作数所进行的运算。操作数规定了进行数字运算的量，通常包括常量、变量、函数调用和复杂表达式等。

VB.NET 中提供了 4 类运算符：算术运算符、字符串运算符、关系运算符和逻辑运算符。按照操作数的数目来分，又可以分为：单目运算符、双目运算符和三目运算符，它们分别对应于一个、两个和 3 个操作数。

VB.NET 中提供了丰富的运算符，通过运算符将常量、变量、函数等操作数以及圆括号按一定的规则连接起来构成表达式，实现对数据的加工处理。表达式通过运算后产生一个结果，运算的结果由操作数和运算符共同决定。

当一个表达式中出现多个运算符时，每一部分的运算都要按照一定的顺序进行计算，这个顺序就是运算的优先顺序，称为运算符的优先级。

2.3.1　算术运算符与算术表达式

算术运算符用于算术运算，涉及到的操作数为整型或浮点型等数值型数据。算术运算符及其运算的优先级见表 2.3。

表 2.3　　　　　　　　　　　　算术运算符及其优先级

优 先 级	运 算 符	含　　义	举　　　例	结　　果
1	^	乘方	2 ^ 3	8
2	–	负号	–2 ^ 4	16
3	*、/	乘、除	5 * 3 / 2	7.5
4	\	整除	5 * 3 \ 2	7
5	Mod	求余	5 * 3 Mod 2	1
6	+、–	加、减	10–3 + (–2)	5

其中，"^" 和 "–" 运算符是单目运算符，需要一个操作数；其余都是双目运算符，需要两个操作数。

算术表达式就是用算术运算符将数值型数据以及圆括号连接起来所组成的式子。

说明如下。

（1）算术运算符连接的操作数应该是数值型，若是数字字符串型或逻辑型，则自动转换为数值型后再参与运算。

例如：

```
Console.WriteLine(30–True + "4")        ' 结果为 35
```

（2）\（整除）：双目运算符，要求两个操作数都是整数，否则先进行四舍五入处理；整除后的结果也应该是整数，如果不是进行取整操作。

例如：

```
Console.WriteLine(6.8 \ 2.3)
```

等价于

```
Console.WriteLine(7 \ 2)            ' 结果都为 3。
```

（3）Mod（求余）：双目运算符，要求两个操作数都是整数，否则先进行四舍五入处理。

（4）如果操作数具有不同的数据精度，在 VB.NET 中规定运算结果的数据类型采用精度较高的数据类型，即：

```
Integer <Long<Single<Double<Currency
```

但如果两个操作数的数据类型分别为 Long 和 Single 时，运算结果的数据类型为 Double。

例 2.1　对于一个任意的整数 x，分离其百位、十位和个位。

```
Sub Main()
    Dim x%, a%, b%, c%
    x = 582
```

```
        a = x \ 100                          '分离出百位
        b = (x Mod 100) \ 10                 '分离出十位
        c = x Mod 10                         '分离出个位
        Console.WriteLine("{0}:{1},{2},{3}", x, a, b, c)
        Console.ReadLine()
End Sub
```

2.3.2　字符串运算符与字符串表达式

字符串运算符有两个："&"、"+"，作用是字符串的拼接操作，它们都是双目运算符，优先级相等。

字符串表达式就是用字符串运算符将变量、常量、函数等操作数以及圆括号连接起来的式子。

使用 "&" 运算符时，两边的操作数可以是任意数据类型，先转换成为字符串型后再进行连接。因为 "&" 可以作为长整型的说明符，所以在作为字符串运算符时，与操作数 "&" 之间应加入一个空格，否则运行时将会出错中断。

例如：

```
Console.WriteLine("ab" & 123)            ' 结果为 ab123
Console.WriteLine ("12" & 456)           ' 结果为 12456
Console.WriteLine ("12" & True)          ' 结果为 12True
```

由于 "+" 运算符既可以作为加法运算符，又可以用于字符串连接。因此只有两边的操作数均为字符串型时，才会作字符串连接运算，否则将进行加法运算。

例如：

```
Console.WriteLine("ab"+ 123)             ' 做加法运算，类型不匹配，出错
Console.WriteLine ("12"+ 456)            ' 做加法运算，结果为 468
Console.WriteLine ("12" + True)          ' 做加法运算，结果为 11
Console.WriteLine ("12" + "456")         ' 做字符串运算，结果为 12456
```

2.3.3　关系运算符与关系表达式

关系运算符也称比较运算符，用于两个操作数的值的比较。用关系运算符连接起来的式子称为关系表达式，关系表达式的值为逻辑型，即 True 或 False。

所有的关系运算符都是双目运算符，它们的优先级相等，如表 2.4 所示。

说明如下。

（1）数值型数据按其大小比较。

（2）字符串比较按照字符的 ASCⅡ 码值从左到右依次逐一比较，直到相同位置出现不同的字符为止。

（3）日期型将两个日期分别转换为 "yyyymmdd" 的 8 位整数，然后比较两个数值的大小。

（4）汉字以机内码为序进行比较。

（5）"Like" 运算符与通配符 "?"（表示一个任意字符）、"*"（表示任意多个字符）配合使用，用于模糊比较；在关系数据库的 SQL 语句中，用于模糊查询。

（6）Is 用于比较两个对象的引用对象，还可以在 Select Case 语句中使用。

需要注意的是：关系运算符两边的操作数的数据类型必须完全一致，否则将无法进行比较。

表 2.4　　　　　　　　　　　　　　　　　　关系运算符

运　算　符	含　　义	举　　例	结　　果
=	等于	"ABCDE" = "ABR"	False
>	大于	"ABCDE" > "ABR"	False
>=	大于等于	"bc" >= "abcde"	True
<	小于	23 < 3	False
<=	小于等于	"23" < "3"	True
<>	不等于	"abc" <> "abcde"	True
Like	字符串比较	"李红" Like "李*"	True
Is	比较		

例如：

```
Console.WriteLine ("黄" > "红")            ' 结果为 True
Console.WriteLine (True > False)          ' 两边操作数转换为数值型后进行比较，结果为 False
Console.WriteLine (77 > "seventy")        ' 出错，"数据类型不匹配"
Console.WriteLine(29 > "189")             ' 左边操作数转换为字符串后进行比较，结果为 False
Console.WriteLine (#1/2/2010# = #1/2/2010#)    ' 结果为 True
```

2.3.4　逻辑运算符与逻辑表达式

逻辑运算符中，Not 为单目运算符，其余为双目运算符。常用的逻辑运算符的优先级如表 2.5 所示。

表 2.5　　　　　　　　　　　　　　逻辑运算符及其优先级

优　先　级	运　算　符	含　　义	说　　明
1	Not	非	对操作数取反
2	And	与	当两个操作数均为真时，结果为真；否则为假
3	Or	或	当两个操作数均为假时，结果为假；否则为真
3	Xor	异或	当两个操作数不相同，即一真一假时，结果为真；否则为假

逻辑表达式是用逻辑运算符将逻辑值或关系表达式以及圆括号连接起来组成的式子，逻辑表达式的值也只可能是一个逻辑值，即 True 或 False。

逻辑运算符的真值表见表 2.6（用 T 表示 True，F 表示 False），其中，X 和 Y 为逻辑值或关系表达式。

表 2.6　　　　　　　　　　　　　　逻辑运算符的真值表

X	Y	Not X	X And Y	X Or Y	X Xor Y
T	T	F	T	T	F
T	F		F	T	T
F	T	T	F	T	T
F	F		F	F	F

说明如下。

（1）对于数值型数据也可以进行逻辑运算，但数据的范围必须是在 $-2^{31} \sim 2^{31}-1$ 之间。运算时根据操作数的大小转换为 16 位或 32 位二进制数，对两个操作数按位进行逻辑运算。

例如：

```
Console.WriteLine(135 Or 19)
```

在运算时，将十进制数 135 和 19 分别转换为 16 位二进制数，然后对这两个数按位进行 Or 运算。

$$
\begin{array}{r}
00000000\ 10000111 \\
Or\quad 00000000\ 00010011 \\
\hline
00000000\ 10011010
\end{array}
$$

结果为 00000000 10011010，转换为十进制为 154。

（2）And 和 Or 用于连接多个条件时，And 运算的结果必须在条件全部为真时才为真；Or 只要有一个条件为真时，结果就为真。

例如，某用在人单位招聘秘书，要求为年龄小于 40 岁的女性，学历为专科或本科。
考虑，若分别写成：

```
年龄 < 40 And 性别 = "女" And (学历 = "专科" And 学历 = "本科")
```

或

```
年龄 < 40 Or 性别 = "女" Or (学历 = "专科" Or 学历 = "本科")
```

第一种方式要求学历既是专科又是本科，第二种方式则只要满足用 Or 连接的 3 个条件之一就为真，这些表示都不正确。

正确的表示方法应该是：

```
年龄 < 40 And 性别 = "女" And (学历 = "专科" Or 学历 = "本科")
```

（3）对于数学不等式 a<=x<=b，必须写成 x >= a And x <= b。

例如：

```
Dim x%, y%
x = 1
Console.WriteLine(3 <= x <= 7)
```

运行后结果为 True。这是因为表达式 3 <= x <= 7 中有两个相同的关系运算符<=，所以系统先执行左边的运算符，即 3 <= x 得到结果为 False。然后 False 与 7 进行比较，即执行 False <= 7。此时两边的数据类型不一致，因此首先要将 False 转换为数值型（即 0），然后 0 和 7 比较大小，得到结果 True。可见描述成 3 <= x <= 7，不管 x 的值是否在[3,7]之间，结果均为 True。

2.3.5 运算符的优先级

当一个表达式中含有多个运算符时，VB.NET 会根据不同的运算符的优先级进行运算。同一类的运算符的优先级前面已经做了介绍，不同类的运算符之间的优先级从低到高分别为：逻辑运算符、关系运算符、字符串运算符、算术运算符。

在所有的运算符中，圆括号的优先级是最高的，对于要优先执行的运算，可以放在一对圆括号内。如果一个操作数左右两边的运算符优先级相同，则先执行左边的运算。

例如，计算下面的表达式：

```
5 + 3 < 5 ^ 3 And Not 8 <> 2 * -3 Or 9 Mod 2 >= 1
```

（1）计算算术运算符：

 8 < 125 And Not 8 <> -8 Or 1 >= 1

（2）计算关系表达式：

 True And Not True Or True

（3）计算逻辑运算符 Not：True And False Or True

（4）计算逻辑运算符 And：False Or True

（5）计算逻辑运算符 Or：True

2.3.6　表达式的书写规则

在 VB.NET 中书写表达式时，应注意以下规则。

（1）除单目运算符外，其他运算符不能相邻，例如 a+*b 是错误的。

（2）乘号必须使用符号"*"且不能省略，例如 x 乘以 y 应写成 x*y。

（3）括号均使用圆括号，可以多对圆括号成对出现，嵌套使用。

（4）表达式从左到右在同一基准上书写，无高低、大小。

2.4　常用内部函数

计算机语言中的函数和数学中的函数功能非常相似。数学中的函数包括自变量、函数名和因变量，例如在 y=sinx 中，自变量是 x，函数名是 sin，因变量是 y。在计算机语言的函数中，自变量称为参数并放在函数名后的圆括号中，同时可以将函数的返回值赋值给因变量，表示为 y=sin（x）。

VB.NET 中的函数包括系统预定义的内部函数和用户自定义函数两大类，本节主要介绍常用的内部函数。常用的内部函数又可以分为数学函数、类型转换函数、字符函数、日期函数、格式转换函数及其他函数。

函数调用的一般格式为：

函数名[（参数列表）]

其中，[（参数列表）]表示可以无参数。参数列表可以是一个或多个参数，之间用逗号","分隔；参数可以是常量、变量或表达式。

2.4.1　数学函数

数学函数用于实现各种数学运算，作用与数学中的函数通常一致，使用时通过类名 Math 调用。常用的数学函数如表 2.7 所示。

表 2.7　　　　　　　　　　常用数学函数

函　　数	功　　能	示　　例	结　　果
Sin(x)	正弦函数	Math.Sin(30*3.14/180)	0.499770102643102
Cos(x)	余弦函数	Math.Cos(30*3.14/180)	0.866158094405463
Tan(x)	正切函数	Math.Tan(30*3.14/180)	0.576996400392873
Atn(x)	反正切函数	Math.Atn(30*3.14/180)	0.482139556407762

函　　数	功　　能	示　　例	结　　果
Abs(x)	绝对值函数	Math.Abs(-22.7)	22.7
Sqrt(x)	平方根函数	Math.Sqrt(16)	4
Sign(x)	符号函数（正数为 1，负数为-1）	Math.Sign(2.6) Math.Sign(0) Math.Sign(-2.6)	1 0 −1
Exp(x)	指数函数 e^x	Math.Exp(3)	20.0855369231877
Log(x)	自然对数 lnx	Math.Log(10)	2.30258509299405
Log10(x)	以 10 为底的对数	Math.Log10(10)	1
Round(x,n)	四舍五入，n 为小数点左边的位数，如省略则返回整数	Math.Round(4.56789) Math.Round(4.56789, 2)	5 4.57

除了上面一些常用的数学函数，在对数值型数据进行处理时，经常用到下面一些常用的函数。

（1）Int(x)函数和 Fix(x)函数。

Int 函数和 Fix 函数的功能都是返回一个数值型数据的整数部分。Int 函数的取整规则是向下取整，而 Fix 函数的取整规则是截取整数部分。

例如：

```
Console.WriteLine(Int(5.6))           '结果为 5
Console.WriteLine(Int(-5.6))          '结果为-6
Console.WriteLine(Fix(5.6))           '结果为 5
Console.WriteLine(-Fix(-5.6))         '结果为-5
```

（2）Rnd 函数。

Rnd 函数用来返回一个 Single 类型的随机数，该随机数的范围为[0,1)。

在调用 Rnd 之前，先使用无参数的 Randomize 语句初始化随机数生成器。该生成器具有一个基于系统计时器的种子。

例如：

```
Randomize
Console.WriteLine(Rnd)
```

通常使用 Rnd 函数来产生一组任意范围内的随机整数。其方法是如下。

① 将取值区间转换为左边闭右边开的形式[a，b)。

② 使用下列公式：

```
Int(Rnd* (b-a)+a)
```

例如，要产生 100~135 的随机整数（即[100，135]），首先转换其取值区间为[100，136)，表达式为：

```
Int(Rnd*36+100)
```

2.4.2　字符串函数

在.Net Framework 中提供了大量的字符串操作函数，给字符串型变量的处理带来了极大的方便。常见的字符串函数如表 2.8 所示。其中 s、s1、s2 代表字符串，n、m 代表数值。

表 2.8　　　　　　　　　　　　　　　　常用字符串函数

函　数	功　能	示　例	结　果
Ltrim(s)	去掉 s 左端的空格	Ltrim("　abc　")	"abc　"
Rtrim(s)	去掉 s 右端的空格	Rtrim("　abc　")	"　abc"
Trim(s)	去掉 s 两端的空格	Trim("　abc　")	"abc"
Left(s,n)	从 s 左边取 n 个字符	Left("abcdef", 4)	"abcd"
Right(s,n)	从 s 右边取 n 个字符	Right("abcdef", 4)	"cdef"
Mid(s,n[,m])	从 s 第 n 个字符起取 m 个字符	Mid("abcdef", 2, 3) Mid("abcdef", 2)	"bcd" "bcdef"
Len(s)	返回字符串长度	Len("VB.NET 学习")	8
Instr([n,]s1,s2)	从 s1 的第 n 位开始查找 s2 首次出现的位置	InStr(3, "abcdabcde", "ab") InStr("abcdabcde", "ab")	5 1
StrDup(n,s)	返回 s 的首字符重复 n 次的字符串	StrDup(3, "VB.NET")	"VVV"
Space(n)	返回 n 个空格	Space(5)	"　　　　　"
LCase(s)	将 s 中所有字母转换为小写字母	LCase("VB.NET")	"VB.NET"
UCase(s)	将 s 中所有字母转换为大写字母	UCase("VB.NET")	"VB.NET"

2.4.3　转换函数

转换函数用于数据类型及其形式之间的转换。常见的转换函数如表 2.9 所示。其中，s 表示字符串，n 表示数值。

表 2.9　　　　　　　　　　　　　　　　常用转换函数

函　数	功　能	示　例	结　果
Asc(s)	字符转换为 ASCII 码值	Asc("A")	65
Chr(n)	ASCII 码值转换为字符	Chr(65 + 32)	"a"
Str(n)	数值转换为字符串	Str(12.345)	"12.345"
Val(s)	数字字符串转换为数值	Val("12abc.345")	12
Oct(n)	十进制数转换为八进制数	Oct(100)	144
Hex(n)	十进制数转换为十六进制数	Hex(100)	64
CBool(e)	转换为逻辑型，0 值为 False，非 0 值为 True		
CByte(e)	转换为 Byte 型，0～255		
CShort(e)	转换为 Short 值		
CInt(e)	转换为 Integer 值		
CLng(e)	转换为 Long 值		
CSng(e)	转换为 Single 值		
CDbl(e)	转换为 Double 值		
CDec(e)	转换为 Decimal 值		
CChar(e)	字符串表达式 e 的首字符转换为 Char 类型	CChar("abcd")	"a"
CStr(e)	数值表达式 e 转换为 String		
CDate(e)	字符串表达式 e 转换为 Date 值	CDate("February 12, 2012")	2012/2/12 0:00:00
CObj(e)	转换为 Object		

例 2.2　使用转换函数。

```
Sub Main()
    Dim abln As Boolean = CBool(10)
    Dim abyte As Byte = CByte(213.68)
    Dim achar As Char = CChar("ABCD")
    Dim adec As Decimal
    Dim adbl As Double = 213.45D
    adec = CDec(adbl * 0.02D)
    adbl = CDbl(adec) -92D
    Dim aint As Integer = CInt(adbl)
    Dim alng As Long = CLng(adbl)
    Dim astr As String = CStr(adbl)
    Dim aobj As Object = CObj(adbl)

    Console.WriteLine("{0},{1},{2},{3},{4}", abln, abyte, achar, adbl, adec)
    Console.WriteLine("{0},{1},{2},{3}", aint, alng, astr, aobj)
    Console.ReadLine()
End Sub
```

2.4.4　日期时间函数

常用的日期时间函数见表 2.10。其中 d 表示日期，t 表示时间。

表 2.10　　　　　　　　　　　　　常用日期时间函数

函　　数	功　　能	示　　例	结　　果
Now	当前系统日期和时间	Now	2011/5/20 13 :20 :30
TimeOfDay	当前系统时间	TimeOfDay	0001/1/1 13:21:30
Day(d)	返回日期，1–31 的整数	Day(Now)	20
Month(d)	返回月份，1–12 的整数	Month(#7/21/2011#)	7
Year(d)	返回年份	Year(#7/21/2011#)	2011
Hour(t)	返回小时，0–23	Hour(#3:20:48 PM#)	15
Minute(t)	返回分钟，0–59	Minute(#3:20:48 PM#)	20
Second(t)	返回秒钟，0–59	Second(#3:20:48 PM#)	48
Weekday(t)	返回星期几	Weekday(#6/1/2011#)	3
DateAdd()	增减日期		
DateDiff()	两个日期之间的间隔		

（1）DateAndTime.DateAdd (Interval , Number , DateValue)函数。

将特定的时间间隔与另一个日期值进行加法或减法，返回一个包含日期和时间的 Date 值。该值即是已经加上或减去指定时间间隔后的日期和时间。其中：

Interval 表示要加上的时间间隔的 DateInterval 枚举值或 String 表达式；

Number 表示希望添加时间间隔的浮点表达式（正值表示得到未来的日期/时间，负值表示得到过去的日期/时间）；

DateValue 表示要在其基础上加上此时间间隔的日期和时间表达式。

例 2.3　DateAdd 函数的使用。

```
Sub Main()
```

```
Dim d As Date
d = DateAdd(DateInterval.Month, 5, #9/30/2011#)
Console.WriteLine(d)
d = DateAdd(DateInterval.Month,-5, d)
Console.WriteLine(d)
Console.ReadLine()
End Sub
```

在本例中，对日期和时间的修改是以月份的方式，由第一个参数 DateInterval.Month 指定。运行程序后输出的结果为：

```
2012/2/29 0:00:00
2011/9/29 0:00:00
```

（2）DateAndTime.DateDiff (DateInterval, DateTime1, DateTime2)函数。

DateDiff 函数用于计算两个日期时间之间的间隔，返回一个 Long 值。其中：

DateInterval 表示 DateInterval 枚举值或 String 表达式，表示要用作两个时间之差的单位；

DateTime1 和 DateTime2 表示计算日期时间间隔的 Date 值。

例 2.4 DateDiff 函数的使用。

```
Sub Main()
    Dim dt1 As Date = #6/1/2011#
    Dim dt2 As Date = #12/31/2011#
    Dim dd As Long = DateDiff(DateInterval.Day, dt1, dt2)
    Dim dw As Long = DateDiff(DateInterval.Weekday, dt1, dt2)
    Console.WriteLine("{0},{1}", dd, dw)
    Console.ReadLine()
End Sub
```

运行程序后输出的结果为：213，30

2.4.5 Format 格式输出函数

Format 格式输出函数可以使数值、字符串或日期按指定的格式输出，其格式如下：

```
Format(<表达式>，<格式字符串>)
```

其中：

表达式表示要格式化的数值、字符串和日期表达式；

格式字符串表示任何有效的表达式。常用的格式字符如表 2.11、表 2.12 所示。

表 2.11　　　　　　　　　　　常用数值格式字符

字　符	功　能	示　例	结　果
0	实际数字位数小于符号位，前后补 0；否则小数部分四舍五入	Format(123.4567, "0000.00000") Format(123.4567, "00.00")	0123.45670 123.46
#	有数字与#对应则显示数字，无数字对应则不显示	Format(123.4567, "#####.#####") Format(123.4567, "##.##")	123.4567 123.46
,	千分位	Format(2123.456, "##,###.0000")	2123.4560
%	数值乘以 100，加百分号	Format(123.4567, "####.##%")	12345.67%

表 2.12   常用日期格式字符

字 符	功 能	示 例	结 果
y/M/d	年/月/日显示为不带前导 0 的数字	Format(#6/1/2011#, "M/d")	6/1
yy/MM/dd	年/月/日显示为带前导 0 的数字	Format(#6/1/2011#, "MM/dd")	06/01
yyyy-MM-dd	以 yyyy-MM-dd 格式显示	Format(#6/1/2011#, "yyyy-MM-dd")	2011-06-01
h:m:s	使用不带前导 0 的数字显示时间	Format(#6:05:30 PM#, "h:m:s")	6:5:30
hh:mm:ss	使用带前导 0 的数字显示时间	Format(#6:05:30 PM#, "hh:mm:ss")	06:05:30
tt	在 12 小时制中自动判断加入 AM 或 PM	Format(#6:05:30 PM#, "tt")	PM
dddd	显示星期	Format(#6/1/2011#, "dddd")	星期三

例 2.5 计算半径为 4 的圆面积和周长，并按格式输出。

```
Sub Main()
    Const PI As Single = 3.14159
    Dim r As Integer = 4
    Dim area As Double = PI * r ^ 2
    Dim circle As Double = PI * 2 * r
    Console.WriteLine("面积:{0}    周长:{1}", Format(area, "0,000.00"), Format(circle,
    "#,###.##"))
    Console.ReadLine()
End Sub
```

程序运行后，输出结果为：

面积：0,050.27   周长：25.13

例 2.6 日期时间格式函数的使用。

```
Sub Main()
    Dim t As Date = #6/27/2011 3:04:23 PM#
    Dim ts As String
    ts = Format(t, "h:m:s")
    Console.WriteLine(ts)                    ' 输出为: 3 :4 :23
    ts = Format(t, "hh:mm:ss")
    Console.WriteLine(ts)                    ' 输出为: 03 :04 :23
    ts = Format(t, "dddd, MM d yyyy")
    Console.WriteLine(ts)                    ' 输出为: 星期一, 06 27 2011
    ts = Format(t, "yyyy-MM-dd tt")
    Console.WriteLine(ts)                    ' 输出为: 2011-06-27 下午
    Console.ReadLine()
End Sub
```

2.5 综 合 应 用

本章介绍了 VB.NET 语言的基本知识，包括数据类型、常量与变量及其声明、运算符和表达式的含义及其表示方式、常用的内部函数。这些知识是开发应用程序的基础和必要组成部分。对这些基础知识的理解和掌握能帮助我们更好地学习后面的内容。

例 2.7 设计一个简单的计算机考试系统，要求产生一系列 1~9 的操作数和运算符（加、减、乘、除）。根据输入的答案判断正确与否，给出成绩。

分析：该题主要是考察随机数产生、运算符和表达式的运用。

（1）操作数和运算符通过随机函数 Rnd 产生，两个操作数的范围都是 1~9，运算符 0~3 分别代表+、−、*、/。

（2）输入结果后按"提交"按钮，对结果的正确与否进行判断并显示，同时产生下一道算题。

（3）按"记分"按钮显示得分结果，按"重来"按钮重新开始答题并记分，按"不玩了"按钮退出。

（4）操作界面如图 2-3 所示。

操作步骤如下。

（1）新建一个 VB.NET 的"Windows 窗体应用程序"项目，将窗体文件名修改为"KaoShi.vb"。

图 2-3　例 2.7 操作界面

（2）在窗体上添加 2 个 Label 控件、1 个 TextBox 控件和 4 个 Button 控件。根据表 2.13 设置控件的属性。

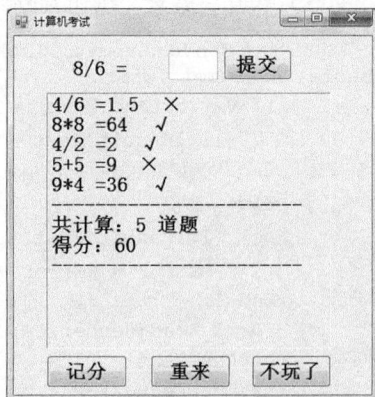

表 2.13　　　　　　　　　　控件属性设置

控　件	属　性	属　性　值	控　件	属　性	属　性　值
Form1	Text	计算机考试	Button1	Name	btnSubmit
Label1	Name	lblQus		Text	提交
Label2	Name	lblResult	Button2	Name	btnCount
	AutoSize	False		Text	记分
	BorderStyle	Fixed3D	Button3	Name	reStart
	Text	""		Text	重来
Text1	Name	txtAns	Button4	Name	btnExit
	Text			Text	不玩了

（3）为了便于事件过程中的数据共享，在事件过程前定义窗体级变量：

```
Dim Num1%, Num2%
Dim Result!
Dim NOk%, NError%
```

（4）利用随机函数产生算题。

```
Private Sub Form1_Load(ByVal sender As System.Object, ByVal e As System.EventArgs)
Handles MyBase.Load
    Dim Op As Char
    Randomize()
    Num1 = Int(Rnd()* 9 + 1)
    Num2 = Int(Rnd()* 9 + 1)
    Dim NOp As Integer = Int(Rnd()* 4)
    If NOp = 0 Then Op = "+" : Result = Num1 + Num2
    If NOp = 1 Then Op = "−" : Result = Num1 − Num2
    If NOp = 2 Then Op = "*" : Result = Num1 * Num2
    If NOp = 3 Then Op = "/" : Result = Num1 / Num2
    lblQus.Text = Num1 & Op & Num2 & " ="
End Sub
```

（5）单击"提交"按钮判断结果并显示。

```
    Private Sub btnSubmit_Click(ByVal sender As System.Object, ByVal e As System.EventArgs)
Handles btnSubmit.Click
        If Val(txtAns.Text) = Result Then
            lblResult.Text = lblResult.Text & lblQus.Text & txtAns.Text & " √" & vbCrLf
            NOk = NOk + 1
        Else
            lblResult.Text = lblResult.Text & lblQus.Text & txtAns.Text & " ×" & vbCrLf
            NError = NError + 1
        End If
        Form1_Load(sender, e)
        txtAns.Text = ""
        txtAns.Focus()
    End Sub
```

（6）单击"记分"按钮，显示得分结果。

```
    Private Sub btnCount_Click(ByVal sender As System.Object, ByVal e As System.EventArgs)
Handles btnCount.Click
        lblResult.Text = lblResult.Text & "----------------------" & vbCrLf
        lblResult.Text = lblResult.Text & "共计算: " & (NOk + NError) & " 道题" & vbCrLf
        lblResult.Text = lblResult.Text & "得分: " & (Int(NOk / (NOk + NError) * 100)) & vbCrLf
        lblResult.Text = lblResult.Text & "----------------------" & vbCrLf
        txtAns.Focus()
    End Sub
```

（7）单击"重来"按钮，重新开始记分。

```
    Private Sub reStart_Click(ByVal sender As System.Object, ByVal e As System.EventArgs)
Handles reStart.Click
        txtAns.Focus()
        NOk = 0
        NError = 0
        lblResult.Text = ""
    End Sub
```

（8）单击"不玩了"按钮退出。

```
    Private Sub btnExit_Click(ByVal sender As System.Object, ByVal e As System.EventArgs)
Handles btnExit.Click
        End
    End Sub
```

习　题

1. 下列都属于 Visual Basic.NET 数据类型的是_____。
   A. Short、Int、Long、Single、Double
   B. Short、Integer、Long、Float、Double
   C. Integer、Long、Single、Double、Decimal
   D. Boolean、Byte、Bit、Decimal、Date
2. 以下定义常量不正确的语句是_____。
   A. Const Num as Integer=10
   B. Const Num as Long=23.4，Str$="VB.NET"
   C. Const Str$="VB.NET"
   D. Const Str$=# VB.NET #
3. 使用数值类型数据时，系统有时为什么会提示"溢出"错误？
4. 什么是变量的隐式声明和显式声明？
5. 根据条件写出相应的表达式。
   （1）产生"A"~"Z"范围内的一个字符。
   （2）产生 150~268（包括 150 和 268）范围内的一个正整数。
   （3）产生 100~999 范围内的一个正整数，并判断是否能整除 5 和 7。
   （4）将任意一个两位数的个位与十位分离。
   （5）产生"a"~"n"范围内的一个小写字母，并转换为大写字母。
   （6）将一个字符串中去掉左右的空格，再将首字母和末尾字母一起构成一个新的字符串。
   （7）表示年龄 age 在 15~30 岁的女生。
6. 编写程序，将系统当前的时间和日期通过 Label 控件显示。
7. 编写程序，从键盘输入两个整数，求这两个数的最大公约数和最小公倍数。
8. 变量的 3 个要素是什么？Visual Basic.NET 常见的变量主要有哪些？

第3章
程序的基本控制结构

结构化程序设计的基本思想之一是"单入口—单出口"的控制结构，也就是程序代码只可由 3 种基本控制结构组成，即顺序结构、选择结构和循环结构，据此可以编写出结构良好、易于阅读和调试的程序。

VB.NET 虽然是面向对象的程序设计语言，但在代码设计中仍然支持上述结构化程序设计的思想。本章将主要介绍这 3 种基本控制结构及相关语句。

3.1　VB.NET 结构化程序设计基础

VB.NET 支持结构化的程序设计方法，结构化使程序结构清晰，提高了程序的可靠性、可读性，也易于查错和排错。结构化程序设计包含了程序的控制结构规范化和模块化设计。

3.1.1　基本控制结构

结构化设计方法有 3 种基本控制结构，分别是顺序结构、选择结构和循环结构。

1. 顺序结构

顺序结构是由一组顺序执行的处理块所组成，每一个处理块可包含一条或一组语句，完成一项工作。顺序结构是任何一个算法不可缺少的基本主体结构。

图 3-1 是包含两个处理块的顺序结构，其中，A、B 分别代表一个处理块。

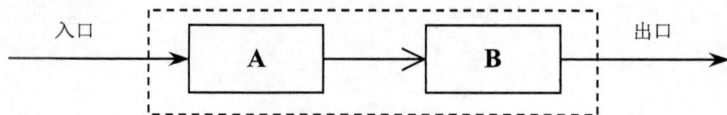

图 3-1　顺序结构示意图

2. 选择结构

选择结构是根据对某一条件的判断结果决定程序的走向，即选择哪一个分支中的处理块去执行，所以选择结构也称分支结构。最基本的分支结构是二分支结构，如图 3-2 所示。

如果判断结果为真，就执行 A 处理块的操作；如果判断结果为假，就执行 B 处理块的操作。分支结构总是以条件判断为起始点，它是人脑思维判断活动的抽象。

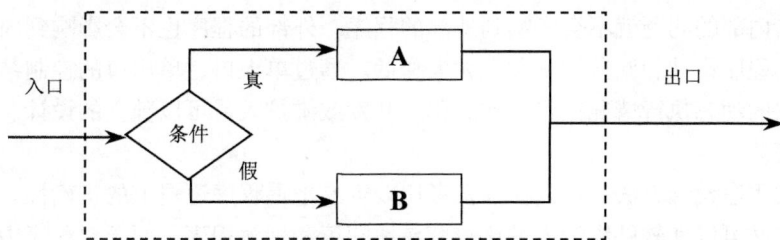

图 3-2　选择结构示意图

3. 循环结构

循环结构是对某一处理块反复执行的控制结构，此处的处理块称为循环体。循环体执行多少次是由一个控制循环的条件所决定。最基本的循环结构是"当循环"，如图 3-3 所示。

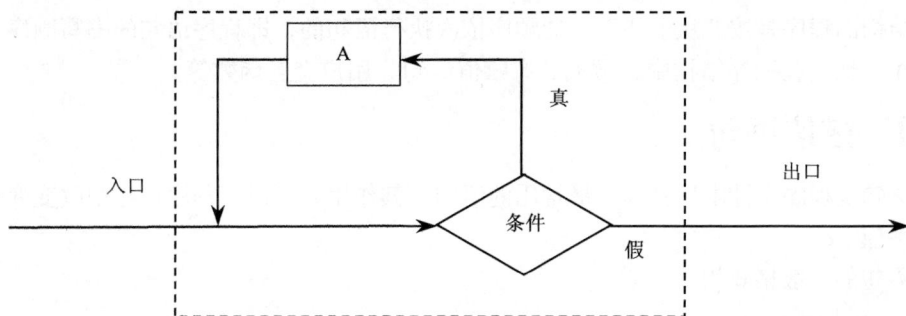

图 3-3　循环结构示意图

进入循环结构时，判断循环条件，当条件为真时执行一次处理块 A，即循环一次，然后再判断循环条件。只要循环条件为真，就循环下去；当循环条件为假时，循环结束。循环结构反映了人们在处理某项事务时，对不同的数据执行同一操作的工作方式。

3.1.2　程序的结构化

从上述 3 种基本控制结构中可以看到这样一个重要特征：每一个控制结构都只有一个入口和一个出口，而 3 种结构块中的处理块（如 A 和 B）也有一个入口和一个出口。那么，一个处理块能否又是一个控制结构块？答案是肯定的。由此可以推想，通过结构的嵌套，由这 3 种基本结构可以组合成多种复杂的结构。业已证明，任何一个复杂的算法都可以由这 3 种基本结构来表示。而由 3 种基本结构所构建出的算法称为结构化算法。

结构化的方法是一种科学的方法，它使得人们在设计算法时有章可循。在算法设计中反复应用几个基本结构块的思想，使算法逐步细化，并最终实现对于给定问题的算法描述。

结构化算法是结构化程序设计的基础。结构化程序设计的基本思想是：采用自顶向下、逐步求精的设计方法和单入口、单出口的控制结构。当拿到问题时，按照自顶向下、逐步求精的原则进行分解，使其分解成若干较小的问题，然后再用结构化编程技术编制出相应的程序块，进而构造出整个问题的求解程序。

自顶向下、逐步求精的方法符合人们解决复杂问题的普遍规律。先全局后局部、先整体后细节、先抽象后具体的逐步求精过程，可以保证开发出的程序具有清晰的层次结构。单入口、单出口的控制结构单元也是一种封装机制。无论是一个简单的还是一个复杂的控制结构，只要确定其入口和出口，其内部的问题就不会影响到外部的程序，外部的程序也不会影响到内部，不同程序间的耦合减少，程序设计和调试的复杂度大大降低。通过单入口、单出口的控制结构，使得程序的静态结构和它的动态执行情况比较一致。程序开发或维护人员可以独立的设计、理解或调试每个控制结构单元。

采用结构化程序设计方法，可以让开发者比较容易把握程序逻辑上的正确性。而结构化程序良好的可读性，又可以使软件维护人员比较容易地阅读和理解程序，便于对程序中的错误进行定位和修改。因此结构化程序设计是编程人员必须掌握的科学的、规范化的编程方法。

3.2 顺 序 结 构

顺序结构的程序是按"从上往下"的顺序依次执行语句的，即程序语句的书写顺序与语句的执行顺序相一致。在顺序结构中，常见的有赋值语句、用户交互函数等。

3.2.1 赋值语句

赋值语句是程序设计中最基本、最常用的语句，其作用是可以在程序运行中改变变量的值或对象的属性值。

赋值语句的一般格式为：

变量名 = 表达式

或

[对象名.]属性名 = 表达式

其中，表达式可以是任何类型，一般其类型应与变量名的类型一致。

赋值语句的作用是：先计算右边表达式的值，然后将值赋给左边的变量或对象的属性。例如：

```
iNum%=123            ' 给整型变量赋值
Button1.Text="确定"   ' 设置按钮的标题
StrName="China"      ' 给字符串变量赋值
```

（1）当表达式为数值型并与左边变量的精度不同时，赋值时将强制转换成左边变量的精度。例如：

```
m% = 4.2   ' m为整型变量，转换时四舍五入，m的结果为4
```

（2）当表达式是数字形式的字符串，但左边变量是数值型时，将自动转换成数值型再赋值，但当表达式包含有非数字的字符或为空串时将出错。例如：

```
m% = "456"    ' m中的结果是456，与m% = Val("456") 效果等价
m% = "4a56"   ' 系统提示"类型转换无效"，出错
m% = ""       ' 系统提示"类型转换无效"，出错
```

（3）当表达式是逻辑型但左边变量是数值型时，赋值时 True 转化为-1，False 转化为 0。反之当数值型赋值给逻辑型变量时，非 0 转换为 True，0 转换为 False。

（4）当表达式是非字符串型，但左边变量是字符串型时，赋值时自动转换为字符串型。

注意：

（1）赋值号与关系运算符中的等于号都用"="表示，但 VS2010 系统会根据其出现的位置自动判断是何种意义的符号，不会产生混淆。即在条件表达式中出现的"="是等于号，否则是赋值号。

例如，若 a、b 值不同，则赋值语句 a=b 与 b=a 是两个结果不同的赋值语句，但在关系表达式中这两种表示方法是等价的。

（2）赋值号左边不能是常量、常量符号或表达式。下面均为错误的赋值语句。

```
a+b=2                    ' 错误，左边不能是表达式
sin(x)=a+b               ' 错误，左边不能是函数调用表达式
3=x+y                    ' 错误，左边不能是常量
```

（3）一条赋值语句只能为一个变量（或控件对象属性）赋值。

如要对 x、y、z 3 个变量赋初值 1，如下书写虽然语法上允许，但结果不正确。

```
Dim x% , y% , z%
x = y = z = 1
```

执行该语句前 x、y 和 z 变量的默认值为 0。系统在编译时，将右边两个"="作为关系运算符处理，最左边的一个"="作为赋值运算符处理。执行该语句时，先进行 y=z 比较，结果为 True（-1），接着进行 True=1 比较，结果为 False（0），最后将 False 赋值给 x。因此最后 3 个变量中的值还是为 0 。正确书写应分别用 3 条赋值语句完成。

（4）下面的赋值语句形式很常用。

```
Sum = Sum + x
```

表示取 Sum、x 变量中的值相加后再赋值给 Sum，通常和循环结构配合使用，起到累加作用。

```
n= n + 1              ' 若 n 的值为 5，执行该语句后 n 的值为 6
```

表示取 n 变量中的值加 1 后再赋值给 n，通常和循环结构配合使用，起到计数器作用。

```
T= T * X
```

表示取 T 变量中的值乘以 X 的值后再赋值给 T，通常和循环结构配合使用，起到连乘作用。

思考：在使用上面 3 种形式之前，首先应该给变量 Sum、n 和 T 赋什么初值才能得到正确的结果呢？

为提高程序的可读性，用户可使用注释来说明声明的某个变量、编写某个语句或建立某个过程的目的、功能和作用。注释部分（在程序代码中显示为绿色）在程序运行时不被执行。VB.NET提供了两种方法给程序添加注释。

（1）注释以 REM 开头，也可以用英文标点的单引号"'"引导注释内容。

例 3.1　用 REM 和单引号"'"进行注释。

```
Private Sub Form1_Click(ByVal sender As Object, ByVal e As System.EventArgs) _
    Handles Me.Click        REM Me 代表本窗体
    Me.Text = "Hello! "    ' 单击窗体，标题栏显示"Hello! "
End Sub
```

（2）使用 VB.NET 的"注释选中行/ 取消对选中行的注释"功能，可以很方便地将选中的若干行语句设置为注释或取消注释。

设置注释块的方法是：先选中要加注释的语句行，再单击"标准"工具栏中的"注释选中行"图标 即可。

取消注释块的方法是：先选中要取消注释块的注释行，再单击"标准"工具栏中的"取消对选中行的注释"图标 ❷ 即可。

注意：

若"标准"工具栏没有在窗口中显示，只要选择"视图"菜单中的"工具栏"子菜单，然后选择"标准"菜单项即可。

设计程序时添加适当的注释是一个良好的编程习惯。一般结构化编程建议在以下情况添加一些注释。

（1）声明一个重要变量，应该描述它的作用。

（2）过程的定义，应该包括其功能、参数及输出值等内容的说明。

（3）对整个应用程序的说明，一般在应用程序的开始位置给出综述性文字说明，描述其主要数据对象、过程、算法、输入输出等。

3.2.2　用户交互函数

为了便于应用程序与用户之间进行信息交互，完成信息的输入和输出，用户可采用文本框、标签等控件来实现，也可用 VB.NET 提供的 InputBox、MsgBox 来实现。InputBox 的功能是等待并提示用户为程序运行输入指定的数据，称为"输入信息对话框"，简称"输入对话框"。MsgBox 的功能是进行提示，用以确认某种程序的操作，称为"消息提示对话框"，简称"消息框"。

1．InputBox（输入对话框）

在 VB.NET 中，InputBox 是通过 InputBox 函数来完成的。输入对话框一般由标题、提示信息、"确定"按钮、"取消"按钮和一个供用户输入的文本框组成。当用户将输入信息输入到文本框，并单击"确定"按钮后，函数返回用户输入的字符串数据。当单击"取消"按钮时，返回一个空字符串。

语法格式： **InputBox**(Prompt[, Title][, Default])

参数说明。

（1）Prompt：必需的参数，作为输入对话框中提示信息出现的字符串，其最大长度约为 1 024 个字符，由所使用字符的宽度决定。如果 Prompt 包含多个行，则可在各行之间用回车符（Chr（13））、换行符（Chr（10））或回车换行符的组合（Chr（13）&Chr（10））来分隔。

（2）Title：可选的参数，作为输入对话框标题栏中的字符串。若省略该参数，则在标题栏中显示应用程序名称。

（3）Default：可选的参数，作为输入对话框中默认的字符串，在没有其他输入时作为缺省值。若省略该参数，则文本框为空。

（4）InputBox 函数返回的是一个字符串，若需要得到数值，则需要使用 Val 函数将字符串转换为一个数值。

例 3.2　创建一个输入对话框，如图 3-4 所示。

```
Private Sub Form1_Click(ByVal sender As Object, ByVal e As System.EventArgs)  _Handles
Me.Click
    Dim myvalue As Object
    myvalue = InputBox("请输入数值，数值在 1~3 之间！"，"输入提示"，"1")
 End Sub
```

2．MsgBox（消息框）

MsgBox 函数用于在屏幕上的消息框中显示简短消息，并等待用户单击按钮，然后返回一个整数型的数值，让应用程序了解用户单击的是哪一个按钮。

图 3-4　输入对话框

语法格式：**MsgBox**(Prompt[, Buttons] [, Title])

功能：**在屏幕上显示**一个消息框，根据选择确定其后的操作。

参数说明。

Prompt：必选参数，为一字符串参数，用来显示消息框的提示信息，最大长度为 1 024 字节；一行写不完时，可在字符串中加回车 Chr（10）、换行 Chr（13）来进行回车换行。

Buttons：是可选参数，数值表达式，它是值的总和，指定显示的按钮数目及按钮类型、使用的图标样式、默认按钮的标识以及消息框的样式等。简单地说，该参数是表 3.1、表 3.2 和表 3.3 中所需类型对应的常量之和。如果省略 Buttons，则默认值为零。按钮的类型及其对应的值如表 3.1 所示。

表 3.1　　　　　　　　　　　　　按钮类型及其对应的值

符号常量	值	显示的按钮
vbOkOnly	0	显示"确定"按钮
vbOKCancel	1	显示"确定"和"取消"按钮
vbAbortRetryIgnore	2	显示"中止（A）"、"重试（R）"和"忽略（I）"按钮
vbYesNoCancel	3	显示"是（Y）"、"否（N）"和"取消"按钮
vbYesNo	4	显示"是（Y）"、"否（N）"按钮
vbRetryCancel	5	显示"重试（R）"和"取消"按钮

MsgBoxStyle：是可选参数，数值表达式，图标的类型及其对应的值如表 3.2 所示。

表 3.2　　　　　　　　　　　　　图标的类型及其对应的值

符号常量	值	消息框上显示的图标
Critical	16	关键信息图标 ❌
Question	32	询问信息图标 ❓
Exclamation	48	警告信息图标 ⚠
Information	64	信息图标 ℹ

DefaulButton：是可选参数，数值表达式，默认按钮及其对应的值如表 3.3 所示。

表 3.3　　　　　　　　　　　　　默认按钮及其对应的值

符号常量	值	默认按钮
DefaultButton1	0	第 1 个按钮是默认的活动按钮
DefaultButton2	256	第 2 个按钮是默认的活动按钮
DefaultButton3	512	第 3 个按钮是默认的活动按钮

Title：是可选参数，用于设置消息框标题栏中显示的字符串。省略该参数，VB.NET 将把应用程序名放在标题栏中。

当用户单击消息框上的某按钮时，MsgBox 函数将返回一个常量来确认该按钮被按动了，表3.4 是按钮和常量之间的对应关系。

表 3.4   MsgBox 函数的可能返回值

符号常量	值	用户单击的按钮
vbOK	1	"确定"
vbCancel	2	"取消"
vbAbort	3	"中止"
vbRetry	4	"重试"
vbIgnore	5	"忽略"
vbYes	6	"是"
vbNo	7	"否"

通过对返回值的判断，就可以确定消息框中到底是哪个按钮被按动，从而确定程序下一步的运行方式。

例 3.3 在 Form1_Click()事件过程中定义一个消息框，代码如下：

```
Private Sub Form1_Click(ByVal sender As Object, ByVal e As System.EventArgs) _ Handles
Me.Click
        Dim s As Integer
        s = MsgBox("用户名必须包含数字和字母", 5 + 48, "警告")
        If  s = vbCancel Then End   ' 若用户单击"取消"，则程序退出
End Sub
```

单击窗体，将弹出消息框，如图 3-5 所示。

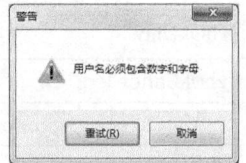

图 3-5   消息框提示

3.3 选 择 结 构

选择结构是计算机科学用来描述自然界和社会生活中分支现象的重要手段。其特点是：根据所给定的条件成立与否，来决定从各种实际可能的不同分支中选择执行某一分支的相应操作。VB.NET 实现选择结构的语句主要有 IF 和 Select Case。

3.3.1 IF 语句

1. 行 IF 语句

格式：**If** <条件> **Then** <语句 1> [**Else** <语句 2>]

功能：条件成立执行语句 1，否则执行语句 2（流程图如图 3-6（a）所示）；可以缺省关键字ELSE 和语句 2（流程图如图 3-6（b）所示）。

例 3.4 通过 InputBox 分别输入实数 x 和 y 的值，若 x 小于 y 则进行交换，最后通过 MsgBox输出 x 和 y。

编制事件过程 Form_Click 如下：

```
Private Sub Form1_Click(ByVal sender As Object, ByVal e As System.EventArgs) Handles_
Me.Click
```

```
Dim x As Single, y As Single, Temp As Single
x = InputBox("请输入实数 X 的值", "输入 X: ")
y = InputBox("请输入实数 Y 的值", "输入 Y:")
If x < y Then Temp = y : y = x : x = Temp
MsgBox("x="+ Str(x)+"  y="+Str(y), vbInformation, "输出结果")
End Sub
```

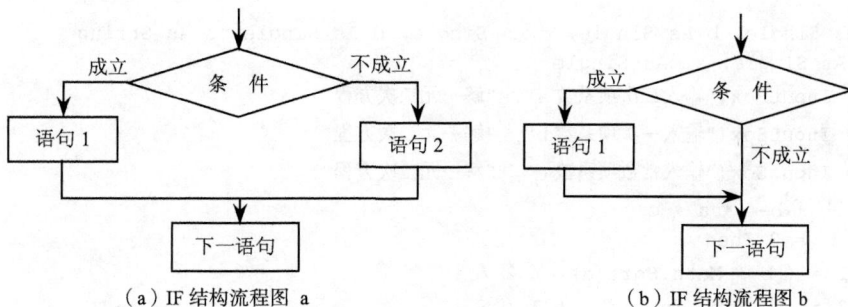

（a）IF 结构流程图 a　　　　　（b）IF 结构流程图 b

图 3-6　IF 语句流程图

注意：以上过程中，表达式"x=" + Str(x) +" y=" + Str(y)不可以写作 "x=" + x +" y=" + y，否则运行时出错，因为字符类型与数值类型数据不可以用"+"连接；但可以改为"x=" & x & " y=" & y，即字符类型与数值型数据可以用"&"连接。

行 IF 语句必须在同一行内写完。如果某条语句太长而需要写在多行上，则应在行结束处插入续行符"_"（空格+下画线）后再按回车键，如例 3.4 所示。

例 3.5　通过 InputBox 输入实数 x，求下列分段函数 f(x)的值，最后通过 MsgBox 输出 f(x)。其中：

$$f(x)=\begin{cases} 1-x^2, & x \leqslant 4 \\ (x-4)^{1/4}, & x>4 \end{cases}$$

编制事件过程 Form1_Click 如下：

```
Private Sub Form1_Click(ByVal sender As Object, ByVal e As System.EventArgs) Handles_
Me.Click
    Dim x As Single
    x = Val(InputBox("输入实数 x", "计算分段函数的值"))
    If x <= 4 Then MsgBox("f(x)=" + Str(1-x * x)) Else _
    MsgBox("f(x)=" + Str((x-4) ^ 0.25))
End Sub
```

注意：以上过程中，If 语句中的 Else 后面有续行符"_"，因此其下一行的 MsgBox 函数在语法上是和 If 部分处在同一行，依然属于行 IF 语句。如果去掉该续行符，程序虽能运行，但结果不对，试分析其原因。

2. 块 IF 语句

```
格式：If <条件> Then
        <语句 1>
    [ Else
        <语句 2>]
    End If
```

其中：语句 1、语句 2 可以是多条 VB 可执行语句或选择结构、循环结构。

例 3.6 编程求一元二次方程 $ax^2+bx+c=0$ 的根，用 InputBox 函数输入系数，计算结果通过 MsgBox 输出。

编制事件过程 Form1_Click 如下：

```
Private Sub Form1_Click(ByVal sender As Object, ByVal e As System.EventArgs) Handles_
Me.Click
Dim a As Single, b As Single, c As Single, d As Single, s As String
Dim x1 As Single, x2 As Single
    a = InputBox("输入二次项系数 a", "解一元二次方程")
    b = InputBox("输入一次项系数 b", "解一元二次方程")
    c = InputBox("输入常数项系数 c", "解一元二次方程")
    d = b * b-4 * a * c
    If d >= 0 Then
     x1 = (-b + Math.Sqrt(d)) / 2 / a
     x2 = (-b-Math.Sqrt(d)) / 2 / a
     s = "x1=" + Str(x1) + "   x2=" + Str(x2)
    Else          'x1 保存解的实部系数，x2 保存解的虚部系数
     x1 =-b / 2 / a :   x2 = Math.Sqrt(-d) / 2 / a
     s="x1="+Str(x1)+"+"+Str(Math.Abs(x2))+"i"+Chr(13)
     s = s + "x2=" + Str(x1) + "-" + Str(Math.Abs(x2)) + "i"
    End If
    MsgBox("函数的根为: " + Chr(13) + s, , "输出结果: ")
End Sub
```

本例全面考虑了实根、复根的情况，即当 d>=0 时求实根，当 d<0 时求复根（复根表示成"实部"+"±"+"虚部"+"i"的形式）。

注意：字符串中若需要换行，则在欲换行处加入字符串"Chr(13)"。

例 3.7 设计一个查询是否中奖的程序。通过该程序查询是否中奖以及所中奖的等级。

（1）界面设计。

界面由 4 个控件组成，分别是标签（labResult）、文本框（txtInput）、"查询"按钮（ButCheck）和标签（Label1）。程序运行时界面如图 3-7 所示。

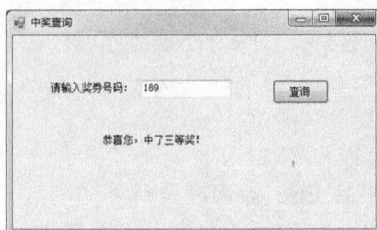

图 3-7 查询中奖

（2）程序代码如下：

```
Private Sub ButCheck_Click(ByVal sender As System.Object, _
ByVal e As System.EventArgs) Handles ButCheck.Click '单击按钮查询
    Dim strInput As String                          '定义字符串型
    strInput = txtInput.Text
    If strInput = "123" Then                        '号码为 123
```

```
        labResult.Text = "恭喜您，中了一等奖！"
    ElseIf strInput Like "12?" Then                      '号码前两位为"12"
        labResult.Text = "恭喜您，中了二等奖！"
    ElseIf strInput Like "1??" Then                      '号码第一位为"1"
        labResult.Text = "恭喜您，中了三等奖！"
    Else
        labResult.Text = "谢谢您的参与！"
    End If
End Sub
```

3.3.2　Select Case 语句

Select Case 语句用于多路选择结构，根据取整数值的表达式或字符串表达式的不同取值决定执行该结构的哪一个分支。其格式如下：

```
Select Case <测试表达式>
[Case <表达式列表 1>
    [<语句块 1>]]
......
[Case Else
    [<语句块 n+1>]]
End Select
```

其中：

（1）测试表达式为数值表达式或字符串表达式。

（2）表达式列表可以是单个表达式（单值），也可以是"表达式 To 表达式"的形式（多值），或用符号"Is"表示测试表达式的值与其他表达式的比较关系。

（3）执行流程如下。

自上而下顺序地判断测试表达式的值与表达式列表中的哪一个匹配，如有匹配则执行相应语句块，然后转到 End Select 的下一语句。

若所有的值都不匹配，执行 Case Else 所对应的语句块，如省略 Case Else，则直接转移到 End Select 的下一语句。

例 3.8　输入 x、n，根据下列公式计算多项式 p(n,x)的值。

$$p(n,x)=\begin{cases} 1 & n=0 \\ x & n=1 \\ (3x^2-1)/2 & n=2 \\ (5x^2-3)\times x/2 & n=3 \\ ((35x^2-30)\times x^2+3)/8 & n=4 \end{cases}$$

编制事件过程 Form1_Click 如下：

```
Private Sub Form1_Click(ByVal sender As Object, ByVal e As System.EventArgs) Handles_
Me.Click
    Dim x As Single, p As Single, n As Byte
    x = InputBox("输入 x:")
    n = InputBox("输入 n:")
    Select Case n
        Case 0
```

```
         p = 1
    Case 1
         p = x
    Case 2
         p = (3 * x * x - 1) / 2
    Case 3
         p = (5 * x * x - 3) * x / 2
    Case 4
         p = ((35 * x * x - 30) * x * x + 3) / 8
    Case Else
         MsgBox("n 值超出范围（0~4）")    '当所有条件都不满足时执行此语句
    End Select
    If n >= 0 And n <= 4 Then MsgBox("结果为" & p)
End Sub
```

例 3.9　通过 InputBox 分别输入年份和月份，通过 MsgBox 输出该月的天数。

其中，判断 y 年为闰年的条件为　y Mod 4 = 0 And y Mod 100<>0 Or y Mod 400 = 0

编制事件过程 Form1_Click 如下：

```
Private Sub Form1_Click(ByVal sender As Object, ByVal e As System.EventArgs) Handles_
Me.Click
    Dim y As Integer, m As Integer, d As Integer
    y = InputBox("请输入年份", "输入数据")
    m = InputBox("请输入月份", "输入数据")
    Select Case m
        Case 1, 3, 5, 7 To 8, 10, 12
            d = 31
        Case 4, 6, 9, 11
            d = 30
        Case 2
            If y Mod 4 = 0 And y Mod 100 <> 0 Or y Mod 400 = 0 Then
                d = 29
            Else
                d = 28
            End If
    End Select
    MsgBox(y & "年" & m & "月有" & d & "天")
End Sub
```

例 3.10　分析以下程序，理解 Select Case 语句的执行流程（当程序运行时，先后输入 3、-1、4 和 125，查看 MsgBox 的输出信息分别是什么，并分析其原因）。

事件过程 Form1_Click 如下：

```
Private Sub Form1_Click(ByVal sender As Object, ByVal e As System.EventArgs) Handles_
Me.Click
    Dim a As Integer, w As Integer
    a = Val(InputBox("输入 a"))
    Select Case a Mod 5
        Case Is < 4
            w = a + 10
        Case Is < 2
            w = a * 2
        Case Else
            w = a-10
    End Select
```

```
    MsgBox("w=" & Str(w))
End Sub
```

3.4　循环结构程序设计

循环结构是指在程序设计中，从某处开始有规律地反复执行某一语句块的过程，被重复执行的语句块称为"循环体"。在 VB.NET 中，常见的循环语句有 For…Next 循环和 Do…Loop 循环。

3.4.1　For…Next 循环

For … Next 循环在事件过程中重复执行指定的一组语句，直到达到指定的执行次数为止。当要执行几个相关的运算，操作屏幕上的多个元素或者处理几段用户输入时，这种方法就十分有用了。For…Next 循环实际上是一大串程序语句的一种简略写法，由于这一长串语句中的每一组语句都完成相同的任务，VB.NET 规定只定义其中的一组语句并按照程序的需要重复执行这组语句，直至达到规定的次数。

For … Next 循环的语法如下所示：

```
For <控制变量 x > = <初值 e1> To <终值 e2> [Step <步长 e3>]
            循环体
Next <控制变量 x>
```

功能如图 3-8 所示（For …Next 结构流程图）。

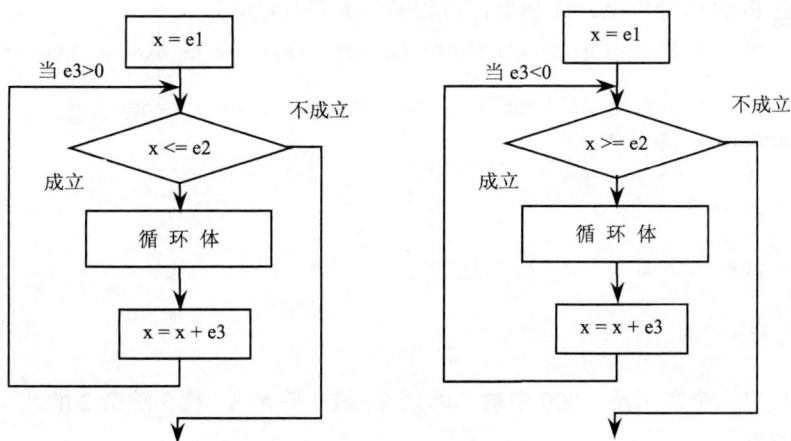

图 3-8　For…Next 结构流程图

例如，计算 1～100 范围内奇数和的程序段可编写为：

```
For n% = 1 to 99 step 2
   s = s + n%
Next n%
```

也可以写作：

```
For n% = 99 to 1 step-2 : s = s + n% : Next n%
```

在 For … Next 结构中注意以下几点。

（1）步长缺省值为 1。

（2）循环变量取值不合理，则不执行循环体。如下列循环一次也不执行。

```
For n% = 99 to 1 step 2
  s = s + n%
Next n%
```

（3）循环体中可以出现退出循环的语句"Exit For"，用于将控制转移到 Next 后一语句。

（4）循环正常结束（未执行 Exit For 等控制语句）后，控制变量为最后 1 次取值加步长。

例 3.11　编程输出 1+2+3+4+...+100 的和。

分析：多项式求和的问题实际是一个逐步累加的过程。可设两个变量 sum 和 i，sum 的初始值为 0，让 i 从 1 变化到 100，每次变化的值都累加到 sum 中，即做 sum=sum+i。具体程序如下：

```
Private Sub Form1_Click(ByVal sender As Object, ByVal e As System.EventArgs) Handles_
Me.Click
    Dim sum as integer, i as integer
    sum = 0
    For i = 1 To 100
        sum = sum + i
    Next i
    MsgBox("1+2+...+99+100=" & sum)
End Sub
```

例 3.12　求下列表达式的值。

$$1 - \frac{1}{2} + \frac{1}{3} - \frac{1}{4} + \cdots + (-1)^{n-1} \frac{1}{n}$$

本例多项式中的每一项的分母有规律地从 1 变化到 n，而每项的符号也是有规律的正负变化，可以设一个变量 fh 表示符号位，编制事件过程 Form1_Click 如下：

```
Private Sub Form1_Click(ByVal sender As Object, ByVal e As System.EventArgs) Handles_
Me.Click
    Dim fh As Integer, y As Double, n As Integer, i As Integer
    n = InputBox("输入 n")
    y = 1 : fh = 1
    For i = 2 To n
        fh = -fh
        y = y + fh / i
    Next i
    MsgBox(y)
End Sub
```

例 3.13　找出一个在 1 至 1 000 中被 7 除余 5、被 5 除余 3、被 3 除余 2 的数，满足条件后用 Exit For 退出循环。

编制事件过程 Form1_Click 如下：

```
Private Sub Form1_Click(ByVal sender As Object, ByVal e As System.EventArgs) Handles_
Me.Click
    Dim i As Integer
    For i = 5 To 1000 Step 7
        If i Mod 5 = 3 And i Mod 3 = 2 Then Exit For
    Next i
    If i <= 1000 Then MsgBox(i)
End Sub
```

注意：

（1）被 7 除余 5 的条件已经体现在 For 语句中。

（2）如果循环正常结束，i%的值将大于 1 000。

（3）此程序找出的是满足条件的第一个数。如果需要将 1 至 1 000 中所有满足条件的数打印出来，该如何修改程序？

例 3.14　输入 n 个数，找出其中的最大值并输出。

编制事件过程 Form1_Click 如下：

```
Private Sub Form1_Click(ByVal sender As Object, ByVal e As System.EventArgs) Handles
Me.Click
    Dim n As Integer, x As Single, max As Single, i As Integer
    n = InputBox("请输入数据个数: ")
    For i = 1 To n
        x = InputBox("请输入第" + Str(i) + "个数:")
        If i = 1 Then                         ' ①
            max = x                           ' ②
        Else                                  ' ③
            If x > max Then max = x           ' ④
        End If                                ' ⑤
    Next i
    MsgBox("最大数为" & max)
End Sub
```

注意：该程序中的 max = x（标为②的这一行）用来设置比较的初始值。另外，如果去掉①、②、③、⑤行，程序是否还正确？

3.4.2　For Each…Next 循环

VB.NET 支持一种特殊类型的循环，即 For Each…Next 循环，它与 For…Next 循环类似，但它用于针对集合中的每一个元素重复一组语句，而不是按设定的次数执行。如果不知道一个集合有多少元素，For Each…Next 循环非常有用。

其语法格式为：

```
For Each element In group
    [statements]
    [Exit For]
    [statements]
Next [element]
```

For Each…Next 语句的语法具有以下几个部分。

element：必要参数，用来遍历集合中所有元素的变量。

group：必要参数，对象集合。

statements：可选参数，针对集合中的每一项执行的一条或多条语句。

注意：

（1）如果集合中至少有一个元素，就会进入 For…Each 块执行。一旦进入循环，便先针对 group 中第一个元素执行循环中的所有语句。如果 group 中还有其他的元素，则会针对它们执行循环中的语句，当 group 中的所有元素都执行完了，便会退出循环，然后从 Next 语句之后的语句继续执行。

（2）在循环中可以在任何位置放置任意个 Exit For 语句，随时退出循环。Exit For 经常在条件判断之后使用，例如 If…Then，并将控制权转移到紧接在 Next 之后的语句。

（3）可以将一个 ForEach…Next 循环放在另一个之中来组成嵌套式 ForEach…Next 循环。但是每个循环的 element 必须是唯一的。

（4）如果省略 Next 语句中的 element，就像 element 存在时一样执行。

在 **For…Next** 循环中，必须先声明一个计数器变量；而在 **For Each…Next** 循环中必须先声明一个对象变量。下面的代码演示了一个 **For Each…Next** 循环。

```
Dim player As Persons.Players
For Each player In team
    ComboBox1.Items.Add(player.Position)
Next
```

在本例中，不管有多少 Players，都会为球队集合中的每个 Players 对象执行一次 ComboBox1.Items.Add 方法，并向列表中添加 Position 值。

3.4.3　Do…Loop 循环

程序中除了使用 For … Next 循环外，也可以使用 Do… Loop 循环重复执行一组语句，通过判断循环条件是否满足来决定是否终止循环。对于事先不知道循环要执行多少次的情况来说，Do … Loop 循环十分有用和方便。

根据循环条件的放置位置以及计算方式，Do 循环有以下几种格式。

```
格式 1: Do [{While|Until}<条件>]        ' 先判断条件, 后执行循环体
            循环体
        Loop
格式 2: Do                              ' 先执行循环体, 后判断条件
            循环体
        Loop [{While|Until}<条件>]
```

（1）选项 "While" 当条件为真时执行循环体，选项 "Until" 当条件为假时执行循环体。

（2）循环体中可以出现语句 "Exit Do"，将控制转移到 Do…Loop 结构后一语句。

分析以下两个代码段，最后 s 的值一样吗？

```
Dim s As Integer                Dim s As Integer
  s = 1                           s = 1
  Do                              Do While s < 0
     s = 100                         s = 100
  Loop While s < 0                Loop
```

例 3.15　通过 Do 循环重复处理用户输入的字符，单独输入 "#" 时终止。

编制事件过程 Form1_Click 如下：

```
Private Sub Form1_Click(ByVal sender As Object, ByVal e As _
System.EventArgs) Handles Me.Click
  Dim s as String
    Do While s <> "#"
        s = InputBox("请输入任意字符, 单独输入'#'时终止")
        If s <> "#" Then MsgBox("刚才输入的是: " & s)
    Loop
End Sub
```

注意：测试条件的放置位置影响 Do 循环的执行方式。

本循环中的条件是 s <> "#"，VB.NET 编译器把该条件翻译成 "只要 s 变量的值不等于结束字符 "#"，就一直重复执行循环体语句"。当 Do…Loop 循环第一次执行时，如果循环顶部的条件值不是 True，那么 Do 循环中的语句就不会执行。对上面的示例来说，如果在循环开始执行之前（可

能在事件过程中使用某个赋值语句进行赋值）s 变量的值等于字符"#"，那么 VB.NET 将跳过整个循环体，并在 Loop 语句后面的语句继续执行。需要注意的是，这种格式的 Do…Loop 循环需要在循环体中写上一条 If…Then 语句，以避免用户键入的结束字符显示出来。如果希望程序中的循环体至少执行一次，那么应该把条件放置在循环的尾部。

例 3.16 有如下一段代码：

```
Private Sub Form1_Click(ByVal sender As Object, ByVal e As System.EventArgs) Handles_
Me.Click
    Dim s as String
      Do
          s = InputBox("请输入任意字符，单独输入'#'时终止")
          If s <> "#" Then MsgBox("刚才输入的是：" & s)
      Loop Until s = "#"
End Sub
```

这个循环与前面介绍的 Do…Loop 循环相似，但是，这里的循环条件是在接受了 InputBox 函数中的输入字符后再进行判断。这种循环方式的优点保证了循环体至少被执行一次。一般来说，这种格式的循环体中往往要增加一些额外的数据处理语句以保证每一个循环都有合适的退出条件。

由于 Do…Loop 循环语句存在无限次运行的可能，因此，适当设计测试条件，以便能够在适当的时机退出循环就显得十分重要了。如果某个循环的测试条件永远都不为 False（假），那么循环将无限次地执行下去。分析下面的代码示例：

```
Dim num As Integer
    Do
        num = InputBox("输入一个数计算其平方，若退出请输入-1")
        num = num * num
        MsgBox(num)
    Loop While num >= 0
```

该例中，用户一个接一个地输入数字，程序计算每个数的平方并显示。不幸的是，当用户输够了数字想退出程序时却不能退出，因为当用户输入 0 或负数时，num 变量被赋值该数的平方（>=0），循环结束条件永远不成立，也就是死循环。因此，在编写 Do…Loop 循环语句时，避免产生无限循环至关重要。

例 3.17 用 4 种形式的 Do…Loop 循环分别输出 1～10 的平方和，请比较。

（1）Do While…Loop 格式：

```
Dim s As Integer, i As Integer
    s = 0 : i = 1
    Do While i<= 10
        s = s + i * i
        i = i + 1
    Loop
 MsgBox(s)
```

（2）Do Until…Loop 格式：

```
Dim s As Integer, i As Integer
    s = 0 : i = 1
    Do Until i > 10
        s = s + i * i
        i = i + 1
    Loop
MsgBox(s)
```

（3）Do…Loop While 格式：

```
Dim s As Integer, i As Integer
    s = 0 : i = 1
    Do
        s = s + i * i
        i% = i + 1
    Loop While i <= 10
MsgBox(s)
```

（4）Do…Loop Until 格式：

```
Dim s As Integer, i As Integer
    s = 0 : i = 1
    Do
        s = s + i * i
        i = i + 1
    Loop Until i > 10
MsgBox(s)
```

例 3.18 编程判断输入的任意正整数 n 是否为素数。

分析：

（1）素数也称为"质数"，指在一个大于 1 的自然数中，除了 1 和该整数自身外，不能被其他自然数整除的数。素数当中，除了 2 是偶数之外，其他的素数都是奇数。

（2）若要判断 n 是否为素数，只要看 n 能否被 2 到 n-1 中的任一个数整除，如果不能，则 n 是素数。再深入分析可知，如果 n 不能被 2 到 Sqrt(n) 中的任一个数整除，则 n 就是素数。

例如对 23，只要被 2、3、4 除即可，这是因为，如果 n 能被某一个整数整除，则可表示为 n=a*b。a 和 b 之中必然有一个小于或等于 Sqrt(n)。判断 n 是否为素数的过程就是拿 2 到 Sqrt(n) 中的每一个数依次去整除 n 的过程，如果其中有一个数能整除 n，则 n 肯定不是素数。

编制事件过程 Form1_Click 如下：

```
Private Sub Form1_Click(ByVal sender As Object, ByVal e As System.EventArgs) Handles_
Me.Click
    Dim n As Integer, i As Integer
    n = InputBox("请输入一个正整数! ")
    If n = 2 Or n = 3 Then
        MsgBox(n & "是素数")
    Else
        For i = 2 To Math.Sqrt(n)            ' ①
            If n Mod i = 0 Then Exit For ' ②
        Next i                               ' ③
        If i > Math.Sqrt(n) Then
            MsgBox(n & "是素数")
        Else
            MsgBox(n & "不是素数")
        End If
    End If
End Sub
```

判断素数的程序段也可以很容易地改成用 Do…Loop 语句实现。上述程序的①、②、③行可以替换为：

```
i = 2
Do While i <= Math.Sqrt(n)
    If n Mod i = 0 Then Exit Do
    i = i + 1
Loop
```

3.4.4 多重循环

通常，把循环体内不再包含其他循环的循环结构称为单层循环。在处理某些问题时，常常要在循环体内再进行循环操作，这种情况称为多重循环，又称为循环的嵌套。如二重循环、三重循环等。

多重循环的执行过程是，外层循环每执行一次，内层循环就要从头开始执行一轮。

例 3.19 单击窗体，在标签上显示九九乘法表，如图 3-9 所示。

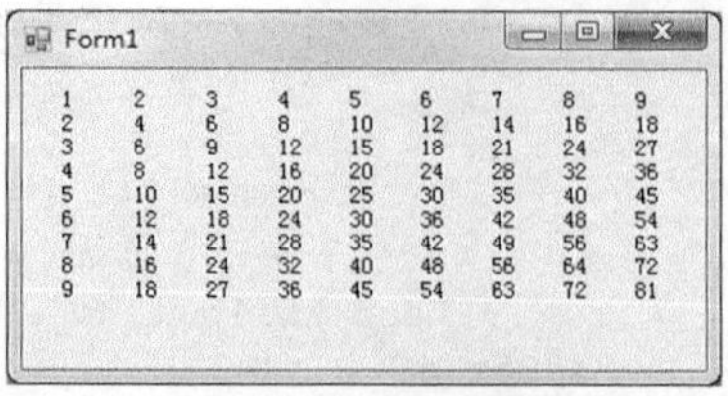

图 3-9　九九乘法表

编制事件过程 Form1_Click 如下：

```
Private Sub Form1_Click(ByVal sender As Object, ByVal e As System.EventArgs) Handles_
Me.Click
    Dim j As Integer, i As Integer
    Dim s As String
    For i = 1 To 9
        For j = 1 To 9
            s = s & String.Format("{0,-6}", Str(i * j))
        Next j
        s = s & vbCrLf      'vbCrLf 用来控制换行
    Next i
    Label1.Text = s
End Sub
```

在以上的双重循环中，外层循环变量 i 取 1 时，内层循环就要执行 9 次；接着，外层循环变量 i 取 2，内层循环同样要重新执行 9 次，所以，循环共执行了 9×9 次，即 81 次。

例 3.20　编程输出如图 3-10 所示的金字塔图案。

分析：打印由多行组成的图案，通常采用双重循环，外层循环用于控制行数，内层循环用于输出每一行的信息。要通过分析找出图案的内在规律，如每一行星号的起始位置、个数与行号的关系。本例中不难发现第 i 行有 2*i–1 个星号，每一行星号起始位置距窗体左边界的距离随着行号的增加依次减 1，这可以通过 Space 函数来输出相应数量的空格来实现，而每一行星号的换行可通过 vbCrLf 来控制，最后利用标签控件显示结果。

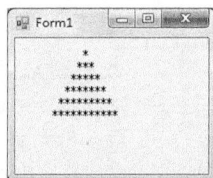

图 3-10　金字塔图案

编制事件过程 Form1_Click 如下：

```
Private Sub Form1_Click(ByVal sender As Object, ByVal e As System.EventArgs) Handles_
Me.Click
    Dim i As Integer, j As Integer, s As String
    s = ""
    For i = 1 To 6
        s = s + Space(10-i)
        For j = 1 To 2 * i-1
            s = s + "*"
        Next j
        s = s + vbCrLf
    Next i
    Label1.Text = s
End Sub
```

例 3.21　我国古代数学家在《算经》中出了一道题："鸡翁一，值钱五；鸡母一，值钱三；鸡雏三，值钱一。百钱买百鸡，问鸡翁、母、雏各几何？"意为：公鸡每只 5 元，母鸡每只 3 元，小鸡 3 只 1 元。用 100 元钱买 100 只鸡，问公鸡、母鸡、小鸡各有多少只？

计算机中处理此类问题，通常采用"**穷举法**"。所谓穷举法就是将各种可能性一一考虑到，将符合条件的输出即可。例 3.18 判断素数的程序就使用了这一方法。

设公鸡有 x 只、母鸡 y 只、小鸡 z 只。显然有很多种 x、y、z 的组合。

我们先使 x 为 0，y 为 0，而 z=100–x–y，看这一组的价钱加起来是否为 100 元，显然不是，所以这一组不可取；再保持 x=0，y 变为 1，z=99……直到 x=100，y 再由 0 变化到 100。这样就把全部组合测试了一遍。

按照这样的思想，利用多重循环结构，程序代码如下（结果通过标签 Label1 显示）：

```
Private Sub Form1_Click(ByVal sender As Object, ByVal e As System.EventArgs) Handles_
```

```
Me.Click
      Dim x As Integer, y As Integer, z As Integer, s As String
      For x = 0 To 100
        For y = 0 To 100
            z = 100-x-y
            If 5 * x + 3 * y + z / 3 = 100 Then
              s = s & "公鸡=" & x & "    母鸡=" & y & "    小鸡=" & z & vbCrLf
            End If
          Next y
        Next x
        Label1.Text = s
    End Sub
```

注意：上面的程序代码虽然正确，但其实在代码中并不需要使 x 由 0 变到 100，y 由 0 变到 100。因为公鸡每只 5 元，100 元钱最多买 20 只公鸡，母鸡也同理。请分析并对程序进行优化。

例 3.22　输出方程 $x^2+y^2+z^2=100$ 的所有整数解。

通过标签 Label1 显示结果，编制事件过程 Form1_Click 如下：

```
Private Sub Form1_Click(ByVal sender As Object, ByVal e As System.EventArgs) Handles_
Me.Click
      Dim x As Integer, y As Integer, z As Integer, s As String
      For x =-10 To 10
        For y =-10 To 10
            For z =-10 To 10
              If x * x + y * y + z * z = 100 Then
                  s = s & "x=" & x & "  y=" & y & " z=" & z & vbCrLf
              End If
            Next z
          Next y
        Next x
        Label1.Text = s
    End Sub
```

习　题

一、选择题

1. VB.NET 提供了结构化程序设计的 3 种基本结构，3 种基本结构是_____。

    A．递归结构，选择结构，循环结构　　　B．选择结构，过程结构，顺序结构

    C．过程结构，输入输出结构，转向结构　D．选择结构，循环结构，顺序结构

2. 按照结构化程序设计的要求，下面_____是非结构化程序设计语句。

    A．If 语句　　　　　B．For 语句　　　　　C．GoTo 语句　　　　　D．Select Case 语句

3. 下列关于 InputBox（　）函数的叙述，错误的是_____。

    A．提示参数是可选参数　　　　　　　　B．标题参数的缺省值是应用程序名

    C．表示坐标位置的单位是像素　　　　　D．该函数用于打开一个输入数据的对话框

4. 下面程序段运行后，显示的结果是_____。

```
Dim x%
If x Then MsgBox(x) Else MsgBox(x+1)
```

    A．1　　　　　　　　　B．0　　　　　　　　　C．–1　　　　　　　　　D．显示出错信息

5. 对于语句"If x=1 Then y=1"，下列说法正确的是_____。

    A．"x=1"和"y=1"均为赋值语句

    B．"x=1"和"y=1"均为关系表达式

    C．"x=1"为关系表达式，"y=1"为赋值语句

    D．"x=1"为赋值语句，"y=1"为关系表达式

6. 下面程序段求两个数中的大数，_____不正确。

    A．Max1=IIf(x>y, x, y)　　　　　　　　B．If x>y Then Max1=x Else Max1=y

    C．Max1=Math.Max(x, y)　　　　　　　D．If y>=x Then Max1=y Max=x

7. 计算分段函数值：

$$y=\begin{cases} 0, & x<0 \\ 1, & 0 \leqslant x < 1 \\ 2, & 1 \leqslant x < 2 \\ 3, & x \geqslant 2 \end{cases}$$

下面程序段正确的是_____。

```
A. If x < 0 Then y = 0
   If x < 1 Then y = 1
   If x < 2 Then y = 2
   If x >= 2 Then y = 3
```

```
B. If x >= 2 Then y = 3
   If x >= 1 Then y = 2
   If x > 0 Then y = 1
   If x < 0 Then y = 0
```

```
C. If x < 0 Then
       y = 0
   ElseIf x > 0 Then
       y = 1
   ElseIf x > 1 Then
       y = 2
   Else
```

```
D. If x >= 2 Then
       y = 3
   ElseIf x >= 1 Then
       y = 2
   ElseIf x >=0 Then
       y = 1
   Else
```

```
        y = 3                              y = 0
      End If                             End If
```

8. 下面程序段显示的结果是_____。

```
Dim x
x=Int(Rnd)+5
Select Case x
    Case 5
        MsgBox("优秀")
    Case 4
        MsgBox("良好")
            Case 3
        MsgBox("通过")
        Case Else
        MsgBox("不通过")
    End   Select
```

   A. 优秀   B. 良好   C. 通过   D. 不通过

9. 以下_____是正确的 For…Next 结构。

A.
```
For x=3 To -3 Step -3
    ...
Next x
```
B.
```
For x=1 To Step 10
    ...
Next x
```
C.
```
For x=3 To 10 Step 3
    ...
Next y
```
D.
```
For x=1 To 10
    re:...
Next x
If i=10 Then GoTo re
```

10. 下面这段循环执行代码的结果是_____。

```
Dim I as Integer
For I=1 to 5
    I+=2
Next I
```

   A. 5   B. 11   C. 7   D. 10

11. 下列循环体能正常结束的是_____。

A.
```
i=5
Do
    i=i+1
Loop Until i<0
```
B.
```
i=1
Do
    i=i+2
Loop Until i=10
```
A.
```
i=10
Do
    i=i+1
Loop Until i>0
```
D.
```
i=6
Do
    i=i-2
Loop Until i=1
```

12. 下面程序段的运行结果为_____。

```
label1.text= ""
For i=3 To 1 Step -1
    Label1.Text &=Space(5-i)
    For j=1 To 2*i-1
        Label1.Text &="*"
    Next j
    Label1.Text &=vbCrLf
```

```
   Next i
```

A. *
　　 ***
　　 *****

B. *****
　　 ***
　　 *

C. *****
　　 ***
　　 *

D. *****
　　 ***
　　 *

13．下列程序段不能分别正确显示 1!、2!、3!、4! 的值的是_____。

A.
```
For i=1 To 4
    n=1
    For j=1 To i
        n=n*j
    Next j
    MsgBox(n)
Next i
```

B.
```
For i=1 To 4
    For j=1 To i
        n=1
        n=n*j
    Next j
    MsgBox(n)
Next i
```

C.
```
n = 1
For i = 1 To 4
  For j = 1 To 4
    n = n * j
    MsgBox(n)
  Next j
Next i
```

D.
```
n=1
j=1
Do While j<=4
  n=n*j
  MsgBox(n)
  j=j+1
Loop
```

二、填空题

1．当 C 字符串变量中第 3 个字符是 "C" 时，利用 MsgBox 显示 "Yes"，否则显示 "No"。

```
If_____Then MsgBox("Yes") Else MsgBox("No")
```

2．下面程序运行后输出的结果是_____。

```
x=Int(Rnd)+3
If x^2>8 Then y=x^2+1
If x^2=9 Then y=x^2-2
If x^2<8 Then y=x^3
MsgBox(y)
```

3．下面程序的功能是_____。

```
Dim n%, m%
Sub TextBox1_KeyPress(……)Handles TextBox1.Keypress
  If Asc(e.KeyChar)=13 Then
    If IsNumeric(TextBox1.Text) Then
      Select Case Val(TextBox1.Text) Mod 2
        Case 0
            n=n+Val(TextBox1.Text)
        Case 1
            m=m+Val(TextBox1.Text)
      End Select
    End If
    TextBox1.Text=""
    TextBox1.Focus( )
  End If
End Sub
```

4．输入若干个字符，统计有多少个元音字母，有多少个其他字母，直到按 Enter 键结束，显示结果，大、小写不区分。其中 Count Y 中放元音字母个数，Count C 中放其他字符个数。

```
Dim Count Y% , Count C%
Sub TextBox1_KeyPress (ByVal sender As Object, ByVal As System.Windows.Forms._Press
```

```
EventArgs) Handles TextBox1.KeyPress
    Dim c As Char
    c=_____
    If "A"<=c And c<= "Z" Then
        Select Case_____
            Case_____
                CountY=CountY+1
            Case Else
                CountC=CountC+1
        End Select
    End If
    If_____Then
        MsgBox("元音字母有" & CountY & "个")
        MsgBox("其他字符有" & CountC & "个")
    End If
End Sub
```

5. 要使下列 For 语句循环执行 20 次，循环变量的初值应当是_____。

```
For k=_____To -5 Step -2
```

6. 下面程序段显示_____个 "*"。

```
For i=1 To 5
    For j=2 To i
        MsgBox("*")
    Next j
Next i
```

7. 下列第 40 句共执行了_____次，第 41 句共执行了_____次。

```
30  For j=1 To 12 Step 3
40    For k=6 To 2 Step -2
41      MsgBox(j & "" &k)
42    Next k
43  Next j
```

8. 输入任意长度的字符串，要求将字符串顺序倒置。例如，将输入的 "ABCDEFG" 变换成 "GFEDCBA"。

```
Sub  Button1_Click(……) Handles Button1.Click
    Dim a$, I%, c$, d$, n%
    a=InputBox$("输入字符串")
    n=_____
    For I=1 To_____
        c=Mid(a,I,1)
        Mid(a,I,1)=_____
        _____=c
    Next I
    MsgBox(a)
End Sub
```

9. 找出被 3、5、7 除余数为 1 的最小的 5 个正整数。

```
Sub  Button1_Click(......) Handles Button1.Click
  Dim CountN% , n%
    CountN=0
    n=1
    Do
```

```
        n=n+1
        If_____    Then
            MsgBox(n)
            countN=CountN+1
        End If
    Loop_____
End Sub
```

10. 有个长阶梯，如果每步跨 2 阶最后剩 1 阶，如果每步跨 3 阶最后剩 2 阶，如果每步跨 4 阶最后剩 3 阶，如果每步跨 5 阶最后剩 4 阶，如果每步跨 6 阶最后剩 5 阶，只有当每步跨 7 阶时恰好走完，显示这个阶梯至少要有多少阶。

提示：利用其肯定是 7 的倍数这个条件，然后根据同时满足除 n 余 m（n=2，3，4，5，6；m=1，2，3，4，5）的逻辑关系即可。

```
Sub Button1_Click(……) Handles Button1.Click
    Dim n%, m%
    For n=7 To 10000 Step 7
        If n Mod 2=1 And_____Then
            MsgBox(n)
            _____
        End If
    Next
End Sub
```

11. 某次大奖赛，有 7 个评委打分，以下程序是针对一名参赛者，输入 7 个评委的打分分数，去掉一个最高分、一个最低分，求出的平均分为该参赛者的得分。

```
Sub Button1_Click(……) Handles Button1.Click
    Dim mark!,aver!,max1!,min1!
    aver=0
    For i=1 To 7
        mark=InputBox("输入第" & i & "位评委的打分")
        If i=1 Then
            max1=mark:_____
        Else
            If mark<min1 Then
                _____
            ElseIf mark>max1 Then
                _____
```

第4章
数　组

数组是同类型元素的有序集合，数组中的所有元素均具有相同的名字和类型，其本质是内存中一片连续的区域，通过下标或者索引值来区分它们。

在许多情况下，使用数组有利于代码的精炼和简洁，因为可利用下标，通过循环来高效地处理数组中每一个元素。

4.1　数组的概念

引例一：随机产生 200 个随机 ASCII 字符，统计字母字符（不区分大小写）的出现频率。

```
Dim strChar As String
Dim i As Integer, intCount As Integer
For i = 1 To 200
     strChar = UCase(Chr(Int(Rnd()* 128)))
     If strChar >= "A" And strChar <= "Z" Then intCount += 1
Next
```

引例二：随机产生 200 个随机 ASCII 字符，统计各个字母（不区分大小写）的出现频率。

```
Dim strChar As String
Dim i As Integer
Dim intCa%, intCb%, intCc%, intCd%, intCe%
Dim intCf%, intCg%, intCh%, intCi%, intCj%
Dim intCk%, intCl%, intCm%, intCn%, intCo%
Dim intCp%, intCq%, intCr%, intCs%, intCt%
Dim intCu%, intCv%, intCw%, intCx%, intCy%, intCz%
For i = 1 To 200
     strChar = UCase(Chr(Int(Rnd()* 128)))
     If StrChar = "A" Then intCa += 1
     If StrChar = "B" Then intCb += 1
     If StrChar = "C" Then intCc+= 1
     ……
     If StrChar = "Y" Then intCy += 1
     If StrChar = "Z" Then intCz += 1
Next
```

在引例一中，我们使用简单变量来统计字母的出现频率，只需要安排一个计数器 intCount，但在引例二中，却需要 26 个计数器来统计各个字母的出现频率，如果在区分字母大小写的情况下，计数器的数量还得加倍，代码的长度也得加倍，显然，这不是解决问题的好方法。

如果用数组来解决问题，其代码如下：

```
Dim strChar As String
Dim i As Integer
Dim arrCounter(0 to 25) As Integer
Dim intOrd As Integer
For i = 1 To 200
        strChar = UCase(Chr(Int(Rnd()* 128)))
        If StrChar >= "A" And StrChar <= "Z" Then
                intOrd = Asc(StrChar) -Asc("A")
                arrCounter(intOrd) += 1
        End If
Next
```

在以上代码中，使用了一维数组 Counter 的 26 个元素作为计数器来统计 26 个字母的出现频率，大大缩短了代码的长度。

在 VB.NET 中，数组是一组相同类型的数据的集合。在程序中使用数组的最大好处是用一个名字代表逻辑上相关的一批数据，用下标区分该数组中的各个元素，和循环语句结合使用，使得程序书写简洁，并且数组中的数据可反复使用。

4.2　数组的声明和使用

数组必须先声明后使用，数组声明后在内存可分配一块连续的区域。

利用 Dim 语句声明数组的名字、类型、维度及每一个维度的大小，声明时下标的个数确定数组的维度，最多可达 32 维，每维大小的乘积就是数组的大小（即数组元素的个数），数组元素也称为下标变量。

4.2.1　数组的声明

语法格式：

Dim *数组名*[*数据类型说明符*]　（*界限*$_1$[，*界限*$_2$]…）　[As *数据类型*]

语法说明如下。

（1）*数组名*：其命名规则与简单变量的命名规则相同，不可与同一作用域内的其他任何变量同名。

（2）*界限*：其个数定义数组的维度（秩），即维度为 1 的数组就称为一维数组，维度为 2 的数组就称为二维数组，二维及二维以上的数组也称为多维数组。

界限 的格式为：

[*下界* To] *上界*

其中，

下界：必须是常数 0，一般默认。

上界：可以是常量、表达式或变量，但它们的值必须为大于等于 0 的整数。

（3）*数据类型说明符*：%、&、!、#、$、@。

（4）*数据类型说明符* 与 "As *数据类型*" 只能选择其一，如果省略 "As *数据类型*" 或 "*数据类型说明符*"，则数组元素的类型为对象型。

（5）数组的大小（数组元素的个数）：数组每个维度大小的连乘积。每维大小用下式计算：*上界 – 下界 +1* 或者*上界 +1*

例 4.1　一维数组声明举例。

```
Dim mark(99) As Integer
```

声明了一个一维整型数组 mark，共有 99+1=100 个元素，下标范围为 0 To 99；mark 数组的各元素是 mark(0)，mark(1)，…，mark(99)。

一维数组内存分配如下：

mark(0)	mark(1)	mark(2)	…	mark(98)	mark(99)

假设，mark(0)的首地址为 2 000，则 mark(i)的内存地址的计算方法是：

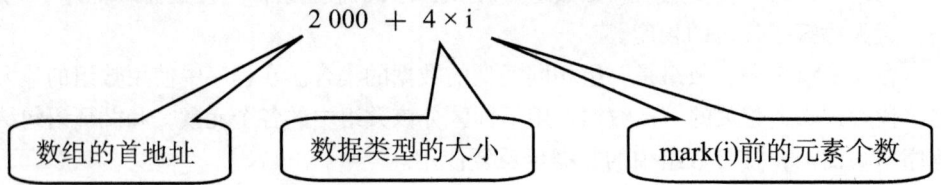

$$2\,000 \ + \ 4 \times i$$

数组的首地址	数据类型的大小	mark(i)前的元素个数

在使用一维数组时，通过 mark(i) 表示由下标 i 的值决定引用哪一个元素。因此，下标不能超出数组声明时的上、下界范围，否则会产生"索引超出了数组界限"的错误。数组元素的使用规则与同类型的简单变量相同。

例 4.2　二维数组声明举例。

```
Dim mark(4, 5) As Integer
```

声明了一个二维整型数组 mark，共有(4 + 1)×(5 + 1) = 30 个元素，第一维下标范围为 0 到 4，第二维下标范围为 0 到 5；mark 数组的各元素是：mark(0, 0)，mark(0, 1)，mark(0, 2)，mark(0, 3)，mark(0, 4)，mark(1, 0)，mark(1, 1)，mark(1, 2)，…，mark(4, 5)。

二维数组内存分配以行为单位连续分配：

mark(0, 0)	mark(0, 1)	mark(0, 2)	mark(0, 3)	mark(0, 4)	mark(0, 5)
mark(1, 0)	mark(1, 1)	mark(1, 2)	mark(1, 3)	mark(1, 4)	mark(1, 5)
mark(2, 0)	mark(2, 1)	mark(2, 2)	mark(2, 3)	mark(2, 4)	mark(2, 5)
mark(3, 0)	mark(3, 1)	mark(3, 2)	mark(3, 3)	mark(3, 4)	mark(3, 5)
mark(4, 0)	mark(4, 1)	mark(4, 2)	mark(4, 3)	mark(4, 4)	mark(4, 5)

假设 mark(0, 0)的首地址为 2 000，则 mark(i, j)的内存地址的计算方法是：

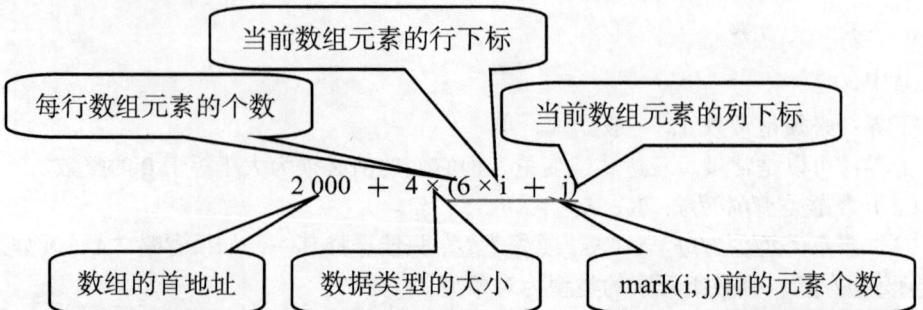

当前数组元素的行下标
每行数组元素的个数
当前数组元素的列下标

$$2\,000 \ + \ 4 \times (6 \times i \ + \ j)$$

数组的首地址　　数据类型的大小　　mark(i, j)前的元素个数

在使用二维数组时，通过 mark(i, j) 表示由下标 i、j 的值决定引用哪一个元素。因此，下标不能超出数组声明时的上、下界范围，否则会产生"索引超出了数组界限"的错误。

数组元素的使用规则与同类型的简单变量相同。

4.2.2　数组的初始化

在 VB.NET 中，根据数组元素的类型，系统为数组元素提供了隐式的初值。

（1）数值型：0

（2）字符型：空串（""）

（3）日期型：01/01/0001　00:00:00

（4）对象型：Nothing

也可根据需要，为数组元素显式地赋初值。下面分别是声明一维数组和二维数组的同时为数组元素赋初值的语法。

语法格式：

Dim *数组名* [*数据类型说明符*] ( ) [As *数据类型*$_1$] = [New *数据类型*$_2$ (**下标**$_1$)] {
　　表达式$_1$，*表达式*$_2$，…*表达式* m
}

或

Dim *数组名* [*数据类型说明符*] (,) [As *数据类型*$_1$] = [New *数据类型*$_2$ (**下标**$_1$，**下标**$_2$)] {
　　{ *表达式*$_{01}$，*表达式*$_{02}$，…，*表达式*$_{om}$}，
　　…,
　　{ *表达式*$_{n1}$，*表达式*$_{n2}$，…*表达式*$_{nm}$}
}

语法说明如下。

（1）*表达式*：可以是常量或变量。

（2）不可在显式赋初值时，定义数组每个维度的大小。

（3）数组的大小由初值的个数决定。

（4）"*数据类型说明符*"与"As *数据类型*$_1$"只能选择其一。

（5）*数据类型*$_1$ 与 *数据类型*$_2$ 必须兼容。

例 4.3　一维数组的初始化。

```
Dim arrA( ) As Integer = { 1, 2, 3, 4, 5, 6, 7, 8, 9}
Dim arrB(8) As Integer = { 1, 2, 3, 4, 5, 6, 7, 8, 9}
                        '错误，对于用显式界限声明的数组不允许进行显式初始化
Dim arrC%( ) = { 1, 2, 3, 4, 5, 6, 7, 8, 9}
Dim arrD%( ) = New Integer( ) { 1, 2, 3, 4, 5, 6, 7, 8, 9}
Dim arrE%( ) = New Integer(9) { 1, 2, 3, 4, 5, 6, 7, 8, 9}
Dim arrF%( ) = New Integer(4) { 1, 2, 3, 4, 5, 6, 7, 8, 9}
                        '错误，初始化数据的个数多于数组的初始大小
Dim arrG%( ) = New Integer(7) { 1, 2, 3, 4}   '错误，初始化数据的个数少于数组的初始大小
Dim arrH%( ) = New Short( ) { 1, 2, 3, 4}     '错误，"Short"不是由"Integer"派生的，因此
                                               类型"Short 的一维数组"的值无法转换为
                                               "Integer 的一维数组"
```

例 4.4 二维数组的初始化。

```
Dim arrA( , ) As Integer = {
    { 1, 2, 3},
    { 4, 5, 6},
    { 7, 8, 9}
}
'下一行语句中，对于用显式界限声明的数组不允许进行显式初始化
Dim arrB(2, 2) As Integer = {
    { 1, 2, 3},
    { 4, 5, 6},
    { 7, 8, 9}
}
Dim arrC%( , ) = {
    { 1, 2, 3},
    { 4, 5, 6},
    { 7, 8, 9}
}
Dim arrD%( , ) = New integer ( , ) {
    { 1, 2, 3},
    { 4, 5, 6},
    { 7, 8, 9}
}
'错误，初始化数据的个数少于数组的初始大小
Dim arrE%( , ) = New integer (3 , 3 ) {
    { 1, 2, 3},
    { 4, 5, 6},
    { 7, 8, 9}
}
Dim arrE%( , ) = New integer (2 , 2 ) {
    { 1, 2, 3},
    { 4, 5, 6},
    { 7, 8, 9}
}
```

4.2.3 数组的使用

使用格式：

数组名(*下标1* [, *下标2*]…)

其中：*下标* 可以是整型变量、常量或表达式。

例 4.5 假设下面的数组均有合法定义，则下面的语句都是正确的。

```
A(1) = A(2) + B(1) + 5          ' 取数组元素运算
A(i) = B(i)                     ' 下标使用变量
B(i + 1) = A(i + 2)             ' 下标使用表达式
A(i) = A(i) + 1                 ' 数组元素作为计数器
B(i) = B(i) + x                 ' 数组元素作为累加器
```

4.3　数组的方法与属性

所有的数组都是由 System 命名空间中的 Array 类继承而来，可以在任何数组上访问 System.Array 的方法和属性。

常用的数组方法如下。

Public GetLength(*dimension* As Integer) As Integer ：获取数组指定维度的大小。

Public GetLowerBound(*dimension* As Integer) As Integer ：获取数组指定维度的下界。

Public GetUpperBound(*dimension* As Integer) As Integer ：获取数组指定维度的上界。

Public Shared Function IndexOf (*array* As Array, *value* As Object, *startIndex* As Integer, *count* As Integer) As Integer ：搜索指定的对象，并返回一维数组中从指定索引开始包含指定个元素的这部分元素中第一个匹配项的索引（如失败，则为该数组的下限减 1）。

Public Shared Sub Resize(ByRef *array* As Array, *newSize* As Integer) ：将数组的元素数更改为指定的新大小。

Public Shared Sub Reverse (*array* As Array[, *index* As Integer, *length* As Integer]) ：反转一维数组中某部分元素的顺序。

Public Shared Sub Sort (*array* As Array[, *index* As Integer, *length* As Integer]) ：对一维数组中某部分元素进行排序。

Public Sub CopyTo (*array* As Array, *index* As Integer) ：将当前一维数组的所有元素复制到指定的一维数组 *Array* 中（从指定的目标 *Array* 索引 *index* 开始）。

常用的数组属性如下。

Length As Integer：数组总大小。

Rank As Integer：数组的维度（秩）。

例 4.6　对照数组的声明，注意输出结果。（注：如果是窗体应用程序，则结果在输出窗口中；如果是控制台应用程序，则结果在控制台窗口中；如果需要在即时窗口输出结果，只需用 Debug 取代 Console 即可）

```
Dim arrA%(8), arrB$(4, 5)
Console.WriteLine(arrA.GetLength(0))          ' 输出数组 arrA 第一维的大小，结果为 9
Console.WriteLine(arrA.GetLowerBound(0))      ' 输出数组 arrA 第一维的下界，结果为 0
Console.WriteLine(arrA.GetUpperBound(0))      ' 输出数组 arrA 第一维的上界，结果为 8
Console.WriteLine(arrB.GetLength(0))          ' 输出数组 arrB 第一维的大小，结果为 5
Console.WriteLine(arrB.GetLength(1))          ' 输出数组 arrB 第二维的大小，结果为 6
Console.WriteLine(arrB.GetLowerBound(0))      ' 输出数组 arrB 第一维的下界，结果为 0
Console.WriteLine(arrB.GetUpperBound(0))      ' 输出数组 arrB 第一维的上界，结果为 4
Console.WriteLine(arrB.GetLowerBound(1))      ' 输出数组 arrB 第二维的下界，结果为 0
Console.WriteLine(arrB.GetUpperBound(1))      ' 输出数组 arrB 第二维的上界，结果为 5
Console.WriteLine(arrA.Length)                ' 输出数组 arrA 总元素的个数，结果为 9
Console.WriteLine(arrA.Rank)                  ' 输出数组 arrA 的维度，结果为 1
Console.WriteLine(arrB.Length)                ' 输出数组 arrB 总元素的个数，结果为 30
Console.WriteLine(arrB.Rank)                  ' 输出数组 arrB 的维度，结果为 2
```

在 VB.NET 中，所有数组均为动态数组，可利用这些属性和方法获知数组的维度及大小。

4.4 数组的基本操作

数组的操作包括：赋值、输出、求最大值及位置、求最小值及位置、倒置、转置、排序等。

4.4.1 数组的赋值操作

在 VB.NET 中，既可以给数组元素赋值，也可以对数组做整体赋值。

1. 通过单循环给一维数组赋值

例 4.7 随机产生 12 个大写字母。

```
Dim arrA(12) As String
For i = 1 To 12
    arrA(i) = Chr( Int( Rnd( ) * (90 - 65 + 1) + 65) )
    arrA(i) = Chr( Int( Rnd( ) * (Asc("Z") - Asc("A") + 1) + ASC("A") ) )
Next
```

2. 通过双重循环给二维数组赋值

在二维数组中，必须要两个下标才能确定一个元素。（第一维下标也称为行下标，第二维下标也称为列下标）

例 4.8 以行为单位赋值。（没有使用数组的 0 行和 0 列）

```
Dim arrA(4, 5) As Integer
For i = 1 To 4
  For j = 1 To 5
    arrA(i, j) = (i-1) * 5 + j
  Next
Next
```

例 4.9 以列为单位赋值。（没有使用数组的 0 行和 0 列）

```
Dim arrA(4, 5) As Integer
For i = 1 To 5
    For j = 1 To 4
        arrA(j, i) = (j-1) * 5 + i
    Next
Next
```

3. 通过控件（例如：文本框）给一维数组赋值

通过文本框给数组赋值不能使用循环语句，必须使用静态变量或全局变量作为数组的下标。

例 4.10 通过文本框接收 100 个成绩，在文本框的 KeyPress 事件中，捕获回车键作为一个数据输入的结束，在代码中，注意输入数据个数的控制。

```
Dim intScore%(99)
Private Sub txtScore_KeyPress(ByVal sender As Object, ByVal e As System.Windows. Forms.
KeyPressEventArgs) Handles txtScore.KeyPress
    Static intNum%
    If e.KeyChar = Chr(13) Then
        If intNum > 99 Then
            MsgBox("数据个数已满！（ " & intNum & "个）")
            txtScore.Text = ""
            Exit Sub
```

```
            End If
            intScore(intNum) = Val(txtScore.Text)
            intNum = intNum + 1
            txtScore.SelectionStart = 0
            txtScore.SelectionLength = Len(txtScore.Text)
        End If
    End Sub
```

4. 数组的整体赋值

在 VB.NET 中，可通过赋值语句给数组作整体赋值。

例 4.11　一维数组的初始化。

```
Dim arrA(8) As Integer , arrB(8) As Integer
arrA = { 1, 2, 3, 4, 5, 6, 7, 8, 9}
arrB = arrA
```

注意：语句 arrB = arrA 相当于一次数组的浅表复制。所谓浅表复制就是两个数组占用相同的内存单元，对一个数组的改变将影响到另一个数组。

例 4.12　二维数组的初始化。

```
Dim arrA(2, 2) As Integer
arrA = {
    { 1, 2, 3},
    { 4, 5, 6},
    { 7, 8, 9}
}
```

4.4.2　数组的输出

在 VB.NET 中，可在控制台窗口、即时窗口、输出窗口输出数组，也可通过控件输出。例 4.16 描述了一种将文字画在对象上的方法。

例 4.13　创建一个控制台应用程序，在控制台窗口将一维数组所有元素输出在一行上。

```
Sub Main()
    Dim arrA( ) As Integer = { 0, 1, 2, 3, 4, 5, 6, 7, 8, 9, 10, 11, 12}
    For i = 1 To 12
        Console.Write( arrA(i) & " ")
        'Console.Write( arrA(i) & vbTab)
        'Console.Write( arrA(i) & ControlChars.Tab)
    Next
    Console.ReadKey()
    End Sub
```

例 4.14　创建 Windows 窗体应用程序，在即时窗口将一维数组的每个元素输出在一列上。

```
Private Sub Form1_Click(ByVal sender As Object, ByVal e As System.EventArgs) Handles
Me.Click
    Dim arrA( ) As Integer = { 0, 1, 2, 3, 4, 5, 6, 7, 8, 9, 10, 11, 12}
    For i = 1 To arrA.GetUpperBound(0)
        Debug.WriteLine( arrA(i))
    Next
End Sub
```

例 4.15　创建 Windows 窗体应用程序，在输出窗口将一维数组各元素输出成一个 4×3 的矩阵（每列的宽度为 5）。

```
Private Sub Form1_Click(ByVal sender As Object, ByVal e As System.EventArgs) Handles
```

```
Me.Click
        Dim arrA( ) As Integer = { 1, 2, 3, 4, 5, 6, 7, 8, 9, 10, 11, 12}
        Dim strChars$
        For i = 0 To arrA.GetUpperBound(0)
            strChars = Trim(Str(arrA(i)))
            Console.Write(Space(5-Len(strChars)) & strChars)
'           Console.Write("{0,5:D}",strChars)
'           Console.Write("{0,5:D4}",strChars)
'           Console.Write("{0,-5:D}",strChars)
'           Console.Write("{0,5:#####}",strChars)
            If ( i + 1 ) Mod 3 = 0 Then
                    Console.WriteLine()
            End If
        Next
    End Sub
```

在程序运行结束后，可在输出窗口看到结果。

请仔细体会 Write 方法的各种格式输出。

例 4.16　在窗体上，将二维数组各元素输出成一个 4×3 的矩阵（每列的宽度为 5）。

```
Dim MyGraphics As Graphics                          ' 声明图形变量
MyGraphics = Me.CreateGraphics( )                   ' 将当前窗体设置为图形对象
' 声明字体对象
Dim MyFont As New Font("隶书", 24, FontStyle.Regular, GraphicsUnit.Point)
Dim MyBrush As New SolidBrush(Color.Black)   ' 声明黑色的刷子对象
Dim MyPos As New PointF(0, 0)                       ' 声明一个点对象
Dim arrA( , ) As Integer = {
    {1, 2, 3},
    {4, 5, 6},
    {7, 8, 9},
    {10, 11, 12}
}
Dim strChars$
For i = 0 To arrA.GetUpperBound(0)
    MyPos.X = 0
    For j = 0 To arrA.GetUpperBound(1)
            strChars = Trim(Str(arrA(i, j)))
            strChars = Space(5-Len(strChars)) & strChars
            MyGraphics.DrawString(strChars, MyFont, MyBrush, MyPos)
            MyPos.X += 5 * MyFont.Size*2/3                  ' 字间距，字体的全身大小的 2/3
    Next
    MyPos.Y += MyFont.GetHeight()                        ' 行距
Next
```

注意：由于在窗体上无法采用正常方法显示文本，本例是把文字当作图像画在窗体上。在本章后续的某些例子中，也采用了本方法。

4.4.3　数组的转置

所谓数组的转置就是将数组的行列互换，即将 A 数组的第 1 行变为 B 数组的第 1 列，将 A 数组的第 2 行变为 B 数组的第 2 列……

$$A:\begin{pmatrix} a_{11} & a_{12} & a_{13} \\ a_{21} & a_{22} & a_{23} \end{pmatrix} \Longrightarrow B:\begin{pmatrix} b_{11} & b_{12} \\ b_{21} & b_{22} \\ b_{31} & b_{32} \end{pmatrix}$$

由此得到计算方法：

$$b_{i,j} = a_{j,i}$$

例 4.17　求数组 A 的转置数组 B，代码如下：

```
Dim A%(1, 2), B%(2, 1)
Dim i%, j%
A={
   {11, 12, 13},
   {21, 22, 23}
}
For i = 0 To 2
   For j = 0 To 1
        B(i, j) = A(j, i)
   Next
Next
```

4.4.4　求最大值、最小值及位置

在若干数中求最大值的算法有两种。

（1）极值法：如果这若干数均位于某个区间内，则极值法就是把一个小于该区间的任意值作为最大值的初值，并保存在一个变量中，然后把这些数中的每一个数跟这个变量做大于比较，若成立，则将该数替换为变量中的值。

（2）首值法：就是将这若干数中的第一个数作为最大值的初值，并保存在一个变量中，然后把这些数中的每一个数跟这个变量做大于比较，若成立，则将该数替换为变量中的值。

如果无法确定这若干数的边界，则不能采用极值法，而只能采用首值法（推荐使用首值法求最大值或最小值）。

算法思想如图 4-1 所示。

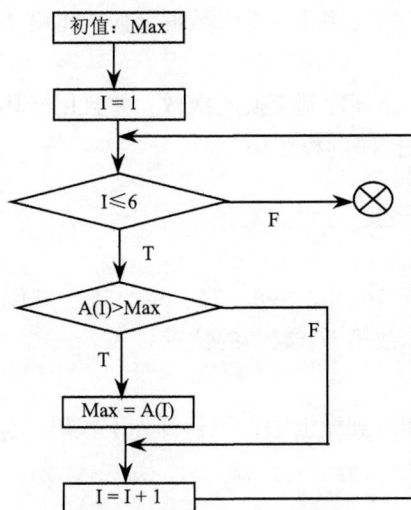

图 4-1　求最大值算法思想

例 4.18　随机产生 100 个两位整数，求这批整数的最大值。

采用首值法，代码如下：

```
Dim arrA%(99), i%, intMax%
For i = 0 To 99
    arrA(i) = Int(Rnd()* (99-10 + 1) + 10)
Next
intMax = arrA(1)
For i = 0 To 99
    If arrA(i) > intMax Then  intMax = arrA(i)
Next
MsgBox("最大值: " & intMax)
```

在某些情况下，可能还需要确定最大值的位置，代码改进如下：

```
Dim arrA%(99), i%, intMax%, intPos%
For i = 0 To 99
    arrA(i) = Int(Rnd()* (99-10 + 1) + 10)
Next
intMax = arrA(1)
intPos = 1
For i = 0 To 99
    If arrA(i) > intMax Then
            intMax = arrA(i)
            intPos = i
    End If
Next
MsgBox("最大值: " & intMax & ",位置: " & intPos)
```

思考：

（1）因为两位整数的边界是可以确定的，本例也可采用极值法，那么应如何修改上述程序？

（2）如果是求最小值，如何修改上述程序？

（3）在改进代码中，是否可取消变量 intMax？

4.4.5　数组元素的倒置

所谓倒置，就是将第 1 个数据与倒数第 1 个数据交换，将第 2 个数据与倒数第 2 个交换，这样交换直到中间一个数为止。

通过以上分析，如果用一个循环控制交换的次数，并且用循环变量指明在每一次互换中的第 1 个交换数，我们可得出选择法排序的程序模板：

```
For i = 0 To arrA.Length \ 2
    第 i 个数 与 倒数第 i 个数 交换
Next
```

例 4.19　将 9 个数 87、45、76、32、90、74、34、55、45 倒置。

本例的关键是如何确定"倒数第 i 个数"的位置：

```
arrA.Length-1-i
```

再将两个数据的交换代码插入到模板中，可得到如下代码：

```
Dim arrA%( ) = {87, 45, 76, 32, 90, 74, 34, 55, 45}
Dim t%, i%
For i = 0 To arrA.Length \ 2
```

```
        t = arrA(i)
        arrA(i) = arrA(arrA.Length-1-i)
        arrA(arrA.Length-1-i) = t
Next
```

如果利用 Array 类提供的 Reverse 方法能非常轻松地完成数组元素的倒置：

```
Array.Reverse(arrA)
```

4.4.6　数组排序

排序是将一组数按递增或递减的次序排列，例如按学生的成绩、球赛积分等排序。排序的算法有许多，常用的有选择法、冒泡法、插入法、合并排序等。

1．选择法排序

选择法排序的基本思想是：每次在若干个无序数中找最小（大）数，并放在相应的位置。其本质就是在排序过程中，不断地扩大有序区，缩小无序。对于 n 个数的序列，用选择法按递增次序排序的步骤如下：

（1）从 n 个数中找出最小数的下标，最小数与第 1 个数交换位置。

（2）除已排序的数外，其余数再按步骤（1）的方法选出最小的数，与未排序数中的第 1 个数交换位。

（3）重复步骤（2），最后构成递增序列。

例 4.20　对已知存放在数组中的 6 个数，用选择法按递增顺序排序。

根据选择法排序的基本思想，选择法排序过程如图 4-2 所示。

通过以上分析，如果用一个循环控制比较的趟数，并且用循环变量指明无序数据区的第 1 个数，我们可得出选择法排序的代码模板：

```
For i = 0 To 4                            '
        在无序区中求出最小值及位置
        将最小值与无序区的第 1 个数互换（也就是整个数据区的第 i 个数）
Next
```

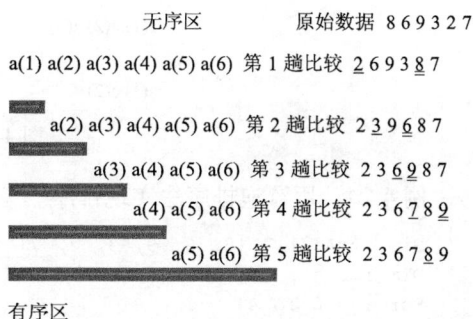

图 4-2　选择法排序过程

而求最小值和两个数互换的算法我们在前面已学过，最后的代码如下：

```
Dim arrA%() = {8, 6, 9, 3, 2, 7}
Dim intMin%, intPos%, i%, j%, t%
For i = 0 To 4
    intMin = arrA(1)
    intPos = 1
    For j = i To 5
        If arrA(j) < intMin Then
            intMin = arrA(j)
            intPos = j
        End If
        t = arrA(i)
        arrA(i) = arrA(intPos)
        arrA(intPos) = t
    Next
Next
```

思考：在上述代码中能取消变量 intMin 吗？

2. 冒泡法排序

冒泡法排序的基本思想是：从第 1 个元素开始，对数组中两两相邻的元素比较，将值较小的元素放在前面，值较大的元素放在后面，一趟比较完毕，一个最大的数沉底，成为数组中的最后一个元素，一些较小的数如同气泡一样上浮一个位置。经过 n-1 趟比较后完成排序。

根据冒泡法排序的基本思想，排序过程如图 4-3 所示。

```
                                    原始数据        8 6 9 3 2 7
a(1) a(2) a(3) a(4) a(5) a(6)   第 1 趟比较   6 8 9 3 2 7
                                              6 8 9 3 2 7
                                              6 8 3 9 2 7
                                              6 8 3 2 9 7
                                              6 8 3 2 7 9
a(1) a(2) a(3) a(4) a(5)         第 2 趟比较   6 8 3 2 7 9
                                              6 3 8 2 7 9
                                              6 3 2 8 7 9
                                              6 3 2 7 8 9
a(1) a(2) a(3) a(4)             第 3 趟比较   3 6 2 7 8 9
                                              3 2 6 7 8 9
                                              3 2 6 7 8 9
a(1) a(2) a(3)                 第 4 趟比较   2 3 6 7 8 9
                                              2 3 6 7 8 9
a(1) a(2)                       第 5 趟比较   2 3 6 7 8 9
```

图 4-3　冒泡法排序过程

例 4.21　用冒泡排序法实现排序。

```
Dim arrA%() = {8, 6, 9, 3, 2, 7}
Dim i%, j%, t%
For i = 0 To 4
    For j = 0 To 4-i
        If arrA(j) > arrA(j + 1) Then
                t = arrA(j)
                arrA(j) = arrA(j + 1)
                arrA(j + 1) = t
        End If
    Next
Next
```

思考：如果数据为 9、2、3、6、7、8，大家会发现，第 1 趟比较后，数据已经有序了，后 4 趟的比较是多余的，如何尽可能地减少多余的比较趟数，提高排序效率？

关于数组的排序，如利用 Array 类提供的 Sort 方法能非常轻松地实现数组的排序：

```
Array.Sort ( arrA)
```

还能利用 IComparer 接口实现一种自定义集合排序的方法：

```
Public Class myReverserClass
   Implements IComparer
   ' Calls CaseInsensitiveComparer.Compare with the parameters reversed.
   Public Function Compare( ByVal x As Object, ByVal y As Object) As Integer _
      Implements IComparer.Compare
      Return New CaseInsensitiveComparer().Compare(y, x)
```

```
    End Function 'IComparer.Compare
End Class
```

再使用 Sort 方法：

```
Dim myComparer = New myReverserClass()
Array.Sort(myComparer)
```

4.5　数组的动态可调性

数组的动态可调是指在程序的运行过程中，可更改数组的大小（数组元素的多少），从而适应数据的多少无法确定的情况。

引例：输入 n 个学生的成绩，要求：

① 求这 n 个学生的平均成绩；

② 统计有多少人高于平均成绩。

在本例中，应该输入这些学生的成绩，求他们的平均成绩，然后，再次把这些成绩与平均成绩比较，统计高于平均成绩的人数，也就是要两次使用这些成绩，因此，应使用数组保存这些成绩，从而可多次使用它们。但是，n 的值到底是多少呢？换句话来说，就是数组需要声明多大呢？

解决办法：

（1）根据实际情况，声明一个尽可能大的数组，例如，一个班级、一个年级、一个学校等。显然，这不是一个好的方法。

（2）根据实际需要来声明数组的大小。对本例来讲，当知道学生的人数时，再声明一个数组来保存这些成绩。

在 VB.NET 中，所有数组都是动态可调的。有多种方法实现数组的可调，即动态更改数组的大小。

4.5.1　Dim 语句

由于在 Dim 语句中，可使用变量来定义数组维度的大小，因此，当我们在 txtNumber（学生人数）文本框中输入学生的人数后，数组的大小就可确定了。

```
n = Val(txtNumber)
Dim intScore(n)
```

这种方法简单而且有效，但其有两个缺陷。

（1）缺陷之一是对同一个数组，只能使用一次本方法，也就是说，当我们需要再一次更改 intScore 数组的大小时，本方法就无能为力了。

（3）缺陷之二是上述两条语句只能位于过程内部，也就是只能声明局部数组。当我们需要在其他过程中使用该数组，或者需要在其他模块中使用该数组时，本方法无效，因为局部数组只能在本过程中使用，不能在其他过程中使用。

4.5.2　ReDim 语句

ReDim 语句可更改具有明确界限和无明确界限数组维度的大小。

语法格式：

```
ReDim [Preserve] 数组名 (下标1[, 下标2]…)
```

语法说明：

（1）当默认 Preserve 时，可更改数组所有维度的大小，但数组中所有数据元素的原有数据将全部丢失，还原为数组声明时的系统隐式初值（数值型为 0，逻辑型为 False，字符型为空串等）。

（2）当包含 Preserve 时，只能更改数组最后一个维度的大小，但保留数组原有数据。

（3）由数组名指明的数组必须存在。

（4）不能更改数组的维数和类型。

（5）ReDim 语句是可执行语句，只能出现在过程内部。

使用 ReDim 更改数组大小的使用方法如下。

第一步：先 Dim 声明一个数组。（有明确界限或者无明确界限均可）

第二步：再用 ReDim 重新声明其大小。

注意：如果数组为局部使用，则这两步可在一个代码段内实现，如果数组是在模块内使用，则应该用两个代码段分别实现这两步。（见例 4.26）

例 4.22　更改有明确界限的一维数组和二维数组的大小。

```
Dim arrArray(2, 3) As Single
ReDim Preserve arrArray(4, 9) '错误，当使用 Preserve 时，"ReDim"只能更改最右边的维度
ReDim Preserve arrArray(2, 8)
ReDim arrArray(4, 8)
ReDim arrArray#(4, 8)              '错误，类型字符"#"与声明的数据类型"Single"不匹配
ReDim arrArray(2, 3, 8)           '错误，"ReDim"无法更改数组的维数
ReDim arrArray(8)                 '错误，"ReDim"无法更改数组的维数
```

例 4.23　更改无明确界限的一维数组和二维数组的大小。

```
Dim arrA ( ) As Single           '括号不能省略
Dim arrB ( , ) As Single         '逗号不能省略
ReDim arrA(10)
ReDim arrB(3, 4)
ReDim arrA(30)
ReDim arrB(4, 5)
```

注意：语句 Dim arrB (,) As Single 中的逗号不能省略，表示两个维度，为二维数组。

4.5.3　New 子句

New 子句可以创建一个新的对象实例，在类型参数上指定构造函数条件，或者将 Sub 过程识别为构造函数。

在赋值语句中，New 子句必须指定一个可从中创建实例的已定义类。在运行时将调用指定类的相应构造函数，传递所提供的所有参数。

语法格式：

数组名$_1$ = New *数据类型* (［*下标*］) {［*表达式$_1$*，*表达式$_2$*，…］}

或

数组名$_2$ = New *数据类型* (［*下标$_1$*］，［*下标$_2$*］) {
　　 [｛*表达式$_{11}$*，*表达式$_{12}$*，…｝ ［，｛*表达式$_{21}$*，*表达式$_{22}$*，…｝］…]
　 }

语法说明：

（1）*数组名*、*数组名*分别为一维和二维数组名。

（1）*数组名*$_1$、*数组名*$_2$分别为一维和二维数组名。

（2）*下标*$_1$和*下标*$_2$要么都省略，要么都不省略。

（3）在*下标*或者*下标*$_1$和*下标*$_2$不省略的情况下，数组的大小必须和*表达式*的个数一致。

例 4.24　New 子句用于一维数组。

```
Dim x( ) As Single
x = New Single(3) { }
x = New Single( ) {1, 2, 3, 4, 5}
x = New Single(2) {1, 2, 3}
```

例 4.25　New 子句用于二维数组。

```
Dim x( , ) As Single
x = New Single(1, 1) { {1, 2}, {3, 4} }
x = New Single( , ) { {1, 2, 3, 4}, {5, 6, 7, 8}, {9, 10, 11, 12} }
x = New Single() {}    ' 错误，类型 "Single 的一维数组" 的值无法转换为 "Single 的二维数组"，
                       ' 原因是数组类型的维数不同
x = New Single(2, 1) {}
```

在上述例子中，当用 New 创建新的实例后，x 的原有实例不可再用。当不再存在对原有实例的活动引用时，由系统的"垃圾"回收器自动回收原有实例所占用的系统资源。

注意：如果内存不足，New 无法创建新的实例，公共语言运行时（CLR）将引发 OutOfMemoryException 异常。

例 4.26　输入 n 个学生的成绩，要求：

① 求这 n 个学生的平均成绩；

② 统计有多少人高于平均成绩。

并按照下列任务设计书完成界面设计和代码设计。

（1）学生人数和成绩的输入以回车作为一个数据的输入结束标志。

（2）在学生人数确定之后，声明数组的实际大小。但在学生人数确定之前，不允许输入成绩，也不允许使用"统计"功能。

（3）从文本框中，接收成绩的输入。当成绩的个数等于人数时，不允许继续输入成绩，除非更改学生的人数（人数的更改不能影响已输入的成绩）。

（4）统计的任务是求出这些已输入成绩的平均值和高于平均值的人数，并显示在相应的文本框中，此时，不允许再更改学生的人数和继续输入成绩。

（5）如果需要重新统计，则应清除已统计结果，当然可继续更改学生的人数和继续输入成绩（如果不违反设计任务（3））。

分析如下。

1. 界面设计

界面设计的内容相当多，在本例中涉及的只是简单的界面设计，其内容如下。

（1）根据任务中数据的输入、输出要求及设计书中功能性需求来选择相应的控件。

（2）为解释控件在窗体中的作用或者需要对控件做功能性划分，可考虑再增加一些说明控件，如标签、框架、图像等控件，设置某些必要的属性。

（3）窗体的简单布局，如控件的位置、大小、背景、边框样式，显示在控件中文字的字体、大小、颜色和对齐方式等。

（4）控件的某些功能性属性的设置，如控件名称、控件状态、数据源等。

因此在本例中，根据以上所述，窗体应包括以下控件。

（1）数据的输入要求。

① 学生人数：一个文本框，一个标签。

② 成绩：一个文本框，一个标签。

（2）数据的输出要求。

① 平均成绩：一个文本框，一个标签。

② 高于平均成绩的人数：一个文本框，一个标签。

（3）功能性需求。

① 统计学生的平均成绩及高于平均成绩的人数的代码：一个命令按钮。

② 结束窗体运行的代码：一个命令按钮。

③ 如需重新统计而解除某些控件闭锁状态的代码：一个命令按钮。

综上所述，设计如图 4-4 所示的界面。

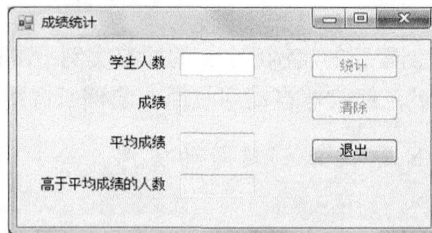

图 4-4　成绩统计

其中，某些控件的重要属性设置如表 4.1 所示。

表 4.1　　　　　　　　　　　　　"成绩统计"窗体某些控件的属性设置

对　　象	意　　义	属　　性	属　性　值
txtNum	学生人数		
txtScore	成绩	ReadOnly	True
txtAverage	平均成绩	ReadOnly	True
txtSuperNum	高于平均成绩的人数	ReadOnly	True
btnExit	退出		
btnStats	统计	Enabled	False
btnClear	清除	Enabled	False

2. 代码设计

代码设计的内容较界面设计内容更多，复杂性更高，专业性更强，但简单的代码设计只要从功能出发，达到题目的基本要求即可。

（1）根据输入的学生人数，声明数组。实际写代码时，要分成两段。

（2）成绩的输入。

（3）成绩的统计和统计结果的输出。

（4）退出。

根据上述设计思想本例有 5 段代码（不考虑设计任务书中的灰色部分，当然，窗体上的"清除"按钮可省略）：

```
Dim intNum, intScore() As Integer

Private Sub txtNum_KeyPress(ByVal sender As Object, ByVal e As System.Windows.Forms.
KeyPressEventArgs) Handles txtNum.KeyPress
        If e.KeyChar = vbCr Then
                Dim Temp%
                Temp = Val(txtNum.Text)
                ReDim Preserve intScore(Temp-1)
        End If
End Sub

Private Sub txtScore_KeyPress(ByVal sender As Object, ByVal e As System.Windows.Forms.
KeyPressEventArgs) Handles txtScore.KeyPress
        If e.KeyChar = vbCr Then
                intScore(intNum) = Val(txtScore.Text)
                intNum += 1
        End If
End Sub

Private Sub btnStats_Click(ByVal sender As System.Object, ByVal e As System.EventArgs)
Handles btnStats.Click
        Dim i%, intSum%, sngAvg!, intCount%
        intSum = 0
        For i = 0 To intNum-1
                intSum += intScore(i)
        Next
        sngAvg = intSum / intNum
        intCount = 0
        For i = 0 To intNum-1
                If intScore(i) > sngAvg Then intCount += 1
        Next
        txtAverage.Text = sngAvg
        txtSuperNum.Text = intCount
End Sub

Private Sub btnExit_Click(ByVal sender As System.Object, ByVal e As System.EventArgs)
Handles btnExit.Click
        Me.Close()
        ' End
End Sub
```

以上代码仅实现本例的基本功能，以下代码在错误处理（不是 VB.NET 中的异常处理），控件运行状态的协调，界面使用友好性、易用性等方面，完全实现了设计任务书的要求，并且在细节上有适当的扩充（见代码的灰色部分）：

```
Dim intNum, intScore( ) As Integer

Private Sub txtNum_KeyPress(ByVal sender As Object, ByVal e As System.Windows.Forms.
KeyPressEventArgs) Handles txtNum.KeyPress
        If e.KeyChar = vbCr Then
                Dim Temp%
                Temp = Val(txtNum.Text)
                If Temp < intNum Then
                        If MsgBox("已输入" & intNum & "个成绩，要删除多余的成绩吗？", _
                            vbYesNo + vbQuestion, "警告") = vbYes Then
```

```vbnet
                    ReDim Preserve intScore(Temp-1)
                    intNum = Temp
                    txtScore.Text = intScore(Temp-1)
                    txtScore.ReadOnly = True
                End If
            Else
                ReDim Preserve intScore(Temp-1)
                txtScore.ReadOnly = False
                txtScore.Focus( )
            End If
        ElseIf Not IsNumeric(e.KeyChar) Then
            e.KeyChar = Chr(0)              ' 取消用户按键
            MsgBox("无效字符", , "数字输入")
        End If
    End Sub

    Private Sub txtScore_KeyPress(ByVal sender As Object, ByVal e As System.Windows.Forms.
KeyPressEventArgs) Handles txtScore.KeyPress
        If e.KeyChar = vbCr Then
            If IsNumeric(txtScore.Text) Then
                If intNum < intScore.Count Then
                    intScore(intNum) = Val(txtScore.Text)
                    intNum += 1
                    txtScore.SelectionStart = 0
                    txtScore.SelectionLength = Len(txtScore.Text)
                    btnStats.Enabled = True
                Else
                    MsgBox("成绩输入已完毕，除非增加学生的人数", , "友情提示")
                    txtScore.Text = intScore(intNum-1)
                    txtScore.ReadOnly = True
                End If
            Else
                MsgBox("非法成绩（" & txtScore.Text & "），请重新输入", , "友情提示")
                txtScore.Text = ""
            End If
        End If
    End Sub

    Private Sub btnStats_Click(ByVal sender As System.Object, ByVal e As System.EventArgs)
Handles btnStats.Click
        Dim i%, intSum%, sngAvg!, intCount%
        intSum = 0
        For i = 0 To intNum-1
            intSum += intScore(i)
        Next
        sngAvg = intSum / intNum
        intCount = 0
        For i = 0 To intNum-1
            If intScore(i) > sngAvg Then intCount += 1
        Next
        txtAverage.Text = sngAvg
        txtSuperNum.Text = intCount
        btnClear.Enabled = True
        txtNum.ReadOnly = True
```

```
        txtScore.ReadOnly = True
        txtScore.Text = ""
End Sub

    Private Sub btnClear_Click(ByVal sender As System.Object, ByVal e As System.EventArgs)
Handles btnClear.Click
        txtAverage.Text = ""
        txtSuperNum.Text = ""
        txtNum.ReadOnly = False
        txtScore.Text = intScore(intNum - 1)
        If intNum < intScore.Count Then
            txtScore.ReadOnly = False
            txtScore.Focus( )
        Else
            txtNum.Focus( )
        End If
        btnClear.Enabled = False
End Sub

    Private Sub btnExit_Click(ByVal sender As System.Object, ByVal e As System.EventArgs)
Handles btnExit.Click
        Me.Close()
        ' End
    End Sub
```

思考：

（1）你能查出本例中的一处 BUG 吗？应如何修改？

（2）在 txtScore_KeyPress 代码段中，当已完成 n 个成绩的输入后，再继续输入时，将本代码段的处理方法

```
If intNum < intScore.Count Then
    intScore(intNum) = Val(txtScore.Text)
    intNum += 1
    txtScore.SelectionStart = 0
    txtScore.SelectionLength = Len(txtScore.Text)
    btnStats.Enabled = True
Else
    MsgBox("成绩输入已完毕，除非增加学生的人数", , "友情提示")
    txtScore.Text = intScore(intNum-1)
    txtScore.ReadOnly = True
End If
```

与下面的处理方法

```
intScore(intNum) = Val(txtScore.Text)
intNum += 1
txtScore.SelectionStart = 0
txtScore.SelectionLength = Len(txtScore.Text)
btnStats.Enabled = True
If intNum = intScore.Count Then
    MsgBox("成绩输入已完毕，除非增加学生的人数", , "友情提示")
    txtScore.ReadOnly = True
End If
```

作一个比较，回答以下 3 个问题。

① 在处理问题的先后次序上，它们有什么区别？

② 从两种处理方法的运行效果上看，用户的感觉会如何？

③ 输入的成绩是从数组下标 0 开始存放，如果要从 1 开始存放（intNum 的初始值应为 1），该如何修改代码？

4.6 数 组 列 表

ArrayList 是较为复杂的数组。在 VB.NET 中，ArrayList 类提供了多数 System.Collections 类都提供的但 Array 类未提供的一些功能。

（1）Array 的容量是固定的，而 ArrayList 的容量可根据需要自动扩充。如果更改了 Capacity 属性的值，则可以自动进行内存重新分配和元素复制。

（2）ArrayList 提供添加、插入或移除某一范围元素的方法。在 Array 中，只能一次获取或设置一个元素的值。

（3）使用 Synchronized 方法很容易创建 ArrayList 的同步版本，而 Array 将实现同步的任务留给了用户。

（4）ArrayList 提供将只读和固定大小包装返回到集合的方法，而 Array 不提供。

另一方面，Array 提供了 ArrayList 所缺少的某些灵活性。

（1）可以设置 Array 的下限，但 ArrayList 的下限始终为 0。

（2）Array 可以具有多个维度，而 ArrayList 始终只是一维的。

特定类型（不包括 Object）的 Array 的性能优于 ArrayList，这是因为 ArrayList 的元素属于 Object 类型，所以在存储或检索值类型时通常发生装箱和取消装箱操作。

需要数组的大多数情况都可以改为使用 ArrayList，它们更容易使用，并且一般与相同类型的数组具有相近的性能。

Array 位于 System 命名空间中，而 ArrayList 位于 System.Collections 命名空间中。

例 4.27 声明一个名为 arrScore 的数组列表，并用该列表保存 10 个随机的两位正整数，并输出它们的值。

```
Dim i%
Dim arrScore As ArrayList = New ArrayList
' Dim arrScore As New ArrayList
For i = 1 To 10
    arrScore.Add(Int(Rnd()* (99-10) + 10))
Next
```

下面为数组列表的一些方法。

Public Overridable Function Add (value As Object) As Integer ：将对象添加到 ArrayList 的结尾处。

Public Overridable Sub Clear ：从 ArrayList 中移除所有元素。

Public Overridable Function Contains (item As Object) As Boolean ：确定某元素是否在 ArrayList 中。

Public Overridable Sub CopyTo (array As Array, arrayIndex As Integer) ：从目标数组的指定索引处开始将整个 ArrayList 复制到兼容的一维数组 *array*。

Public Overridable Sub CopyTo (index As Integer, array As Array, arrayIndex As Integer, count As Integer)：从目标数组的指定索引处开始，将一定范围的元素从 ArrayList 复制到兼容的一维数组 ***array*** 中。

Public Overridable Function Equals (obj As Object) As Boolean ：确定指定的 Object 是否等于当前的 Object。

Public Overridable Function GetRange (index As Integer, count As Integer) As ArrayList ：返回 ArrayList，它表示源 ArrayList 中元素的子集。

Public Function GetType As Type ：获取当前实例的 Type。

Public Overridable Function IndexOf (value As Object[, startIndex As Integer[, count As Integer]]) As Integer ：搜索指定的 Object，并返回 ArrayList 中从指定的索引开始并包含指定的元素数的元素范围内第一个匹配项的从 0 开始的索引。

Public Overridable Sub Insert (index As Integer, value As Object)：将元素插入 ArrayList 的指定索引处。

Public Overridable Sub Remove (obj As Object)： 从 ArrayList 中移除特定对象的第一个匹配项。

Public Overridable Sub RemoveAt (index As Integer)： 移除 ArrayList 的指定索引处的元素。

Public Overridable Sub RemoveRange (index As Integer, count As Integer)：从 ArrayList 中移除一定范围的元素。

Public Overridable Sub Reverse ([index As Integer, count As Integer])：将指定范围中元素的顺序反转。

Public Overridable Sub Sort ：对整个 ArrayList 中的元素进行排序。

Public Overridable Function ToArray As Object() ：将 ArrayList 的元素复制到新 Object 数组中。

Public Overridable Function ToArray (type As Type) As Array ：将 ArrayList 的元素复制到指定元素类型的新数组中。

Public Overridable Sub TrimToSize：将容量设置为 ArrayList 中元素的实际数目。

下面是数组列表的一些属性。

Public Overridable Property Capacity As Integer：获取或设置 ArrayList 可包含的元素数。

Public Overridable ReadOnly Property Count As Integer：获取 ArrayList 中实际包含的元素数。

Public Overridable Property Item (index As Integer) As Object：获取或设置指定索引处的元素。

注意：属性 Capacity 与 Count 的区别。

例 4.28　假设在字符串中仅有字母或空格，要求：

（1）将各个单词的首字母变为大写。

（2）求出最大长度的单词有哪些。

（3）求出各字母（不区分字母的大小写）的出现频率。

（4）求出各字母（区分字母的大小写）的出现频率。

分析：

1. 界面设计

根据数据的输入、输出及功能性要求，设计如图 4-5 所示的界面。

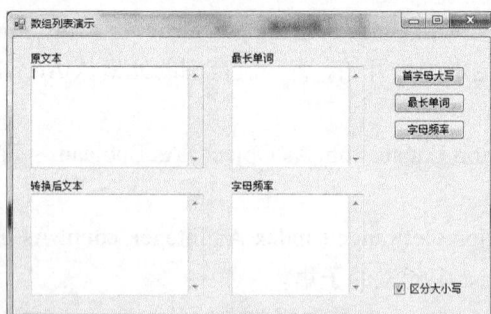

图 4-5　数组列表演示界面

其中，某些控件的重要属性设置如表 4.2 所示。

表 4.2　　　　　　　　　　　"数组列表演示"窗体某些控件的属性设置

对　　象	意　　义	属　性	属　性　值
txtOriginal	原文本	Multiline	True
		ScrollBars	Vertical
txtUcase	每个单词首字母大写转换后的文本	Multiline	True
		ScrollBars	Vertical
txtWord	显示原文本中所有的最长单词	Multiline	True
		ScrollBars	Vertical
txtNum	按键值对的格式显示字母的频率	Multiline	True
		ScrollBars	Vertical
chkDecollate	求字母频率时，是否区分大小写	Checked	True
btnUcase	首字母大写转换		
btnMaxWord	求所有的最长单词		
btnNum	统计字母的出现频率		

2. 代码设计

（1）将字符串中的每个单词的首字母变为大写的方法有两种。

方法一：

① 将字符串中的每个单词分离成一个个独立的字符串。

② 将这些单词的首字母大写。

③ 再把它们串连成一个字符串。

方法二：

从左至右扫描每一个字符，如遇到单词的第一个字母，就变成大写。注意，单词首字母的特点是其前有一个分隔符。

下面的代码用方法二实现首字母的转换：

```
Private Sub btnUcase_Click(ByVal sender As System.Object, ByVal e As System.EventArgs)
Handles btnUcase.Click
        Dim strArticle$ = "I am a student"  ' 转换前字符串
        Dim strResult$                      ' 转换后字符串
        Dim chrChar As Char                 ' 存放当前字符
        Dim blnState As Boolean = True      ' blnState 表示当前字符的前一个字符的状态（True 为
                                            分隔符；False 不是分隔符）
```

```
        For i = 1 To Len(strArticle)
                chrChar = Mid(strArticle, i, 1)
                If Char.IsLetter(chrChar) Then
                        If blnState Then
                                blnState = False
                                chrChar = Char.ToUpper(chrChar)
                        End If
                Else
                        blnState = True
                End If
                strResult &= chrChar
        Next
        txtUcase.Text = strResult
    End Sub
```

在本例中，是用方法一实现单词首字母的转换，代码如下：

```
    Private Sub btnUcase_Click(ByVal sender As System.Object, ByVal e As System.EventArgs)
Handles btnUcase.Click
        Dim arrWord As New ArrayList                    ' 保存分离后的单词
        Dim strWord$
        Dim i%
        arrWord.Clear( )
        arrWord.AddRange(Split(txtOriginal.Text, " "))
        For i = 0 To arrWord.Count-1
            strWord = arrWord.Item(i).ToString
            arrWord.Item(i) = UCase(Microsoft.VisualBasic.Left(strWord, 1)) + Mid(strWord, 2)
        Next
        txtUcase.Text = Join(CType(arrWord.ToArray(GetType(String)), String()), " ")
    End Sub
```

（2）求出最大长度的单词有哪些。

注意字符串中的最大长度的单词数量可能有多个，必须对求最大值的算法做出修改，以适应有多个最大值的情况：

```
    Private Sub btnMaxWord_Click(ByVal sender As System.Object, ByVal e As System.EventArgs)
Handles btnWord.Click
        Dim arrWord , arrMaxWord As New ArrayList
        Dim strWord$
        Dim intMaxLength%
        arrWord.Clear( )
        arrWord.AddRange(Split(txtOriginal.Text, " "))
        For Each strWord In arrWord
            If Len(strWord) > intMaxLength Then
                    intMaxLength = Len(strWord)
                    arrMaxWord.Clear()
                    arrMaxWord.Add(strWord)
            ElseIf Len(strWord) = intMaxLength Then
                    arrMaxWord.Add(strWord)
            End If
        Next
        txtWord.Text = Join(arrMaxWord.ToArray(), vbCrLf)
    End Sub
```

（3）字母出现频率的计算方法，实际上是对出现的各个字母计数（请参考本章引例二），其技术结果，按键值对的方式输出。

① 如果区分字母的大小写，则按如下格式显示：

　<小写字母>：<频率>　　　<大写字母>：<频率>

② 如果不区分大小写，则按如下格式显示：

　<小写字母>：<频率>

代码如下：

```
Private Sub btnNum_Click(ByVal sender As System.Object, ByVal e As System.EventArgs) Handles btnNum.Click
    Dim arrCharSet, arrCounter As New ArrayList
    Dim chrChar As Char
    Dim strResult1, strResult2$
    Dim intResult1, intResult2%
    Dim intPos, i%
    For i = 1 To Len(txtOriginal.Text)
        chrChar = Mid(txtOriginal.Text, i, 1)
        intPos = arrCharSet.IndexOf(chrChar)
        If intPos >= 0 Then
            arrCounter.Item(intPos) += 1
        Else
            arrCharSet.Add(chrChar)
            arrCounter.Add(1)
        End If
    Next
    txtNum.Text = ""
    For i = 0 To 25
        chrChar = Chr(i + Asc("a"))
        intPos = arrCharSet.IndexOf(chrChar)
        intResult1 = 0
        If intPos >= 0 Then
            intResult1 = arrCounter.Item(intPos)
        End If
        chrChar = Chr(i + Asc("A"))
        intPos = arrCharSet.IndexOf(chrChar)
        intResult2 = 0
        If intPos >= 0 Then
            intResult2 = arrCounter.Item(intPos)
        End If
        If chkDecollate.Checked Then
            strResult1 = Chr(i + Asc("a")) & ": " & intResult1 & "    "
            strResult2 = Chr(i + Asc("A")) & ": " & intResult2
            txtNum.Text = txtNum.Text & strResult1 & strResult2 & vbCrLf
        Else
            strResult1 = Chr(i + Asc("A")) & ": " & (intResult1 + intResult2)
            txtNum.Text = txtNum.Text & strResult1 & vbCrLf
        End If
    Next
End Sub
```

思考：

（1）在方法二进行单词首字母的转换的代码中，变量 blnState 的初始值为什么是 True？

（2）在本例中，某字母不管是否出现，它仍然出现在键值对列表中，如果未出现的字母不允许出现在键值对列表中，该如何修改代码？

4.7　综　合　应　用

例 4.29　求出下列 5×6 矩阵所有的马鞍点。

$$\begin{bmatrix} 73 & 58 & 62 & 36 & 37 & 79 \\ 11 & 8 & 13 & 73 & 14 & 47 \\ 87 & 81 & 63 & 96 & 88 & 75 \\ 52 & 36 & 60 & 68 & 33 & 35 \\ 84 & 84 & 63 & 98 & 91 & 70 \end{bmatrix}$$

什么是马鞍点呢？在一个矩阵中，如果某一行有一个最小值，它同时也是该值所在列中的最大值，那么，这一点就是该矩阵的一个马鞍点。显然，矩阵中的马鞍点的数量大于等于 0。求马鞍点的方法有两个。

方法一：

（1）求出每一行的最小值、行号、列号。

（2）求出每一列的最大值、行号、列号。

（3）依次比对。

方法二：对每一行，先求出最小值、行号、列号，再验证它是否是该列的最大值。

本例采用方法二，代码如下：

```
Dim arrSaddle(5, 5) As Integer
Dim i, j, intPos%, blnFlag As Boolean
arrSaddle = {
            {73, 58, 62, 36, 37, 79},
            {11,  8, 13, 73, 14, 47},
            {87, 81, 63, 96, 88, 75},
            {52, 36, 60, 68, 33, 35},
            {84, 84, 63, 98, 91, 70}
}
For i = 0 To 4
    intPos = 0
    For j = 1 To 5
        If arrSaddle(i, j) < arrSaddle(i, intPos) Then
                intPos = j
        End If
    Next
    blnFlag = True
    For j = 0 To 4
        If arrSaddle(j, intPos) > arrSaddle(i, intPos) Then
            blnFlag = False
            Exit For
        End If
    Next
    If blnFlag Then Console.WriteLine("第" & i & "行,第" & intPos & "列")
Next
```

例 4.30　输出 10 层的杨辉三角形。

分析：如图 4-6 所示的 10 层的杨辉三角形，其规律为：

① 三角形两腰上的数据全为 1；

② 其他的数据为其头上两只角上的数据之和。

```
.........................................................--------1
.........................................................--------1-------1
.................................................--------1-------2-------1
.............................................--------1-------3-------3-------1
.........................................--------1-------4-------6-------4-------1
...............................--------1-------5-------10-------10-------5-------1
............................--------1-------6-------15-------20-------15-------6-------1
...................--------1-------7-------21-------35-------35-------21-------7-------1
............--------1-------8-------28-------56-------70-------56-------28-------8-------1
--------1-------9-------36-------84-------126-------126-------84-------36-------9-------1
```

图 4-6   杨辉三角形（10 层）

为适合数组的存储，将图 4-6 改造成如图 4-7 所示的形式。

```
--------1
--------1-------1
--------1-------2-------1
--------1-------3-------3-------1
--------1-------4-------6-------4-------1
--------1-------5-------10-------10-------5-------1
--------1-------6-------15-------20-------15-------6-------1
--------1-------7-------21-------35-------35-------21-------7-------1
--------1-------8-------28-------56-------70-------56-------28-------8-------1
--------1-------9-------36-------84-------126-------126-------84-------36-------9-------1
```

图 4-7   杨辉三角形（10 层）

生成如图 4-7 所示的杨辉三角形的代码如下：

```
Dim arrYangHui%(10, 10)
Dim i, j%
For i = 1 To 10
    arrYangHui(i, 1) = 1
    arrYangHui(i, i) = 1
Next
For i = 2 To 10
    For j = 2 To i-1
        arrYangHui(i, j) = arrYangHui(i-1, j-1) + arrYangHui(i-1, j)
    Next
Next
```

数值型数组声明后，每一个元素的隐形初始值均为 0，将第 0 行第 0 列置 1，利用数组第 0 行其他元素为 0 和第 0 列其他元素为 0 的特点，生成杨辉三角形的代码可简化如下：

```
Dim arrYangHui%(10, 10)
Dim i, j%
arrYangHui(0, 0) = 1
For i = 1 To 10
    For j = 1 To i
        arrYangHui(i, j) = arrYangHui(i-1, j-1) + arrYangHui(i-1, j)
    Next
Next
```

在窗体上，按数组格式显示杨辉三角形的代码如下：

```
Dim MyGraphics As Graphics                  ' 声明图形变量
MyGraphics = Me.CreateGraphics()            ' 将当前窗体设置为图形对象
' 声明字体对象
Dim MyFont As New Font("隶书", 24, FontStyle.Regular, GraphicsUnit.Point)
Dim MyBrush As New SolidBrush(Color.Black)  ' 声明黑色的刷子对象
Dim MyPos As New PointF(0, 0)               ' 声明一个点对象
Dim strChars$, intLen%
For i = 1 To arrYangHui.GetUpperBound(0)
    MyPos.X = 0
    For j = 1 To i
        strChars = Trim(Str(arrYangHui(i, j)))
        intLen = Len(strChars)
        strChars = Space(8-intLen) & strChars
        MyGraphics.DrawString(strChars, MyFont, MyBrush, MyPos)
        MyPos.X += 8 * MyFont.Size * 2 / 3      ' 字体的全身大小的 2/3
    Next
    MyPos.Y += MyFont.GetHeight()               ' 字体的行距
Next
```

思考：

（1）如何输出如图 4-6 所示的正版杨辉三角形呢？

（2）怎样用一维数组来生成杨辉三角形呢？

习　题

1. 什么是数组的维度（秩）？

2. 普通数组和数组列表的区别是什么？

3. 在 VB.NET 中，所有的数组的大小均是可调的吗？

4. 如需要给一维数组 A 赋值{1，2，3，4，5，6，7，8，9}，请写出各种可能的方法。

5. 对任意的 15 个 100 以内的正整数所代表的评分成绩，在去掉最高分和最低分之后，求剩下的 13 个评分成绩的平均成绩。

6. 假定有两个满足递增条件的序列，编写一个 Sub 过程，其功能是合并这两个序列，要求合并后的序列仍然满足递增条件。

7. 在一个由 n 个自然数组成的序列中，找出所有相邻的自然数对，并保存在一个 3 列的数组中，其中第 1 列保存该自然数对在序列中的起始位置，第 2 列和第 3 列保存相邻的自然数对。

8. 在 n 个正整数组成的无序序列中，去掉所有重复的正整数（不得对序列排序）。

9. 一个由 1 到 n^2 个自然数组成的 n 行 n 列的方阵称之为幻方，如：

$$\begin{pmatrix} 8 & 1 & 6 \\ 3 & 5 & 7 \\ 4 & 9 & 2 \end{pmatrix} \quad \text{3 阶平面幻方}$$

$$\begin{pmatrix} 17 & 24 & 1 & 8 & 15 \\ 23 & 5 & 7 & 14 & 16 \\ 4 & 6 & 13 & 20 & 22 \\ 10 & 12 & 19 & 21 & 3 \\ 11 & 18 & 25 & 2 & 9 \end{pmatrix} \text{5 阶平面幻方}$$

其特点是所有在一条直线上的 3 个数字之和或 5 个数字之和均相等。编程实现一个 n 阶的平面幻方（只考虑 n 为奇数的情况）。

提示：

（1）将 1 放在第 1 行中间一列。

（2）从 2 开始直到 n^2 止，各数依次按下列规则存放：按 45° 方向行走，如向右上，每一个数存放的行比前一个数的行数减 1，列数加 1。

（3）如果行列范围超出矩阵范围，则回绕。例如 1 在第 1 行，则 2 应放在最下一行，列数同样加 1。

（4）如果按上面规则确定的位置上已有数，或上一个数是第 1 行第 n 列时，则把下一个数放在上一个数的下面。

10. 利用随机数生成两个 4×4 的矩阵 A，要求：

（1）统计矩阵 A 中所有的最大值和它们的下标。

（2）分别以下三角和上三角的形式显示矩阵 A。

（3）求主对角线和次对角线上各元素之和。

11. 所谓地图四色定理就是任何一张地图只用 4 种颜色就能使具有共同边界的国家着上

不同的颜色。对图 4-8 所示的地图着色。

提示：

（1）用 1，2，3，4 分别代表 4 种颜色，或者使用枚举类型的数据。

（2）用一个一维数组表示地图上每一个国家的颜色（数组元素的类型与颜色代表兼容）。

（2）将地图上的每一个国家从 1 到 12 开始编号（也可从 0 开始编号），用一个 12×12 的二维数组表示地图上一个国家是否与其他国家接邻（1：接邻；0：不接邻）。

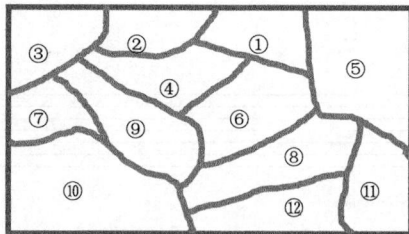

图 4-8　地图着色

$$\begin{pmatrix}
0 & 1 & 0 & 0 & 1 & 1 & 1 & 0 & 0 & 0 & 0 & 0 \\
1 & 0 & 1 & 0 & 0 & 0 & 1 & 0 & 0 & 0 & 0 & 0 \\
0 & 1 & 0 & 1 & 0 & 0 & 1 & 1 & 0 & 0 & 0 & 0 \\
0 & 0 & 1 & 0 & 0 & 0 & 0 & 1 & 1 & 1 & 0 & 0 \\
1 & 0 & 0 & 0 & 0 & 1 & 0 & 0 & 0 & 0 & 1 & 0 \\
1 & 0 & 0 & 0 & 1 & 0 & 1 & 1 & 1 & 0 & 1 & 0 \\
1 & 1 & 1 & 0 & 0 & 1 & 0 & 1 & 0 & 0 & 0 & 0 \\
0 & 0 & 1 & 1 & 0 & 1 & 1 & 0 & 1 & 0 & 0 & 0 \\
0 & 0 & 0 & 1 & 0 & 1 & 0 & 1 & 0 & 1 & 1 & 1 \\
0 & 0 & 0 & 1 & 0 & 0 & 0 & 0 & 1 & 0 & 0 & 1 \\
0 & 0 & 0 & 0 & 1 & 1 & 0 & 0 & 1 & 0 & 0 & 1 \\
0 & 0 & 0 & 0 & 0 & 0 & 0 & 0 & 1 & 1 & 1 & 0
\end{pmatrix}$$

12．围绕着山顶有 10 个洞，一只兔子和一只狐狸住在各自的洞里，狐狸总想吃掉兔子，一天兔子对狐狸说："你想吃我有一个条件，你先把洞编号 1 到 10，你从第 10 号洞出发，先到第 1 号洞找我，第 2 次隔一个洞找我，第 3 次隔两个洞找我，以后依此类推，次数不限，若能找到我你就可以饱餐一顿，在没找到我之前不能停止。"狐狸一想只有 10 个洞，寻找的次数又不限，哪有找不到的道理，就答应了条件，结果狐狸跑得昏了过去也没找到兔子。

（1）请问兔子可能躲在哪个洞里。

（2）输出狐狸的寻找路线。

提示：

（1）用一个一维数组表示编号从 1 到 10 的 10 个洞，每一个数组元素的值记录狐狸是否到达过该数组元素所代表的洞。

（2）当寻找路线出现重复时，应停止查找。

第5章 过程

引例：已知不规则多边形各边的长度，如图 5-1 所示，求多边形的面积。

计算不规则多边形面积的方法是：将多边形分解成若干个三角形，则每一个三角形的面积之和就是该多边形的面积。

假设三角形三边之长分别为 x、y、z，计算三角形面积的公式如下：

$$area = \sqrt{k(k-x)(k-y)(k-z)}, \quad k = \frac{x+y+z}{2}$$

根据公式，编写如下代码（省略数据输入部分的代码）：

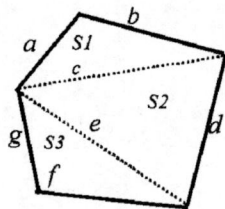

图 5-1 不规则多边形

```
Private Sub btnArea_Click(ByVal sender As System.Object, ByVal e As System.EventArgs)
Handles btnArea.Click
    ...
    k = (a + b + c) / 2
    s1 = Sqrt(k * (k-a) * (k-b) * (k-c))
    k = (c + d + e) / 2
    s2 = Sqrt(k * (k-c) * (k-d) * (k-e))
    k = (e + f + g) / 2
    s3 = Sqrt(k * (k-e) * (k-f) * (k-g))
    s = s1 + s2 + s3
    Msgbox("多边形面积之和: " & s)
End Sub
```

（1）使用 Function 过程，代码如下：

```
Private Sub btnArea_Click(ByVal sender As System.Object, ByVal e As System.EventArgs)
Handles btnArea.Click
    ...
    s1 = Area(a, b, c)
    s2 = Area(c, d, e)
    s3 = Area(e, f, g)
    s = s1 + s2 + s3
    Msgbox("多边形面积之和: " & s)
End Sub
Private Function Area(ByVal x!, ByVal y!, ByVal z!) As Single
    Dim k!
    k = (x + y + z) / 2
    Area = Sqrt(k * (k-x) * (k-y) * (k-z))
End Function
```

注意：由于使用了 Sqrt 函数，请导入 System.Math 命名空间。

（2）也可使用 Sub 过程，代码如下：

```
Private Sub Area_Click(ByVal sender As System.Object, ByVal e As System.EventArgs)
Handles btnArea.Click
    ...
    Area(s1, a, b, c)
    Area(s2, c, d, e)
    Area(s3, e, f, g)
    s = s1 + s2 + s3
    Msgbox("多边形面积之和: " & s)
End Sub
Private Sub Area(ByRef sngArea!, ByVal x!, ByVal y!, ByVal z!)
    Dim k!
    k = (x + y + z) / 2
    sngArea = Sqrt(k * (k-x) * (k-y) * (k-z))
End Sub
```

从引例中可看到，不管是使用 Sub 过程，还是使用 Function 过程，均可看到代码的结构变得清晰，可读性得到增强，代码得到了重用等一系列优点。

本章将介绍 Sub 过程和 Function 过程的声明和使用方法。

5.1　过程的概念

在 VB.NET 中，VB 程序的模块可由窗体（至少一个）、标准、类模块等组成，每一种模块均由若干个 VB 过程组成。

过程是 VB 程序的基本组成单位，常用的 VB 过程有：Event 过程（事件过程）、Sub 过程（子过程）、Function 过程（函数过程）和 Property 过程（属性过程）。

所谓 VB 过程是由若干 VB 语句有序组成的一段完整代码，是完成某单一任务的、逻辑上相对独立的功能模块。

在 VB.NET 中，过程有以下几种类型。

（1）Sub 过程：子过程，执行一种操作但不将值返回给调用代码。

（2）Event 过程：事件处理过程，是为响应由用户操作或程序中的事情引发的事件而执行的特定的 Sub 过程。

（3）Function 过程：函数过程，可以将值返回给调用代码。它们可以在返回值之前执行其他操作。

（4）Property 过程：属性过程，是为了返回和分配对象或模块上的属性值。

（5）Operator 过程：运算符过程，是在一个或两个操作数是新定义的类或结构时定义标准运算符的行为，或者说是运算符的重载。

（6）Generic 过程：泛型过程，此过程除了定义它们的常规参数外，还可定义一个或多个类型参数，这样，调用代码可以在每次进行调用时传递特定的数据类型。

一个 VB.NET 应用程序的开发由界面设计和代码设计两部分组成，其中代码设计就是设计与编写一个个的过程（注意：VB.NET 中的所有可执行语句均必须位于某个过程内）。

过程有如下优点。

（1）有利于增加代码结构的清晰性。

（2）有利于提高代码的可读性。

（3）有利于代码的可重用性。

（4）有利于代码的可维护性。

（5）有利于代码错误的可界定性。

（6）有利于系统的团队开发。

（7）有利于系统的功能扩张。

这些过程相互之间（例如：Event 过程之间、Sub 过程之间、Function 过程之间、Event 过程与 Sub 过程之间、Event 过程与 Function 过程之间、Sub 过程与 Function 过程之间）均可调用。

5.2 Sub 过程

Sub 过程是由包含在 Sub 语句和 End Sub 语句之间的一系列 VB 语句组成的。Sub 过程执行一项任务，再将控制权返回给调用代码，但是不将值返回给调用代码。

可以在模块、类和结构中定义 Sub 过程。默认情况下，它是 Public 过程，实际上，所谓控件的"方法"就是指可从其定义模块、类或结构外进行访问的 Sub 或 Function 过程。

5.2.1 Sub 过程的声明

Sub 过程的声明格式：

```
[ 访问方式 ] Sub 过程名( [ 参数列表] )
    [ statements ]
    [ Exit Sub ]
    [ statements ]
End Sub
```

格式说明。

（1）*访问方式*：可选。可以是如下内容之一。

Public：无限制，可看到 Public 元素的任何代码均可以访问。

Friend：可以从同一程序集内部访问元素，而不能从程序集外部访问。

Private：仅可以从同一模块或结构内访问。

（2）*过程名*：必须符合标识符的命名规则。

（3）*参数列表*：可选。表示此过程的形参（形式参数）列表。在列表中，形参（*Parameter*）之间以逗号分隔。下面是每一个形参的语法：

```
[ Optional ] [ ByVal | ByRef ] [ ParamArray ] 形参名[( )] [ As 数据类型 ] [= 默认值 ]
```

形参的格式说明。

① Optional：可选。指定调用过程时此形参不是必选项。

② *默认值*：对于 Optional 形参，为必选项。任何计算为形参数据类型的常数或常数表达式。如果类型为 Object，或者为类、接口、数组或结构，则默认值只能是 Nothing。

③ ByVal：可选。指定过程不能替换或重新分配调用代码中相应实参（实际参数）。

④ ByRef：可选。指定过程可以用与调用代码本身所用的相同方式修改调用代码中的实参。

⑤ ParamArray：可选。指定形参列表中最后一个形参是一个可选的、数据类型为指定数据类

型的数组（也称为参数数组）。它允许调用代码向过程传递任意数量的实参。

⑥ *形参名*：必选。必须符合标识符的命名规则。

⑦ *数据类型*：如果 Option Strict 为 On，则为必选项。

（4）*statements*：可选。要在此过程内运行的语句块。

（5）Exit Sub：立即退出所在的 Sub 过程，继续执行调用 Sub 过程的语句后面的语句。在使用时，Exit Sub 往往和 If 语句连用，当满足某个条件时退出过程。

注意：

（1）括号（"（）"）：如果指定了形参列表（*parameterlist*），必须将此列表置于括号内。如果没有形参，仍然可以用括号将空列表括起来。这样做阐明了此元素是一个过程，从而增加了代码的可读性。

（2）形参是一个局部变量，只在本过程中有效。

（3）可选形参（Optional）：如果对某个形参使用了 Optional 修饰符，则在形参列表中，此形参后面的所有形参也必须为可选形参，并且必须使用 Optional 修饰符声明。每个可选形参声明都必须提供 *defaultvalue* 子句。

（4）参数数组（ParamArray）：必须为 ParamArray 所限定的参数数组指定 ByVal。不能在同一个形参列表中同时使用 Optional 和 ParamArray。

（5）形参名（*parameterName*）：如果形参的数据类型为数组，一定要在形参名 *parameterName* 后紧跟括号。

（6）参数传入机制。每个参数的默认传入机制均为 ByVal，这意味着过程无法更改实参。但是，如果该实参为引用类型，则过程可以修改实参的内容或成员，即使它无法替换或重新分配对象本身。

（7）如果在 Sub 过程体中的任意位置包含一条 Return 语句，其作用相当于 Exit Sub 语句，可退出 Sub 过程。

例 5.1　下面的 Sub 过程 PrintValues 能够把一维数组的所有元素在输出窗口的一行上显示，也能够将二维数组按矩阵形式在输出窗口中输出。调用 PrintValues 不是为了获得一个返回值，而是为了把数组显示在输出窗口中。

```
Public Shared Sub PrintValues(arrArray As Array)
    ' 创建枚举数（枚举数可用于读取集合中的数据）
    Dim myEnumerator As System.Collections.IEnumerator = arrArray.GetEnumerator( )
    Dim i As Integer = 0
    Dim cols As Integer = arrArray.GetLength(arrArray.Rank-1)
    ' 通过方法 MoveNext 将枚举数推进到当前位置的下一个位置
    While myEnumerator.MoveNext()
        If i < cols Then
            i+=1
        Else
            Console.WriteLine()
            i = 1
        End If
        ' 通过属性 Current 获取集合中位于枚举数当前位置的元素
        Console.Write(ControlChars.Tab + "{0}", myEnumerator.Current)
    End While
    Console.WriteLine()
End Sub
```

注意：

（1）IEnumerator：IEnumerator(Of T) 接口支持在泛型集合上进行简单迭代，是所有泛型枚举数的基接口。

（2）本例中的形参 arrArray 是一个数组，不是参数数组（ParamArray）。请注意区别参数数组与数组形参在概念上的区别。

5.2.2 Sub 过程的调用

Sub 过程的调用语法：

```
[ Call ] 过程名 [( 实参列表 )]
```

语法说明。

（1）Call 可省略

（2）*过程名*：必选项。必须符合标识符的命名规则。

（3）*实参列表*：可选项。调用过程时所给出的实际参数的列表。在列表中，多个实参以逗号分隔，每一个实参可以是变量或表达式。在调用时，实参的值或者实参的地址（此时，实参必须是变量，其地址是指在变量声明时，系统在内存中分配给它的空间的首地址）要传递给该过程的形参。

备注：

（1）如果调用时需要给出实参，则必须将实参放在括号内。否则，既可以省略括号，也可以不省略括号。

推荐：即使不需要实参，也使用括号，可增强代码的可读性。

（2）当调用过程时，可以不使用 Call 关键字。

推荐：不要使用 Call 关键字。

（3）当需要调用另一个模块或程序集中的过程时，可在"*过程名*"之前使用模块名或程序集名加以限定。

例 5.2 设计一个过程，其功能是在窗体上以手动方式移动控件，但控件的移动方向在过程外控制。

分析：

1. 界面设计

本例利用 PictureBox 控件加载了一副老鹰的图像，并为窗体加载了冰面.jpg 作为背景图，采用手动方式控制控件的移动方向，因此，使用了 4 个按钮分别对 PictureBox 控件进行上、下、左、右 4 个方向上的移动控制，界面设计如图 5-2 所示。

图 5-2　控件的移动

窗体上各控件的有关属性的设置如表 5.1 所示。

表5.1　　　　　　　　　　　　　　窗体上各控件有关属性设置

控　件	属　　性	属　性　值	意　　义
btnToUp	Text	↑	本按钮控制方向"朝上"
btnToDown	Text	↓	本按钮控制方向"朝下"
btnToLeft	Text	←	本按钮控制方向"朝左"
btnToRight	Text	→	本按钮控制方向"朝右"
frmMove	Text	移动	
frmMove	BackgroundImage	冰面.jpg	窗体的背景图
frmMove	BackgroundImageLayout	Stretch	把图形平铺在窗体上
picImage	Image	老鹰.bmp	
picImage	SizeMode	StretchImage	让图形的大小适应控件的大小

2. 代码设计

控件的移动只需改变控件的 Left 属性（左边距）和 Top 属性（顶边距）即可，利用 Sub 过程实现 picImage 控件的移动，代码如下：

```
Dim intStep% = 10

Private Sub btnToUp_Click(ByVal sender As System.Object, ByVal e As System.EventArgs)
Handles btnToUp.Click
        MyMove(0,-intStep)
End Sub

Private Sub btnToDown_Click(ByVal sender As System.Object, ByVal e As System.EventArgs)
Handles btnToDown.Click
        MyMove(0, intStep)
End Sub

Private Sub btnToLeft_Click(ByVal sender As System.Object, ByVal e As System.EventArgs)
Handles btnToLeft.Click
        MyMove(-intStep, 0)
End Sub

Private Sub btnToRight_Click(ByVal sender As System.Object, ByVal e As System.EventArgs)
Handles btnToRight.Click
        MyMove(intStep, 0)
End Sub

Sub MyMove(ByVal intLeftRight%, ByVal intUpDown%)
    PicImage.Left += intLeftRight
    PicImage.Top += intUpDown
End Sub
```

体验：将 4 个按钮 Click 事件中的代码分别放在各自的 MouseMove 事件中，再运行窗体，并将鼠标滑向按钮，通过控件移动的效果，体会 MouseMove 事件的用法。

思考：如果不是用 4 个按钮去控制控件的上、下、左、右移动，而是在整个窗体上，让控件跟随鼠标的移动而移动，怎样编程实现？

例 5.3　在输出窗口显示一个由大写字母组成的正菱形四边形，例如，图 5-3 所示的图形从左到右分别是行数为 11（边长为 6），行数为 9（边长为 5），行数为 7（边长为 4）和行数为 5（边长为 3）的正菱形四边形。

```
      A
     BBB                A
    CCCCC              BBB               A
   DDDDDDD            CCCCC             BBB              A
  EEEEEEEEE          DDDDDDD           CCCCC            BBB
 FFFFFFFFFFF        EEEEEEEEE         DDDDDDD          CCCCC
  EEEEEEEEE          DDDDDDD           CCCCC            BBB
   DDDDDDD            CCCCC             BBB              A
    CCCCC              BBB               A
     BBB                A
      A
     (a)                (b)               (c)              (d)
```

图 5-3　菱形四边形

方法一：

1. 界面设计

根据本题中数据输入、输出要求及功能性要求，设计界面如图 5-4 所示。

图 5-4　输出正菱形的窗体

窗体上各控件的有关属性的设置如表 5.2 所示。

表 5.2　　　　　　　　　　　　　　窗体上各控件有关属性设置

控　件	属　性	属　性　值	意　义
txtLineNum			输入正菱形的行数
btnSaddle	Text	菱形	

2. 代码设计

如果把图 5-3（a）所示的图形垂直切割成一个 6 行的三角形和一个 5 行的三角形：

```
      A
     BBB
    CCCCC
   DDDDDDD
  EEEEEEEEE
 FFFFFFFFFFF
─────────────────
  EEEEEEEEE
   DDDDDDD
    CCCCC
     BBB
      A
```

则根据解决平面图形输出的代码模板，代码如下：

```
Private Sub btnLozenge_Click(ByVal sender As System.Object, ByVal e As System.EventArgs)
Handles btnLozenge.Click
      Dim intLineNum%
      intLineNum = Val(txtLineNum.text)
      If intLineNum >=3 And intLineNum Mod 2 = 0 Then
            MsgBox("正菱形的行数必须是大于等于 3 的正整数")
            txtLineNum.Focus( )
            Exit Sub
      End If
      Lozenge(intLineNum)
End Sub

Private Sub Lozenge(ByVal intLineNum%)
    Dim intLine%, intCharNum%, intHalf%
    intHalf = (intLineNum + 1) \ 2
    For intLine = 1 To intHalf
        intCharNum = 2 * intLine-1
        Console.Write(StrDup(intHalf-intLine, " "))
        Console.WriteLine(StrDup(intCharNum, Chr(Asc("A") + intLine-1)))
    Next
    For intLine = intHalf-1 To 1 Step-1
        intCharNum = 2 * intLine - 1
        Console.Write(StrDup(intHalf-intLine, " "))
        Console.WriteLine(StrDup(intCharNum, Chr(Asc("A") + intLine-1)))
    Next
End Sub
```

这个方法是我们最容易想到的、最容易理解的方法，但也是一个没有技巧、没有品味的方法。

方法二：

如果在输出时，把图形作为一个整体，也就是要把方法一中的两个平行的循环糅合在一起，用一个循环输出整个图形。

以图 5-3（a）为例，参考方法一，在两个循环中，循环变量 intLine 的值分别从 1 到 5 和 4 到 1，其意义是代表图形中每一行，经过下列变换：

```
2 * intLine - 1
```

就能得到每行的字符数。

现在，只用一个循环，则 intLine 的值是从 1 到 9 代表图形中每一行。那么，如何将数字 1、2、3、4、5、6、7、8、9 变为 1、2、3、4、5、4、3、2、1 呢？

首先，获得对称数字序列 1、2、3、4、5、4、3、2、1 中，位于中心位置上的数字：

```
intHalf = (intLineNum + 1) \ 2 = (9 + 1) \ 2 = 5
```

其意义是代表图形中最中间行的行号，也是一个原本上升序列走向改变的拐点。

注意如图 5-5 所示的序列变换的意义。

由此，通过：

```
intXLine = Abs(intHalf * (intLine \ intHalf)-intLine Mod intHalf)
```

就得到了一个对称的数字序列。

$$intLine \setminus intHalf$$
$$0,0,0,0,1,1,1,1,1$$

$$intHalf * (intLine \setminus intHalf)$$
$$0,0,0,0,5,5,5,5,5$$

$$intLine$$
$$1,2,3,4,5,6,7,8,9$$

$$intLine \bmod intHalf$$
$$1,2,3,4,0,1,2,3,4$$

$$intHalf * (intLine \setminus intHalf) - intLine \bmod intHalf$$
$$-1,-2,-3,-4,5,4,3,2,1$$

$$Abs(intHalf * (intLine \setminus intHalf) - intLine \bmod intHalf)$$
$$1,2,3,4,5,4,3,2,1$$

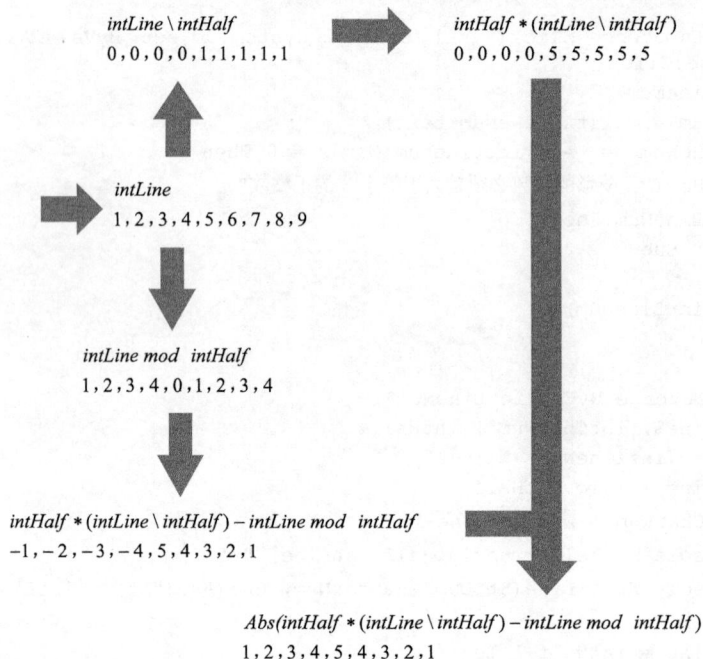

图 5-5 序列变换

Sub 过程 Lozenge 的代码改写如下：

```
Private Sub Lozenge(ByVal intLineNum%)
    Dim intLine%, intXLine%, intCharNum%, intHalf%
    intHalf = (intLineNum + 1) \ 2
    For intLine = 1 To intLineNum
        intXLine = Abs(intHalf * (intLine \ intHalf)-intLine Mod intHalf)
        intCharNum = 2 * intXLine-1
        Console.Write(StrDup(intHalf-intXLine, " "))
        Console.WriteLine(StrDup(intCharNum, Chr(Asc("A") + intXLine-1)))
    Next
End Sub
```

关键问题：方法二解决的关键问题是如何把一个由 1 开始的递增序列，变为一个前半部分依然递增，后半部分递减的序列。

5.3 Function 过程

Function 过程由是包含在 Function 语句和 End Function 语句之间的一系列 VB 语句组成的。与 Sub 过程相同的是，Function 过程执行一项任务，再将控制权返回给调用代码；与 Sub 过程不同的是，还可以将值返回给调用代码。

可以在模块、类和结构中定义 Function 过程。默认情况下，它是 Public 过程，实际上，所谓控件的"方法"就是指可从其定义模块、类或结构外进行访问的 Sub 或 Function 过程。

5.3.1　Function 过程的声明

Function 过程的声明格式：

[*访问方式*] Function *过程名*[数据类型说明符] （ [*形参列表*] ） [As *数据类型*]
　　[*statements*]
　　[Exit Function]
　　[*statements*]
　　过程名 = 表达式
End Function

Function 过程的语法与 Sub 过程的语法非常相似，有关语法项目的意义可参考 Sub 过程的语法格式说明。

与 Sub 过程不同的一点是 Function 过程具有一个返回值，在 Function 过程体中的任何位置应该有一条语句：

过程名 = 表达式

或

Return *表达式*

通过给"*函数名*"赋值，使得 Function 过程有返回值。如果默认，则 Function 过程的返回值为 Nothing。

例 5.4　下面的 Function 过程的功能是进行闰年的判断，并且将判断的结果返回给调用代码。闰年的判断条件是年份满足下列条件：

（1）能被 4 整除，但不能被 100 整除；

（2）能被 400 整除。

```
Private Function LeapYear(ByVal shtYear As Short) As Boolean
    'LeapYear=(shtYear Mod 4=0 and shtYear Mod 100<>0 or shtYear Mod 400=0)
    LeapYear=False
    If shtYear Mod 4=0 and shtYear Mod 100<>0 then
        LeapYear=True
    ElseIf shtYear Mod 400=0 Then
        LeapYear=True
    EndIf
```

5.3.2　Function 过程的调用

Function 过程的调用和内部函数相同，格式如下：

过程名 （ [*实参列表*] ）

语法说明如下。

（1）*过程名*：必选项。必须符合标识符的命名规则。

（2）*实参列表*：可选项。参考 Sub 过程的调用语法。

备注：

（1）如果调用时需要给出实参，则必须将实参放在括号内。即使不需要实参，括号也不能省略。

（2）当需要调用另一个模块或程序集中的过程时，可在"*过程名*"之前使用模块名或程序集名加以限定。

（3）与内部函数一样，Function 过程可作为表达式或表达式中的一部分。

（4）Function 过程也具有像 Sub 过程那样的调用方式。

例 5.5 根据所示的组合计算公式，计算 C_m^n。

$$C_m^n = \frac{m!}{n!(m-n)!}$$

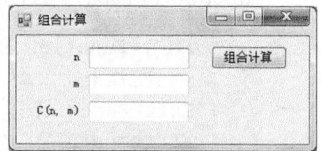

图 5-6　组合计算窗体

1. 界面设计

根据数据的输入、输出及功能性要求，界面设计如图 5-6 所示。窗体上各控件的有关属性的设置如表 5.3 所示。

表 5.3　　　　　　　　　　　　　　窗体上各控件的属性设置

控　件	属　性	属　性　值	意　义
txtN			
txtM			
txtCnm	ReadOnly	True	显示组合的计算结果
btnCombine	Text	组合计算	

2. 代码设计

本例采用 Function 过程计算阶乘，因此在设计代码时，必须考虑数据溢出的异常问题。用 Try…Catch…End Try 语句包住可能会发生异常的代码段，则当代码运行出现异常后，可进行异常处理。

```
Private Sub btnCombine_Click(ByVal sender As System.Object, ByVal e As System. EventArgs)
Handles btnCombine.Click
        Dim n, m, shtCn, shtCm, shtCnm As Short
        n = Val(txtN.Text)
        m = Val(txtM.Text)
        If n > m Then
            MsgBox("n 不能大于 m。", , "组合")
            txtN.Text = ""
            txtM.Text = ""
            txtN.Focus( )
            Exit Sub
        End If
        shtCn = factorial(n) : If shtCn = 0 Then Exit Sub
        shtCm = factorial(m) : If shtCm = 0 Then Exit Sub
        shtCnm = factorial(m-n) : If shtCnm = 0 Then Exit Sub
        txtCnm.Text = shtCm / shtCn / shtCnm
End Sub

Private Function Factorial(ByVal number As Short) As Short
    Dim i, shtArithmetic As Short
    shtArithmetic = 1
    Try
        For i = 1 To number
            shtArithmetic *= i
        Next
    Catch ex As OverflowException
        MsgBox("计算结果超出数据的表示范围! ", , "异常提示")
        Factorial = 0
        Exit Function
```

```
        End Try
        Factorial = shtArithmetic
    End Function
```

注意：

在本例的 Function 过程中，变量的数据类型为 Short，因此，在计算超过 7 的整数的阶乘时会发生异常 OverflowException。

例 5.6　在财务处理账款时，经常需要将小写的人民币转换为大写的人民币形式。例如：4 567 891 234 567.89 转换为肆万伍仟陆百柒拾捌亿玖仟壹百贰拾叁万肆仟伍百陆拾柒元捌角玖分。编程实现上述金额大小写的转换功能。

分析：

1．界面设计

根据数据的输入、输出及功能性要求，设计如图 5-7 所示的窗体。

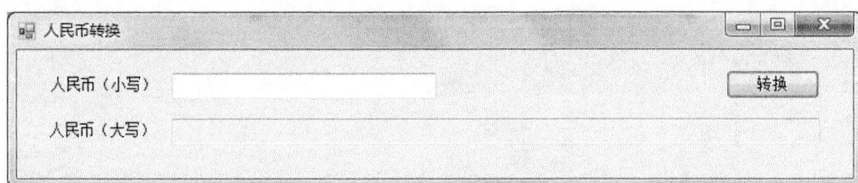

图 5-7　人民币转换窗体

窗体上各控件的有关属性的设置如表 5.4 所示。

表 5.4　　　　　　　　　　　　　　窗体上各控件的属性设置

控　件	属　性	属　性　值	意　义
txtLowerMoney			本文本框接收阿拉伯数字式的
btnConvert	Text	转换	
txtUpperMoney	ReadOnly	True	只显示结果

2．代码设计

将小写的人民币值 4 567 891 234 567.89 转换为大写的人民币肆万伍仟陆百柒拾捌亿玖仟壹百贰拾叁万肆仟伍百陆拾柒元捌角玖分的方法是：把每一位阿拉伯数字转换成相对应的汉字数字，在后面跟相应的单位。

代码如下：

```
Private Function RMBConvert(ByVal intLowerMoney As Decimal) As String
    Dim arrCnDigit$() = {"零", "壹", "贰", "叁", "肆", "伍", "陆", "柒", "捌", "玖"}
    Dim arrUnit$() = {"元", "拾", "百", "仟", "万", "拾", "百", "仟", "亿", "拾", "百","仟", "万"}
    Dim strLowerMoney, strUpperMoney As String
    Dim chrChar As Char
    Dim i, intDot%
    strLowerMoney = StrReverse(Trim(Str(intLowerMoney)))
    intDot = InStr(strLowerMoney, ".")
    If intDot <> 0 Then
        For i = 1 To intDot-1
            chrChar = Mid(strLowerMoney, i, 1)
            strUpperMoney = IIf(intDot-i = 1, "角", "分") & strUpperMoney
```

```
                    strUpperMoney = arrCnDigit(Val(chrChar)) & strUpperMoney
            Next
                strLowerMoney = Mid(strLowerMoney, intDot + 1)
        End If
        For i = 1 To Len(strLowerMoney)
            chrChar = Mid(strLowerMoney, i, 1)
            strUpperMoney = arrUnit(i-1) & strUpperMoney
            strUpperMoney = arrCnDigit(Val(chrChar)) & strUpperMoney
        Next
        RMBConvert = strUpperMoney
    End Function

    Private Sub btnConvert_Click(ByVal sender As System.Object, ByVal e As System.EventArgs)
Handles btnConvert.Click
        If IsNumeric(txtLowerMoney.Text) Then
            txtUpperMoney.Text = RMBConvert(Val(txtLowerMoney.Text))
        Else
            MsgBox("数据格式不对! ", , "提示")
            txtLowerMoney.Focus()
        End If
    End Sub

    Private Sub txtLowerMoney(ByVal sender As Object, ByVal e As System.Windows.Forms.
KeyPressEventArgs) Handles txtArab.KeyPress
        If Not (Char.IsNumber(e.KeyChar) Or e.KeyChar = "." Or Char.IsControl(e.KeyChar))
Then
            e.Handled = True
            Beep()
        End If
    End Sub
```

思考：

（1）根据本题实现的人民币转换功能，对于：

123456，转换结果为壹拾贰万叁仟肆百伍拾陆元；

100056，转换结果为壹拾零万零仟零百伍拾陆元。

怎样修改代码，得到更好的转换结果？

（2）阅读本例代码，判断能转换金额的最大位数是多少位？如果要把转换金额的位数再提高4位，应如何修改代码？

（3）在 txtLowerMoney-KeyPress 事件代码中，Char.IsControl(e.KeyChar)和 If 语句连用起到什么作用？

5.4 参 数 传 递

参数传递就是发生过程调用时，把主调过程的实参传递给被调过程中的形参，然后再执行被调过程的过程体。

参数传递的机制有值传递和地址传递两种。

参数传递的顺序有按序传递和按名传递两种。

5.4.1　参数传递的机制

1．值传递

所谓值传递就是把实参值的副本传递给形参，在这种方式下，实参和形参已没有联系，对形参所做的任何改变，均不会对实参有任何的影响。实参可以是常量或者表达式，也可以是变量。

在 VB.NET 中，值传递方式是在形参前，通过 ByVal 关键字说明实现的。例如本章的引例：

```
Private Function Area(ByVal x!, ByVal y!, ByVal z!) As Single
    Dim k!
    k = (x + y + z) / 2
    Area = Sqrt(k * (k-x) * (k-y) * (k-z))
End Function
```

注意： 函数中使用了 Sqrt 函数，必须使用 Imports System.Math 导入命名空间 System 中的 Math 类，或者使用 System.Math 对 Sqrt 加以限定。

2．地址传递

所谓地址传递就是把实参在内存中地址传递给形参，在这种方式下，实参和形参共享内存中的同一个内存单元，对形参所做的任何改变，均会影响到实参。实参必须是变量，否则形参和实参的内存共享无法实现。

在 VB.NET 中，地址传递方式是在形参前，通过 ByRef 关键字说明实现的。例如本章的引例：

```
Private Sub Area(ByRef sngArea!, ByVal x!, ByVal y!, ByVal z!)
    Dim k!
    k = (x + y + z) / 2
    sngArea = Sqrt(k * (k-x) * (k-y) * (k-z))
End Sub
```

5.4.2　参数传递的顺序

1．按序传递

所谓按序传递就是按照形参的声明顺序，将实参从左至右一一传递给形参。例如，调用引例中的 Sub 过程 Area 求三角形 S1 的面积：

```
Area(s1, a, b, c)
```

按照形参的声明顺序，参数传递如图 5-8 所示。

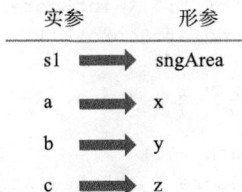

```
实参              形参

s1    ➡    sngArea

a     ➡    x

b     ➡    y

c     ➡    z
```

图 5-8　参数传递的顺序

2．按名传递

所谓按名传递与形参的声明顺序无关，在调用时，按指定关系将实参传递给形参。例：

```
Area(sngArea := s1, x := a, y := b, z := c)
Area(x := a, y := b, z := c, sngArea := s1)
Area(x := a, y := b, sngArea := s1, z := c)
```

上述 3 条语句虽然实参的顺序不同，但参数传递的目标仍然是准确的（相应的实参传递给指定的形参）。

注意：在按名传递时，使用 ":=" 而不是 "="。

5.4.3　参数数组

参数数组通过 ParamArray 关键字说明，它通过值传递方式允许传递不定数量的实参。在一个过程中，只能定义一个参数数组，而且必须是过程定义中的最后一个形参。

参数数组是自动可选的（不需给出关键字 Optional 加以说明，其默认值是参数数组元素类型的空一维数组），而且是唯一的可选参数，在参数数组前面的所有形参都必须是必选的。

调用定义参数数组的过程时，可以通过以下一种方式给参数数组提供实参。

（1）不提供任何参数，即可以省略 ParamArray 参数。这种情况下给过程传递的是空数组。或者直接传递 Nothing 关键字，效果相同。

（2）包含任意数量的实参的列表，各实参之间用逗号分隔。每个实参的数据类型都必须可以隐式转换成 ParamArray 元素类型。

（3）元素类型与参数数组的元素类型相同的实参数组。

下面是为过程声明一个参数数组作为形参的注意事项。

（1）在过程声明中，以普通方法定义参数列表。除最后一个参数以外的所有参数均为必选（不是 Optional）。

（2）在最后一个参数名称前面使用关键字 ByVal ParamArray，该参数自动成为可选（不要包含 Optional 关键字）。

（3）在参数数组名称后面使用一对空括号，在空括号后面使用常用的 As 子句。

（4）不要在 As 子句后带默认值。参数数组的默认值系统会依据数组元素的数据类型自动追加相应的默认值。

例 5.7　定义一个求某个学生各科（3 门必修课和不定数量的选修课）平均成绩的 Sub 过程。

```
Sub Average(ByVal strName$, ByVal intScore1%, ByVal intScore2%, ByVal intScore3%, ByVal
ParamArray arrScore() As Integer)
    Dim sngAverage As Single = intScore1 + intScore2 + intScore3
    Console.WriteLine("Scores for " & strName & ":")
    Console.WriteLine("Scores1 " & ":" & intScore1)
    Console.WriteLine("Scores2 " & ":" & intScore2)
    Console.WriteLine("Scores3 " & ":" & intScore3)
    For i As Integer = 0 To UBound(arrScore, 1)
        sngAverage += arrScore(i)
        Console.WriteLine("Score " & i + 4 & ": " & arrScore(i))
    Next i
    sngAverage /= (arrScore.Length + 3)
    Console.WriteLine("Average Score " & ":" & sngAverage & vbCrLf)
End Sub
```

注意：UBound(arrScore, 1) 的作用是求数组 arrScore 第一维的上界，也可使用 arrScore.GetLength(0) − 1 达到相同的效果。由于 arrScore 是一维数组，所以也可使用 arrScore.Length − 1 或者 arrScore.Count − 1 达到相同的效果。

下面的 3 条语句分别调用 Average 过程，求安妮同学 3 门必修课、3 门选修课的平均成绩；约翰同学 3 门必修课、5 门选修课的平均成绩。

```
Average ("安妮", 10, 26, 32, 15, 22, 24)
Dim Scores( ) As Integer = {40, 35, 21, 30, 60}
Average ("约翰", 34, 56, 43, Scores)
```

5.4.4 可选参数

可选参数是在形参前，以关键字 Optional 说明形参，适用以下规则。

（1）过程定义中的每个可选参数都必须指定默认值。

（2）可选参数的默认值必须是一个常数表达式。

（3）过程定义中跟在可选参数后的每个参数也都必须是可选的。

将例 5.7 的 Average 过程的头部用可选参数重写：

```
Sub Average(ByVal strName$, ByVal intScore1%, ByVal intScore2%, ByVal intScore3%,
Optional ByVal intScore4% = 0, Optional ByVal intScore5% = 0, Optional ByVal intScore6%
= 0, Optional ByVal intScore7% = 0, Optional ByVal intScore8% =-1)
```

调用带可选参数的过程时，可以选择是否提供实参。如果不提供，过程将使用为该参数声明的默认值。

当省略实参列表中的一个或多个可选参数时，使用连续的逗号来标记它们的位置。下面的调用示例提供了第 5 个和第 8 个参数，省略了第 6 个、第 7 个和第 9 个：

```
Sub_name("乔治", 40, 50, 60, 55, , , 60 , )
```

过程在运行时无法检测到给定的参数是否已被省略，或者调用代码是否已显式提供默认值。如果需要确定可选参数是否存在，可以设置一个不可能的值作为默认值。下面的语句测试形参 intScore，其默认值–1，以查看它在调用中是否已被省略：

```
If intScore8 =-1 Then intScore = 0
```

定义可选参数的注意事项。

（1）在过程声明中，在参数列表中的参数名前面加上 Optional 关键字。

（2）在参数名后面加上 As 子句，并在 As 子句后面加上等号 (=)。

（3）在等号后面加上该参数的默认值。必须是常数表达式，使编译器在编译时能够完全计算该表达式。

（4）必须将后面的每个参数声明为 Optional。

对于可选参数，因为有以下两种可能性：

① 调用代码在过程调用中省略此参数；

② 调用代码提供的参数与参数的默认值完全相等，

而过程代码无法区分这两种可能性。通常这样没有什么影响，但有些情况过程可能需要对每种可能性执行不同的操作。最好的方法就是定义与默认值不同的值，尽管这样不能保证调用代码无法提供此值。

如果确定调用程序是否提供可选参数十分重要，则最安全的方法就是定义过程的重载版本。

请参看 MsgBox 函数的声明：

```
Public Function MsgBox( _
   ByVal Prompt As Object, _
   Optional ByVal Buttons As MsgBoxStyle = MsgBoxStyle.OKOnly, _
   Optional ByVal Title As Object = Nothing _
) As MsgBoxResult
```

5.5   变量的特性

在 VB.NET 中，所有的代码必须写在过程中，而变量既可在过程外声明，也可在过程内声明，变量的特性包括生存期、可访问性和范围等内容。

5.5.1   生存期

所谓"生存期"是指变量可供使用的时间周期。为此，编译器将过程参数和函数返回值视为变量的特殊情况。变量的生存期表示它可以保留值的时间周期。在生存期内变量的值可以更改及引用，但变量总是保留某些值。

1．不同的生存期

在模块级声明的变量通常在应用程序的整个运行期间都存在。在类或结构中声明的非共享变量作为声明它的类或结构的每个实例的单独副本存在；每个这样的变量都具有与它的实例相同的生存期。但是，Shared 变量仅有一个生存期，即应用程序运行所持续的全部时间。

用 Dim 声明的局部变量仅当声明它们的过程正在执行时存在。这同样适用于过程的参数和任何函数返回值。但是，如果该过程调用其他过程，则局部变量在被调用过程运行期间保留它们的值。

2．生存期的开始

当执行到声明局部变量的过程时，局部变量的生存期开始。过程一开始执行，每个局部变量即被初始化为其数据类型的默认值。数字变量（包括 Byte 和 Char）被初始化为 0，Date 变量初始化为公元 1 年的 1 月 1 日 0 时，Boolean 变量初始化为 False，引用类型变量（包括字符串、数组和 Object）初始化为 Nothing。

结构变量的每个成员被视为单独的变量初始化。同样，数组变量的每个元素也单独初始化。

如果变量是用初始值设定项声明的，则在执行变量的声明语句时，将给该变量分配指定的值，如下面的示例所示：

```
Dim X As Double = 18.973   ' X had previously been initialized to 0
```

在过程的内部块中声明的变量在进入该过程时初始化为其默认值。不论该块是否曾执行过，这些初始化都会生效。

3．生存期的结束

当过程终止时，不再保留该过程的局部变量值，并回收局部元素所使用的内存。下次执行该过程时，将重新创建它的所有局部元素并初始化局部变量。

当类或结构的实例终止时，它的非共享变量丢失它们的值。类或结构的每个新实例都创建它的所有非共享元素并初始化非共享变量。Shared 元素被一直保留到应用程序停止运行时。

4．生存期的扩展

如果局部变量是用 Static 关键字声明的，则它的生存期比声明它的过程的执行时间长。如果该过程在某模块内，则只要应用程序继续运行，static 变量就一直存在。

如果 static 变量是在类的内部过程中声明的，则该变量的生存期取决于此过程是否共享。如果此过程已用 Shared 关键字声明，则变量的生存期将一直延续到应用程序终止时为止。如果此过程为非共享，则其 static 变量为类的实例成员，并且其生存期与类实例的生存期相同。

在下面的示例中，RunningTotal 函数通过将新值添加到存储在静态变量 ApplesSold 中的以前值的合计来计算流量合计：

```
Function RunningTotal(ByVal Num As Integer) As Integer
    Static ApplesSold As Integer
    ApplesSold = ApplesSold + Num
    Return ApplesSold
End Function
```

如果没有使用 Static 就已声明了 ApplesSold，则在函数调用期间将不保留以前累计的值，并且函数只返回上次用来调用它的相同值。

在模块级声明 ApplesSold 可产生相同的生存期。但是，如果这样更改变量的范围，此过程将不再拥有对该变量的独占访问权。由于其他过程可以访问该变量并更改它的值，因此流量合计是不可靠的，并且代码可能会更难维护。

5.5.2　可访问性

所谓"可访问性"是使用变量的能力，即代码对变量值的读取或写入的权限。这不仅取决于声明变量本身的方式，还取决于变量容器的可访问性。如果包含变量是不可访问的，则其包含的所有变量都是不可访问的，甚至是已声明为 Public 的变量。例如，Private 结构中的 Public 变量可从包含该结构的类内部访问，而不能从类的外部访问。

1. Public

Dim 语句中的 Public 关键字声明的元素可从以下位置访问：同一项目中的任意位置、引用该项目的其他项目以及由该项目生成的程序集。以下代码显示了示例 Public 声明：

```
Public Class ClassForEverybody
```

仅可以在模块、命名空间或文件级使用 Public。这意味着可以在源文件中或在模块、类或结构内（但不能在过程中）声明 public 变量。

2. Friend

Dim 语句中的 Friend 关键字声明变量可以从同一个项目内访问，但不能从项目外部访问。以下代码显示了示例 Friend 声明：

```
Friend StringForThisProject As String
```

仅可以在模块、命名空间或文件级使用 Friend。这意味着，可以在源文件中或在模块、类或结构内（但不能在过程中）声明 friend 变量。

3. Private

Dim 语句中的 Private 关键字声明变量仅可以从同一模块、类或结构内访问。以下代码显示了示例 Private 声明：

```
Private NumberForMeOnly As Integer
```

仅可以在模块、命名空间或文件级使用 Private。这意味着可以在源文件中或在模块、类或结构内（但不能在过程中）声明 private 变量。

注意：

在模块级，没有任何可访问性关键字的 Dim 语句与 Private 声明等效。但使用 Private 关键字能使代码更易于阅读和解释。

5.5.3 范围

变量的"范围"为一个代码集合，其中包括所有不用限定变量的名称即可引用它的代码，以及所有不必通过 Imports 语句使变量可用即可引用它的代码。变量可以具有下列范围级别之一。

（1）块范围：仅在声明变量的代码块内可用。

（2）过程范围：仅在声明变量的过程内可用。

（3）模块范围：可用于声明变量的模块、类或结构中的所有代码。

（4）命名空间范围：可用于命名空间中的所有代码。

这些范围级别从最窄的（块）直到最宽的（命名空间），其中"最窄的范围"是指不用限定即可引用变量的最小代码集。

在声明变量时指定变量的范围。范围取决于下列因素。

（1）声明变量的区域（块、过程、模块、类或结构）。

（2）包含变量声明的命名空间。

（3）为变量声明的可访问性。

在不同的范围内用相同的名称定义变量时要小心，因为这样做可能导致意外的结果。

5.6 综 合 应 用

输出 1 到 n 之间的自然数的所有的 n 级排列。例如：从 1 到 4 有 4 个自然数（1，2，3，4），它们的所有排列一共有 24（4! = 24）种 4 级排列，如图 5-9 所示。

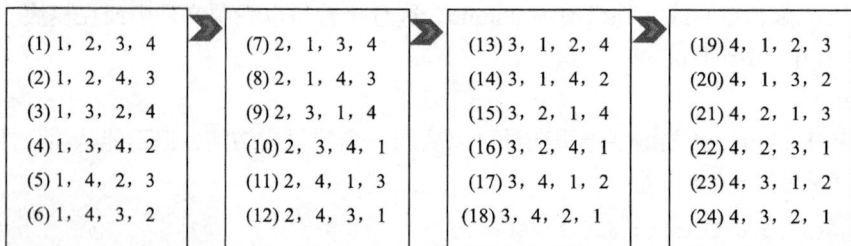

图 5-9 自然数（1，2，3，4）的 4 级排列状态

分析：

1．界面设计

根据数据的输入、输出（数据输出安排在输出窗口）及功能性要求，窗体设计如图 5-10 所示。

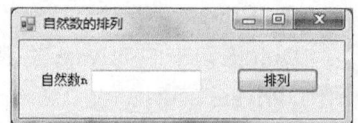

图 5-10 自然数的 n 级排列

2．代码设计

浏览图 5-9，可看出：从（1）到（24），是通过将较大的数逐渐左移，一步一步进行转换。每一个排列状态均是从前一个排列状态变化而来，实际上，这是一个将递增（升序）序列变为一个递减（递减）序列的过程。

正常情况下，例如：从（1）到（2），（3）到（4），（5）到（6），（7）到（8）等，其中（1）、（3）、（5）、（7）序列中的最后两个数（第 3 个位置和第 4 个位置）所组成的子序列不满足降序条件，因此，直接互换实现较大数左移，使这个子序列满足降序条件，从而过渡到下一个状态。

但是，从（2）到（3），（4）到（5），（6）到（7），（8）到（9）却不是简单的互换实现较大数的左移，我们分 3 种情况分析。

（1）从（2）到（3）、（4）到（5）：当序列位于状态（2）、（4）、（8）时，最后 2 个数是满足降序条件的，但最后 3 个数不满足降序条件，做两件事情：

① 将比倒数第 3 个数大 1 的数与倒数第 3 个数互换；

② 将最后 2 个数按升序排列。

（2）从（6）到（7）：当序列位于状态（6）时，最后 2 个数满足降序条件，最后 3 个数也满足降序条件，但最后 4 个数不满足降序条件，做两件事情：

① 将比倒数第 4 个数大 1 的数与倒数第 4 个数互换；

② 将最后 3 个数按升序排列。

（3）从（8）到（9）：当序列位于状态（8）时，最后 2 个数是满足降序条件的，但最后 3 个数不满足降序条件，做两件事情：

① 从序列中倒数第 3 个数右边的所有大于倒数第 3 个数的数中，选一个最小的那一个数与倒数第 3 个数互换；

② 将最后 2 个数按升序排列。

综合上述所有情况，从当前状态如何转换到下一状态，总结如下：从序列的当前状态的最右开始，逐渐向左检查不满足降序的子序列的起始位置 intPos。

（1）如 intPos 不为 0：

① 如 intPos 等于倒数第 2 个位置，则最后 2 个数直接互换；

② 在第 intPos 个位置的右边的所有大于第 intPos 个位置上数的数中，选一个最小的与第 intPos 个位置上的数互换，再将第 intPos 个位置的右边的所有数按升序排列。

（2）如 intPos 为 0，则回到初始状态 1，2，3，4。

每一次转换均是从当前状态开始，过渡到下一个状态。在本例中，用 Permutation 过程实现，每调用一次 Permutation 过程，用一个 Function 过程 isDescending 对子序列是否满足降序做出判断，代码如下：

```
Sub Permutation( ByVal arrData%( ) )
    Dim intPos% = arrData.Length-2, intSwapPos%, intTemporary%
    While isDescending(arrData, intPos)
        intPos-= 1
    End While
    If intPos <> 0 Then
        If intPos = arrData.Length-2 Then
            intTemporary = arrData(intPos)
            arrData(intPos) = arrData(intPos + 1)
            arrData(intPos + 1) = intTemporary
            Exit Sub
        End If
        intSwapPos =-1
        intTemporary = 1
        While intSwapPos < 0
      intSwapPos = Array.IndexOf(arrData, arrData(intPos) + intTemporary, intPos + 1)
            intTemporary += 1
        End While
        intTemporary = arrData(intPos)
        arrData(intPos) = arrData(intSwapPos)
```

```
                arrData(intSwapPos) = intTemporary
                Array.Sort(arrData, intPos + 1, arrData.Length-intPos-1)
        Else
                For intPos = 1 To arrData.Length-1
                    arrData(intPos) = intPos
                Next
        End If
    End Sub

    Function isDescending(ByVal arrData() As Integer, ByVal intStartPos%) As Boolean
        Dim intPos%
        Dim intMax%
        isDescending = True
        intMax = arrData(intStartPos)
        For intPos = intStartPos + 1 To arrData.Length-1
            If arrData(intPos) > intMax Then
                isDescending = False
                Exit Function
            End If
        Next
    End Function

    Private Sub btnPermutation_Click(ByVal sender As System.Object, ByVal e As System.
EventArgs) Handles btnPermutation.Click
        Dim intfactorial As long = 1
        Dim intCount, i, n As Integer
        n = Val(txtNaturalNumber.Text)
        Dim arrData(n) As Integer
        For i = 1 To n
            arrData(i) = i
            intfactorial *= i
        Next
        intCount = 1
        While intCount <= intfactorial
            Permutation(arrData)
            Console.Write("第 {0} 种排列: ", intCount)
            For i = 1 To arrData.Length-1
                Console.Write(arrData(i) & " ")
            Next
            Console.WriteLine()
            intCount += 1
        End While
    End Sub
```

思考:

（1）在 Permutation 过程中，当 intPos 为 0 时，为什么要过渡到初始状态?

（2）在 btnPermutation_Click 事件过程中，先计算 n 的阶乘 intfactorial，再判断从 1 开始的 n 个自然数的排列状态数 intCount 是否超过 intfactorial，从而结束循环，有没有更好的方法?

习　　题

1.　简述 Sub 过程与 Function 过程的共同点与不同之处。

2.　什么是形参？什么是实参？

3.　什么是值传递？什么是地址传递？什么是参数的按名传递？什么是参数的按序传递？

4.　在地址传递时，对实参有什么限制？

5.　对下面的两个模块，写出每个模块中各个变量的生存期、可访问性和范围。

```
Public pa%                      Public pb%
Private ma$                     Private mb$
Sub F1( )                       Sub F3( )
  Dim fa%                         Dim fa%
  …                               …
End Sub                         End Sub
Sub F2( )                       Sub F4( )
  Dim fb!, i%                     Dim fb!, i%
  for i=1 to 10                   for i=1 to 10
    dim x%                          dim x%
    …                               …
  next i                          next i
End Sub                         End Sub
```

6.　求一个日期所表示的某一天是当年的第几天。（用 Function 过程实现）

7.　分别写一个求 n 阶乘的 Function 过程和 Sub 过程。

8.　分别写一个将十进制数转化为二进制数的 Function 过程和 Sub 过程。

9.　分别写一个对一维数组求和的 Function 过程和 Sub 过程。

10.　利用迭代法求方程 $x^2 - a = 0$ 的近似值，要求精度为 10^{-4}。

提示：

迭代公式为

$$x_{i+1} = \frac{x_i + \dfrac{a}{x_i}}{2}$$

要求分别用 Function 过程、Sub 过程和递归过程实现。

11.　用递归过程求二阶 Fibonacci 数列的第 n 项。

提示：

$$\text{Fibonacci}(n) = \begin{cases} 1 & ,\text{当} n = 1 \text{或} n = 2 \\ \text{Fibonacci}(n-2) + \text{Fibonacci}(n-1) & ,\text{当} n > 2 \end{cases}$$

用户界面是用户与计算机之间交互并实现数据传送的系统部件，它是.Net 应用程序的重要组成部分。一个好的应用程序不仅要有强大的功能，还要有友好、实用的用户界面。本章主要介绍 VB.NET 用户界面设计中常用控件的相关知识。

6.1 RadioButton

RadioButton（单选按钮控件）为用户提供由两个或者多个互斥选项组成的选项集合，当用户选中一个按钮时，此单选按钮会变成选中状态，而其他选项按钮自动变成未选中状态。RadioButton 常用属性如表 6.1 所示。

表 6.1   RadioButton 常用属性

属　　性	功能说明
Name	单选按钮名称
Text	单选按钮上显示的文本
Checked	取值为 True 或者 False，用于表示当前单选按钮是否被选定
AutoChec	设为 True（默认值）时，将自动清除该组中所有其他单选按钮的选中状态
Appearance	用于设置单选按钮的外观，取值为 Normal（一般外观）和 Button（按钮外观）

RadioButton 常用的事件如表 6.2 所示。

表 6.2   RadioButton 常用的事件

事　　件	功能说明
Click	单击选项按钮时将触发该事件
CheckedChanged	该事件在单选按钮选择状态改变时触发

例 6.1 在窗体上绘制两个单选按钮（名称分别为 Opt1 和 Opt2，标题分别为 "1~300 之间的素数" 和 "301~500 之间的素数"），以及一个文本框 Text，名称为 txt1。

程序运行后，默认选择 Opt1，在 txt1 中显示 1~300 之间素数，如图 6-1 所示；单击单选按钮 Opt2 时在 txt1 中显示 301~599 之间素数。

```
Private Sub RadioButton1_CheckedChanged(ByVal sender As System.Object, ByVal e As
System.EventArgs) Handles Opt1.CheckedChanged
```

```
    Dim sta As Integer, s$, en%
      If Opt1.Checked Then
        sta = 1 : en = 300
      Else
        sta = 301 : en = 500
      End If
      s = ""
      For i = sta To en
        If isprime(i) = True Then s = s & i & " "
      Next i
      txt1.Text = s
    End Sub
    Function isprime(ByVal m%)
      If m < 2 Then isprime = False : Exit Function
      isprime = True
      For x = 2 To Math.Sqrt(m)
        If (m Mod x) = 0 Then isprime = False : Exit Function
      Next x
    End Function
```

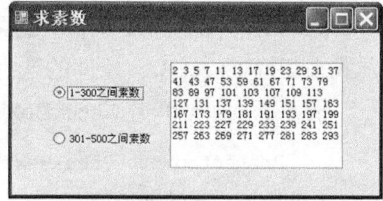

图 6-1　界面设计

6.2　CheckBox

CheckBox 称为复选框控件，也用于列举一系列选项供用户选择，用户一次可以选择多项，多个复选框可以同时存在但相互独立。其常用属性如表 6.3 所示。

表 6.3　　　　　　　　　　　　　　　CheckBox 常用属性

属　　性	功能说明
Name	复选框名称
Text	复选框上显示的文本
Checked	取值为 True 或者 False，用于表示当前复选框是否被选定
AutoCheck	设为 True（默认值）时，单击复选框 CheckBox 自动被选中或清除。否则，当 Click 事件发生时，必须手动设置 Checked 属性
Appearance	用于设置复选框的外观，取值为 Normal（一般外观）和 Button（按钮外观）
ThreeState	控制用户是否可以选择复选框的不确定状态，返回 True 和 False，当它设置为 True 时，CheckState 可能返回 CheckState.Indeterminate。在这种"不确定状态"下，复选框以浅灰色显示，以表示该选项不可用
CheckState	Unchecked　　　值为 0　未选中 Checked　　　　值为 1　选中 Indeterminate　值为 2　不确定，此时复选框呈灰色

CheckBox 常用的事件如表 6.4 所示。

表 6.4　　　　　　　　　　　　　　　CheckBox 常用的事件

事　　件	功能说明
Click	单击选项按钮时将触发该事件
CheckedChanged	该事件在复选框选择状态改变时触发

在键盘上使用 Tab 键并按 SpaceBar 键，由此将焦点转移到 CheckBox 控件上，这时也会触发 CheckBox 控件的 Click 事件。也可以在 Text 属性的一个字母之前添加连字符，创建一个键盘快捷方式来切换 CheckBox 控件的选择。

例 6.2 每次单击 CheckBox 控件时都将改变其 Text 属性以指示选定或未选定状态：

```
Protected Sub CheckBox1_Click(ByVal sender As Object, ByVal As_System.EventArgs)_
Handles CheckBox.Click
    If CheckBox1.CheckState=CheckState.Checked Then
        CheckBox1.Text="Checked"
    ElseIf CheckBox1.CheckState=CheckState.UnChecked Then
        CheckBox1.Text="UnChecked"
    End If
End sub
```

注意：

如果双击 CheckBox 控件，则将双击当作两次单击，而且分别处理两次单击，即 CheckBox 控件不支持双击事件。

6.3 ListBox

ListBox（列表框）控件通过显示多个选项供用户选择，以达到与用户对话的目的。如果项目数超过了列表框可显示的数目，控件上将自动出现滚动条。这时用户可在列表中上、下、左、右滚动。其常用属性如表 6.5 所示。

表 6.5　　　　　　　　　　　　　　　　　ListBox 常用属性

属　　性	功能说明
Items	列表框中选中列表项的集合。Items 是一个用于保存选项的字符数组，列表框中的每一个列表项都是该数组中的一个元素
Sorted	设置是否对列表框中的各项进行排序。默认为 False，即按照加入列表时的先后顺序排列，如果为 True，则按照字母或数字升序排列
SelectionMode	None：不能在列表框中选择 One：只能选择一项，选择另一项时将自动取消对前一项的选择（默认值） MultiSimple：简单多选，可用鼠标和空格键选择或释放 MultiExtended：扩展多选，可用鼠标配合 Shift 和 Ctrl 键来进行选择
SelectedIndex	返回被选中选项的索引值（整数），如果没有选项被选中时为-1，如果选定了列表中的第一项，则该属性值为 0，当选定多项时，SelectedIndex 值反映列表中最先出现的列表项
SelectedItem	返回列表框中被选定项的内容，通常是字符串值
Text	在单选模式下表示被选定项的文本，在多选模式下表示最后一次选定项的文本。注意：该属性是只读属性
Items. Count	组合框中列表的项数（整数值）。因为 Items 属性下标从 0 开始，所以 Count 属性的值通常比最后一项的下标值大 1

注意：当 ListBox 的 SelectionMode 的属性值为 MultiSimple 或 MultiExtended 时，SelectedIndex 返回的是选中的最小索引，SelectedItem 返回的是选中的索引值最小的选项值。

ListBox 常用的事件如表 6.6 所示。

表 6.6　　　　　　　　　　　　　　　　ListBox 常用的事件

事　件	功能说明
Click	鼠标单击列表框时触发
DoubleClick	双击列表框时触发
SelectedIndexChanged	列表框中选定项发生变化时触发
SelectedValueChanged	在列表框中选择不同文本内容时触发

ListBox 常用的方法如表 6.7 所示。

表 6.7　　　　　　　　　　　　　　　　ListBox 常用的方法

方　法	功能说明
Items.Clear	用于删除列表框中的所有项目
Items.Add	向列表框的尾部添加一项（必须是字符型）
Items.Insert	在列表框的指定位置插入一项，插入的位置不能超过列表框中已有项的最大下标值，否则出错
Items.Remove	删除列表框中指定内容的列表项
Items.RemoveAt	删除列表框中指定位置的列表项

1. 向列表框中添加项目

向列表框中添加项目可以使用 Items. Insert 方法，其语法如下：

（1）ListboxName. Items. Insert （下标，"添加项内容"）

其中 ListboxName 是列表框的名称，"添加项内容"必须是字符型数据。"下标"指定在列表中插入新项目的位置。"下标"为 0 表示第 1 个位置。

（2）ListboxName.Items.Add（"添加项内容"）

在列表框的当前位置添加项目。

例：

```
ListBox1. Items.Insert (0, "Germany")
ListBox1. Items.Insert (1, "India")
ListBox1. Items.Insert (2, "France")
ListBox1. Items.Insert (3, "USA")
ListBox1. Items.Add("China")
```

运行结果如图 6-2 所示。

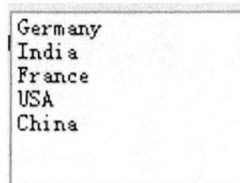

```
Germany
India
France
USA
China
```

图 6-2　运行结果

2. 从列表中删除项目

从列表中删除项目可用下面的语法：

（1）ListboxName.Items.Remove（选项）

例如：Listbox1.Items.Remove("USA")表示删除列表框中内容为"USA"的项目。

（2）ListboxName.Items.RemoveAt（下标）

例如：Listbox1.Items.RemoveAt（3）　　在上例中删除列表框中的第 4 项。

（3）Listbox1.Items.Clear()　　删除列表框中的所有项。

3. 通过 Text 属性获取列表内容

通常，获取当前选定项目值的最简单方法是使用 Text 属性。Text 属性总是对应用户在运行时选定的列表项目。例如，下列代码在用户从列表框中选定 Canada 时在文本框中显示有关加拿大人口的信息：

```
Public Sub Listbox1_DoubleClick(ByVal sender As object, ByVal e As System.EventArgs)
    If  Listbox1.Text="Canada" Then
        Textbox1.Text="Canada has 27 million people."
    End If
End Sub
```

4. 用 Items 属性访问列表项目

可用 Items 属性访问列表的全部项目。此属性包含一个数组，列表框中的每个项目都是该数组的元素。每个项目必须以字符串形式表示。引用列表的项目时应使用如下语法：

```
ListboxName.Items（索引值）
```

"索引值"是项目的位置。顶端项目的索引值为 0，接下来的项目索引为 1，依次类推。例如，下列语句在一个文本框中显示列表的第 3 个项目：

```
Textbox1.Text = Listbox1.Items（2）
```

5. 用 SelectedIndex 属性判断位置

如果要知道列表中已选定项目的位置，则用 SelectedIndex 属性。此属性只在运行时可用，它设置或返回控件中当前选定项目的索引值。设置列表框的 SelectedIndex 属性也将触发控件的 click 事件。

如果选定第 1 个（顶端）项目，则 SelectedIndex 的属性值为 0，如果选定下一个项目，则属性的值为 1，依次类推。若未选定项目，则 SelectedIndex 值为-1。

6. 使用 Count 属性返回项目数

为了得到列表框中项目的数目，应使用 Count 属性。列表框中的项目个数为：ListBoxName.Items.Count – 1

例 6.3 创建一个添加或删除歌手名的应用程序，如图 6-3 所示。

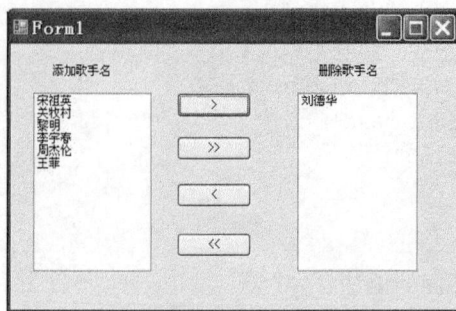

图 6-3　添加或删除歌手名应用程序

要求：在窗体上有两个列表框，左列表框（LstLeft）罗列了一些歌手名字，右列表框（LstRight）初始状态为空；单击">"按钮（CmdAdd），可以将左列表框中的指定选项移动到右边列表框；单击">>"按钮（CmdAddall），可以将左列表框中所有的内容搬到右列表框中；单击"<"按钮（CmdDelete），可以将右列表框中选定的表项移动到左列表框中；单击"<<"按钮（CmdDeleteAll），可以将右列表框中的所有内容移动到左列表框中。

1. 界面设计

设置各控件属性如表 6.8 所示。

表 6.8　　　　　　　　　　　　　　　　ListBox1 常用属性

控 件 名	Name 属性	Text 属性	Style 属性
Label1		添加歌手名	
Label2		删除歌手名	
ListBox1	LstLeft		0
ListBox2	LstRight		0
Button1	cmdAdd		
Button1	cmdAddall		
Button1	cmdDelete		
Button1	cmdDeleteAll		

2. 代码设计

（1）窗体的载入事件（Form1_Load）：

```
Private Sub Form1_Load(ByVal sender As System.Object, ByVal e As System.EventArgs)
Handles MyBase.Load
        LstLeft.Items.Add("刘德华")
        LstLeft.Items.Add("宋祖英")
        LstLeft.Items.Add("关牧村")
        LstLeft.Items.Add("黎明")
        LstLeft.Items.Add("李宇春")
        LstLeft.Items.Add("周杰伦")
        LstLeft.Items.Add("王菲")
    End Sub
```

（2）向右添加一选中项按钮的单击事件（CmdAdd_Click）：

```
Private Sub cmdAdd_Click(ByVal sender As System.Object, ByVal e As System.EventArgs)
Handles cmdAdd.Click
    If LstLeft.SelectedIndex >= 0 Then
        LstRight.Items.Add(LstLeft.Items(LstLeft.SelectedIndex))
LstLeft.Items.Remove(LstLeft.Items(LstLeft.SelectedIndex))
    Else
        MsgBox("请选择歌手名!")
    End If
End Sub
```

（3）向右添加所有项按钮的单击事件（CmdAddall_Click）：

```
Private Sub cmdAddall_Click(ByVal sender As System.Object, ByVal e As System.EventArgs)
Handles cmdAddall.Click
    For i = 0 To LstLeft.Items.Count - 1
        LstRight.Items.Add(LstLeft.Items(i))
    Next i
    LstLeft.Items.Clear()
End Sub
```

（4）向左添加一选中项按钮的单击事件（CmdDelete_Click）：

```
Private Sub cmdDelete_Click(ByVal sender As System.Object, ByVal e As System.EventArgs)
```

```
Handles cmdDelete.Click
        If LstRight.SelectedIndex >= 0 Then
            LstLeft.Items.Add(LstRight.Items(LstRight.SelectedIndex))
LstRight.Items.Remove(LstRight.Items(LstRight.SelectedIndex))
        Else
            MsgBox("请选择歌手名")
        End If
    End Sub
```

（5）向左添加所有项按钮的单击事件（CmdDeleteAll_Click）：

```
Private Sub cmdDeleteAll_Click(ByVal sender As System.Object, ByVal e As System.
EventArgs) Handles cmdDeleteAll.Click
    For i = 0 To LstRight.Items.Count - 1
        LstLeft.Items.Add(LstRight.Items(i))
    Next i
    LstRight.Items.Clear()
End Sub
```

例 6.4 设计一个由计算机自动出题的四则运算测试器，要求计算机自动产生一系列 10～30 的操作数和运算符，用户输入该题的答案，单击"确定"按钮，计算机判断该答案是否正确，单击"计分"按钮给出测试成绩。

1. 界面设计

在窗体上分别添加一个 Label、TextBox、ListBox 和两个按钮，其中 Button1.Text＝"确定"，Button2.Text＝"计分"，如图 6-4 所示。

2. 代码设计

（1）定义变量：

```
Inherits System.Windows.Forms.Form
Dim num1, num2 As Integer          '存放操作数
Dim strExp As String               '存放题目
Dim result As Single               '存放计算结果
Dim Nok, Nerror As Integer         '存放对错题数
```

图 6-4　界面设计

（2）利用随机函数产生操作数（范围 10～30），运算符 1～4 分别代表+、-、*、/。表达式的产生通过 Form1_Load 事件过程实现。

```
Private Sub Form1_Load(ByVal sender As System.Object, ByVal e As System.EventArgs)
Handles MyBase.Load
    Dim Nop As Integer
    Dim Op As String
    num1 = CInt(10 * Rnd() + 10)
    num2 = CInt(10 * Rnd() + 20)
    Nop = CInt(1 + 4 * Rnd())
    Select Case Nop
        Case 1
            Op = " + " : result = num1 + num2
        Case 2
            Op = " - " : result = num1 - num2
        Case 3
            Op = " * " : result = num1 *num2
        Case 4
            Op = " / " : result = num1 / num2
    End Select
    strExp = num1 & Op & num2 & "="
    Label1.Text = strExp
End Sub
```

（3）判断该答案是否正确。

```
Private Sub Button1_Click(ByVal sender As System.Object, ByVal e As System.EventArgs)
andles Button1.Click
      If Val(TextBox1.Text) = result Then
          ListBox1.Items.Add(strExp & result & Space(4) & "True")
          Nok += 1
      Else
          ListBox1.Items.Add(strExp & result & Space(4) & "False")
          Nerror += 1
      End If

      Form1_Load(Me, e)
      TextBox1.Text = ""
      Me.ActiveControl = TextBox1

End Sub
```

（4）给出测试成绩。

```
Private Sub Button2_Click(ByVal sender As System.Object,
ByVal e As System. EventArgs) Handles Button2.Click
      ListBox1.Items.Add("---------------------------")
      ListBox1.Items.Add("一共计算" & (Nok + Nerror) & "道题")
      ListBox1.Items.Add("得分: " & CInt(Nok / (Nok + Nerror)
      * 100) & "分")
End Sub
```

3. 运行程序

按 "F5" 键，运行界面如图 6-5 所示。

图 6-5　运行结果

6.4　CheckedListBox

CheckedListBox（复选列表框）控件是 ListBox 控件的派生控件，它继承了 ListBox 控件的很多方法和属性，几乎可以实现 ListBox 控件可以完成的所有功能，并且还可以在列表项的旁边显示复选标记。CheckedListBox 的常用属性如表 6.9 所示。

表 6.9　　　　　　　　　　　　　Checked ListBox 常用属性

属　　　性	功能说明
Items	复选列表框中复选框选中项的集合
CheckOnClick	指示是否只要一选择项就切换复选框。默认行为是在首次单击时更改选定内容，然后让用户再次单击以应用选中标记。但在某些情况下，可以设置为 True，实现鼠标单击选项就选中它
GetItemChecked(index)	返回指定项是否被选中的值。如果选中该项，则为 True ，否则为 False

Click、DbClick 和 SelectedIndexChanged 事件是 CheckedListBox 常用的事件，其意义及使用方法与 ListBox 相同。

由于 CheckedListBox 的用法和 ListBox 相似，下面通过几个例子说明 CheckedListBox 方法的功能。

1．添加项目

（1）设计时添加项目。

通过设置 CheckedListBox 控件属性窗口的 Items 属性还可在设计时向列表添加项目。在选定了 Items 属性选项并单击时，弹出"字符串集合编辑器"，可输入列表项目并按 Enter 换行。只能在列表末端添加项目。所以，如果要将列表按字母顺序排序，则应将 Sorted 属性设置成 True。

（2）用代码添加项目。

```
CheckedListBox1.Items.Add("China ", True)    '添加一个名为"China"的项，且复选框为选中状态
CheckedListBox1.Items.Add("USA", False)      '添加一个名为"USA"的项，且复选框为未选中状态
CheckedListBox1.Items.Insert(1, "Germany")   '在列表框的第2行添加一个名为"Germany"的项，
                                             '且复选框为未选中状态
```

代码运行结果如图 6-6 所示。

2．删除项目

```
CheckedListBox1.Items.Remove(CheckedListBox1.SelectedItem)
                        '删除 CheckedListBox 中选中的项
CheckedListBox1.Items.RemoveAt(0)    '删除索引指定的项（列表的第一项）
CheckedListBox1.Items.Clear()        '删除所有项
```

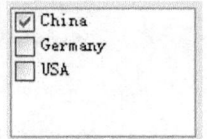

图 6-6　运行结果

3．确定 CheckedListBox 控件中已选中的项

当显示 CheckedListBox 控件中的数据时，可以循环访问 CheckedItems 属性中存储的集合，也可以使用 GetItemChecked 方法一一检查列表，确定所选中的项。

GetItemChecked 方法采用项的索引号作为参数，并返回 True 或 False。SelectedItems 和 SelectedIndices 属性并不确定哪些项目已选中，它们只指示哪些项目为突出显示。CheckedItems 集合是从 0 开始的。设置第 3 个项目的 Checked 属性为"True"，可以用以下语句：

```
CheckedListBox1.SetItemChecked(2, True)
```

6.5　ComboBox

ComboBox 称为组合框，它是将文本框和列表框的功能结合在一起的控件。默认情况下，组合框分两个部分显示：顶部是一个允许用户键入列表项的文本框，下面部分是一个列表框，它显示一个多项的列表，当用户从中选定某项后，该项内容自动装入文本框中。ComboBox 属性如 Items、Sorted、SelectedIndex、SelectedItem、Items. Count、Text 与 ListBox 控件的对应属性相同，表 6.10 介绍了 ComboBox 与 ListBox 不同的属性。

表 6.10　ComboBox 属性

	属　性	功能说明
SelectionMode	Text	组合框中被选中的列表项或者输入的文本
SelectedIndex	DropDownStyle	Simple（简单组合框）布局上相当于文本框与列表框的组合 DropDown（一般组合框）既可以单击下拉箭头进行选择，也可以在文本框中直接输入 DropDownList（下拉列表框）只能通过单击下拉箭头进行选择
	Items.Count	组合框中列表的项数（整数值）

ComboBox 常用的事件如表 6.11 所示。

表 6.11　　　　　　　　　　　　　ComboBox 常用的事件

事　件	功能说明
Click	鼠标单击列表框时触发
SelectedIndexChanged	组合框中选择项发生变化时触发

ComboBox 常用的方法如表 6.12 所示。

表 6.12　　　　　　　　　　　　　ComboBox 常用的方法

方　法	功能说明
Items.Clear	删除组合框中的所有项目
Items.Add	向组合框的尾部添加一项
Items.Remove	删除组合框中指定的一项
Items.RemoveAt	删除组合框中指定位置的列表项

例 6.5　使用组合框的连动效果，在列表框中显示用户选中的省份和城市，如图 6-7 所示。

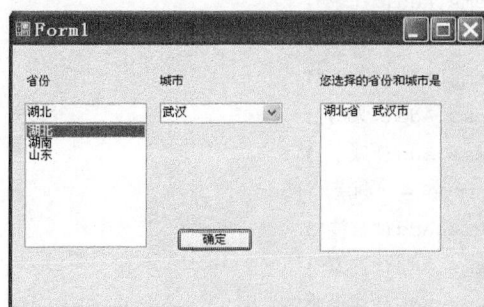

图 6-7　组合框应用

1.　界面设计

在窗体上添加 2 个组合框、3 个标签、1 个列表框和 1 个按钮。设置属性如表 6.13 所示。

表 6.13　　　　　　　　　　　　　属性设置

控　件　名	Name 属性	Text 属性	DropDownStyle 属性
ComboBox1	cmbCity		Simple
ComboBox2	cmbProvince		DropDownList
Label1	Label1	"省份"	
Label2	Label2	"城市"	
Label3	Label3	"您选择的省份和城市是"	
Button1	Button1	"确定"	
ListBox1	ListBox1	""	

2.　代码设计

编写窗体的 Load()事件、cmbProvince_SelectedIndexChanged()事件和 Button1_Click()事件过程代码如下：

```
Public Class Form1
```

```
    Private Sub Form1_Load(ByVal sender As System.Object, ByVal e As System.EventArgs)
Handles MyBase.Load
        '清空列表框
        ListBox1.Text = ""
        '在 cmbProvince 列表框中添加 3 个省份
        cmbProvince.Items.Add("湖北")
        cmbProvince.Items.Add("湖南")
        cmbProvince.Items.Add("山东")
    End Sub
    Private Sub cmbProvince_SelectedIndexChanged(ByVal sender As System.Object, ByVal e
As System.EventArgs) Handles cmbProvince.SelectedIndexChanged
        '清空组合框
        cmbCity.Items.Clear()
        cmbCity.Text = ""
        '获取省份组合框中的选项
        Dim strProvince As String = cmbProvince.SelectedItem.ToString().Trim()
        '判断省份，并添加城市组合框中的选项
        If strProvince = "湖北" Then
            cmbCity.Items.Add("江城")
            cmbCity.Items.Add("宜昌")
            cmbCity.Items.Add("黄石")
            cmbCity.Items.Add("天门")
            cmbCity.Items.Add("咸宁")
        ElseIf strProvince = "湖南" Then
            cmbCity.Items.Add("长沙")
            cmbCity.Items.Add("湘潭")
            cmbCity.Items.Add("韶山")
            cmbCity.Items.Add("岳阳")
        Else
            cmbCity.Items.Add("济南")
            cmbCity.Items.Add("青岛")
            cmbCity.Items.Add("烟台")
            cmbCity.Items.Add("威海")
        End If
    End Sub
    Private Sub Button1_Click(ByVal sender As System.Object, ByVal e As System.
EventArgs) Handles Button1.Click
        ListBox1.Items.Clear()
        ListBox1.Items.Add(cmbProvince.Text & "省 " & cmbCity.Text & "市")
    End Sub
End Class
```

6.6　GroupBox 和 Panel

GroupBox（分组）控件和 Panel（面板）控件可以在界面设计中将相关的窗体元素进行可视

化分组、编程分组（如对单选按钮进行分组）或者在设计时将多个控件作为一个单元来移动。其区别是：GroupBox 控件可以显示标题，Panel 控件可以有滚动条；GroupBox 控件有 Text 属性来标记自己，而 Panel 控件没有 Text 属性来标记自己，所以我们一般可以在它的上面添加一个 Label 控件来标记它。

6.6.1 GroupBox

GroupBox 是容器控件。使用该控件可以使用户界面变得更加友好（GroupBox 控件相当于 Visual Basic 以前版本的 Frame 控件）。通过它可以将一个窗体中的各种功能进一步进行分类，在大多数情况下，对 GroupBox 控件没有实际的操作。我们用它对控件进行分组，通常没有必要响应它的事件。不过，它的 Name、Text 和 Font 等属性可能会经常被修改，以适应应用程序在不同阶段的要求。其常用属性如表 6.14 所示。

表 6.14　　　　　　　　　　　　　　GroupBox 常用属性

属　　性	功能说明
Text	组合框左上角显示的标题文字
Font	设置字体和字号
ForeColor	设置字体颜色

1. 在窗体中添加一个 GroupBox 控件

在使用控件组控件给其他控件分组的时候，首先绘出 GroupBox，然后再绘制它内部的其他控件，其他的控件以这个控件组控件为容器，在移动控件组的时候，就可以同时移动包含在 GroupBox 中的控件了。

2. 在 GroupBox 内部控制控件

要将控件加入到 GroupBox 中，只需将它们绘制在 GroupBox 控件的内部即可。如果将控件绘制在 GroupBox 之外，或者在向窗体添加控件的时候使用了双击方法，再将它移动到 GroupBox 内，那么这些控件也将从属于这个 GroupBox。这也是 VB.NET 中的 GroupBox 区别于以前版本的 Frame 的地方。

例 6.6　创建如图 6-8 所示的应用程序。如果单击"OK"按钮，则在文本框中显示用户选择的配置。

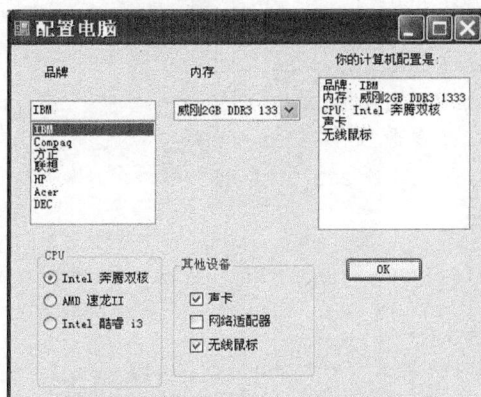

图 6-8　GroupBox 应用

1. 界面设计

在窗体上添加复选框、标签、单选按钮各 3 个，组合框、分组控件各 2 个，命令按钮 1 个。将添加的控件属性设置成如表 6.15 所示。

表 6.15　　　　　　　　　　　　　　控件属性设置

控 件 名	Name 属性	Text 属性	DropDownStyle 属性
CheckBox1	Check1	声卡	
CheckBox2	Check2	网络适配器	
CheckBox3	Check3	无线鼠标	
Label1	——	品牌	
Label2	——	内存	
Label3	——	你的计算机配置是：	
ListBox1	——		
ComboBox1	——		Simple
ComboBox2	——		DropDownList
RadioButton1	Option1	Intel 奔腾双核	
RadioButton2	Option2	AMD 速龙 II	
RadioButton3	Option3	Intel 酷睿 i3	
GroupBox1	——		
GroupBox2	——		
Button1	——	OK	

2. 添加代码

```
Private Sub Form1_Load(ByVal sender As System.Object, ByVal e As System.EventArgs)
Handles MyBase.Load
     ComboBox1.Items.Add("IBM")
     ComboBox1.Items.Add("Compaq")
     ComboBox1.Items.Add("方正")
     ComboBox1.Items.Add("联想")
     ComboBox1.Items.Add("HP")
     ComboBox1.Items.Add("Acer")
     ComboBox1.Items.Add("DEC")
     ComboBox2.Items.Add("宇瞻 1GB DDR3 1333")
     ComboBox2.Items.Add("威刚 2GB DDR3 1333")
     ComboBox2.Items.Add("芝奇 DDR3 1333 2G")
     ComboBox2.Items.Add("金士顿 2GB DDR3 1333")
End Sub

Private Sub Button1_Click(ByVal sender As System.Object, ByVal e As System.EventArgs)
Handles Button1.Click
     ListBox1.Items.Clear()
     ListBox1.Items.Add("品牌: " & ComboBox1.Text)
     ListBox1.Items.Add("内存: " & ComboBox2.Text)
     If Option1.Checked Then
         ListBox1.Items.Add("CPU: " & Option1.Text)
```

```
    ElseIf Option2.Checked Then
        ListBox1.Items.Add(Option2.Text)
    Else
        ListBox1.Items.Add(Option3.Text)
    End If
    If Check1.Checked Then
        ListBox1.Items.Add(Check1.Text)
    End If
    If Check2.Checked Then
        ListBox1.Items.Add(Check2.Text)
    End If
    If Check3.Checked Then
        ListBox1.Items.Add(Check3.Text)
    End If
End Sub
```

6.6.2 Panel

Panel 也是一个容器控件，除了可用来包含其他控件，也可用来组合控件。Panel 控件的常用属性如表 6.16 所示。

表 6.16   Panel 的常用属性

属　　性	功能说明
BorderStyle	Panel 控件的边框样式 （1）BorderStyle.None（默认）：无边框 （2）BorderStyle.Fixed3D：三维边框 （3）BorderStyle.FixedSingle：单行边框
AutoScroll	当控件超出 Panel 显示的区域时，是否自动出现滚动条，默认为 False

例 6.7 在窗体上设置两个 Panel 控件，分别用 2 个 Label 控件来标记它们，一个 Panel 控件中放置所需的 RadioButton 控件，另一个 Panel 控件中放置所需的 CheckBox 控件，如图 6-9 所示。

注意：两个 Panel 控件的 AutoScroll 属性都设置为 True。

当拖动单个 Panel 控件的时候，它内部的控件也会随着移动，以保持和 Panel 的相对位置不变。同理，删除 Panel 控件时，它所包含的所有控件也会被删除掉。

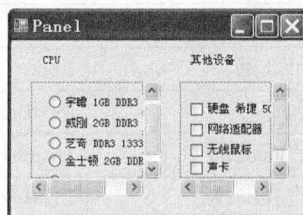

图 6-9　Panel 控件应用

6.7　HScrollBar 和 VScrollBar

VB.NET 的滚动条有两个：HscrollBar（水平滚动条）和 VscrollBar（垂直滚动条。使用它们可以在应用程序的窗体或控件容器中实现水平或垂直滚动。其常用属性如表 6.17 所示。

表 6.17   HScrollBar 和 VScrollBar 的常用属性

属　　性	功能说明
Value	滑块在当前滚动条中的位置（在用户所设置的 "Minimum" 和 "Maximum" 之间），默认为 0，当更改 Value 时会引发 ValueChanged 事件

续表

属　　性	功能说明
Maximum	滑块在当前滚动条最右端的位置值，默认值为 100
Minimum	滑块在当前滚动条最左端的位置值，Minimum 的值不能大于 Maximum 的值
LargeChange	单击滚动条空白区域时，LargeChange 属性值随之改变，默认值为 10
SmallChange	单击滚动条两端箭头时，SmallChange 属性值随之改变

滚动条的常用事件如表 6.18 所示。

表 6.18　　　　　　　　　　HScrollBar 和 VScrollBar 的常用事件

属　　性	功能说明
Scroll	当在滚动条内拖动滑块或单击滚动条两端箭头时触发

例 6.8　创建一个应用程序，当水平滚动条（HsbShow）的滚动块发生位移时，下面的显示标签（LblShow）自动显示滚动条当前的值；当垂直滚动条（VsbShow）的滚动块发生位移时，下面的显示文本框（TextBox1.Text）自动显示垂直滚动条当前的值。如图 6-10 所示。

1. 界面设计

在窗体上添加 1 个水平滚动条、1 个垂直滚动条、2 个标签和 1 个文本框。设置其属性如表 6.19 所示。

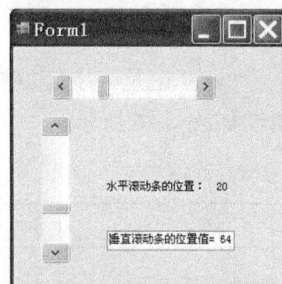

图 6-10　滚动条应用

表 6.19　　　　　　　　　　　　属性设置

控 件 名	Name 属性	Text 属性	Minimum 属性	Maximum 属性
HScrollBar1	Hsb1		0	100
VscrollBar1	Vsb1		0	100
Label1	Lbl1	"水平滚动条的位置："		
Label2	Lbl2	""		
TextBox1	TextBox1	""		
Button1	Button1	"确定"		
ListBox1	ListBox1	""		

2. 代码设计

编写 hsb1_Scroll()和 vsb1_Scroll()事件过程代码如下：

```
Public Class Form1
    Private Sub hsb1_Scroll(ByVal sender As System.Object, ByVal e As System.
Windows.Forms.ScrollEventArgs) Handles hsb1.Scroll
        lbl2.Text = hsb1.Value
    End Sub
    Private Sub vsb1_Scroll(ByVal sender As System.Object, ByVal e As System.Windows.
Forms.ScrollEventArgs) Handles vsb1.Scroll
        TextBox1.Text = "垂直滚动条的位置值= " & vsb1.Value
    End Sub
End Class
```

6.8　ProgressBar

ProgressBar 又称进度条控件，它是一个应用很广的控件，可以在需要执行较长的程序过程中使用它来指示当前任务执行的进度，如果这样的过程中没有视觉提示，用户可能会认为应用程序不响应。通过在应用程序中使用 ProgressBar，可以告诉用户应用程序正在执行任务且仍在响应。ProgressBar 控件常用属性如表 6.20 所示。

表 6.20　　　　　　　　　　　　　　ProgressBar 的常用属性

属　　性	功能说明
Maximum	进度条可变化的最大值
Minimum	进度条可变化的最小值
Step	调用 PerformStep 方法时增加的步长
Value	进度条当前的位置值

滚动条的常用方法如表 6.21 所示。

表 6.21　　　　　　　　　　　　　　ProgressBar 的常用方法

方　　法	功能说明
PerformStep	按照 Step 属性的数量递增进度栏的当前位置
Increment	按指定的数量增加进度栏的当前位置

例 6.9　在窗体上放置 1 个 ProgressBar、Timer、GroupBox、Label 控件和 3 个 Button 控件，当单击"递增 1"按钮时，进度条的滑块以每次递增 1 的速度从最左端滑向最右端；每单击"递增 15"按钮一次，进度条的滑块以每次递增 15 的速度从最左端滑向最右端；当单击"按输入值递增"按钮时，系统出现一输入消息框，输入消息框的默认值为 15（或由用户自己在输入消息框中输入一值），单击"确定"按钮后，程序将根据输入消息框的值递增。

1．界面设计

设置控件的属性：ProgressBar1.Minimum = 0，ProgressBar1.Maximum = 100，Label1.Text= ""，Button1.Text="递增 1"，Button2.Text="递增 15"，Button3.Text="按输入值递增"，GroupBox1.Text= "进度条演示"。程序界面如图 6-11 所示。

2．代码设计

（1）在"递增 1"的按钮 Click 事件中添加如下代码：

```
Private Sub Button1_Click(ByVal sender As System.Object,
ByVal e As System.EventArgs) Handles Button1.Click
    Dim i As Integer = 0
    ProgressBar1.Value = 0
    For i = 1 To 100
        ProgressBar1.Value += 1
        System.Threading.Thread.Sleep(100)    '每隔 100ms 递增 1
    Next
End Sub
```

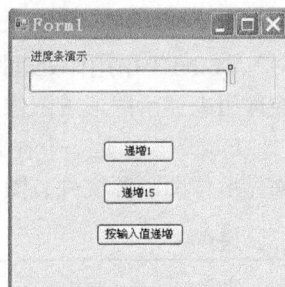

图 6-11　窗体设计

（2）在"递增 15"按钮 Click 事件中添加如下代码：

```
Private Sub Button2_Click(ByVal sender As System.Object, ByVal e As System.EventArgs)
Handles Button2.Click
        Dim i As Integer = 0
        ProgressBar1.Step = 15
        ProgressBar1.PerformStep()
        If ProgressBar1.Value >= ProgressBar1.Maximum Then
            ProgressBar1.Value = 0
        End If
    End Sub
```

（3）在"按输入值递增"按钮 Click 事件中添加如下代码：

```
Private Sub Button3_Click(ByVal sender As System.Object, ByVal e As System.EventArgs)
Handles Button3.Click
        Dim i As Integer = CInt(InputBox("输入要增加的量", , "15"))
        ProgressBar1.Increment(i)
    End Sub
```

（4）单击进度条时执行的代码：

```
Private Sub ProgressBar1_Click(ByVal sender As System.Object, ByVal e As System.
EventArgs) Handles ProgressBar1.Click
        Timer1.Enabled = True
    End Sub
```

（5）计时器工作时执行的代码：

```
Private Sub Timer1_Tick(ByVal sender As Object, ByVal e
As System.EventArgs) Handles Timer1.Tick
        ProgressBar1.PerformStep()    '按 step 值步进
        ProgressBar1.Increment(15)    '按指定值步进
        If ProgressBar1.Value >= ProgressBar1.Maximum Then
ProgressBar1.Value = 0
        Label1.Text = ProgressBar1.Value
    End Sub
```

3. 运行程序

单击"F5"键，程序运行后，单击"递增 1"按钮时的运行界面如图 6-12 所示。

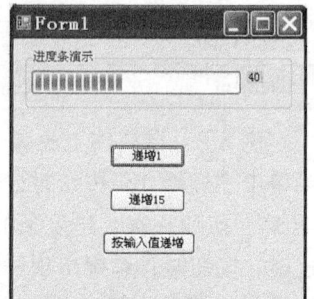

图 6-12　单击"递增 1"按钮时的运行结果

6.9　PictureBox

VB.NET 中用作处理图形图像的控件有两个：PictureBox 和 ImageList。PictureBox（图片箱）控件用来显示图形或图像，ImageList 控件用于存储图形或图像。

PictureBox 是一个容器控件，位于 System.Windows.Forms 的命名空间内，通常使用 PictureBox 来显示位图、源文件、图标、JPEG、GIF 或 PNG 文件中的图形，其主要属性如表 6.22 所示。

表 6.22　　　　　　　　　　　　　PictureBox 常用属性

属　　性	功能说明
Width 和 Height	获取或设置图片框控件的宽度和高度，它们集成了 Size 属性，其度量单位由存放此控件的容器来决定。如放在窗体上的是 PictureBox 控件，则其单位为像素。可以通过属性设计器或代码来设置图片框的大小

续表

属　　性	功能说明
Left 和 Top	设置或获取图片框在容器内的位置，以容器的坐标系统表示。Left 用来设置或获取图片控件左边框相对于容器工作区左边框的距离（通常以像素为单位）；Top 用来设置或获取图片控件上边框相对于容器工作区顶部的距离（通常以像素为单位）。改变这两个属性的值时，控件的位置将发生变化。在属性窗口可通过 Location 的 X 与 Y 设定
ImageLocation	属性用来获取或设置要在 PictureBox 中显示的图像的路径，此功能为.NET Framework 新增的功能
BackColor	获取或设置 PictureBox 控件的背景色
BackgroundImage	获取或设置 PictureBox 控件显示的背景图像
Image	获取或设置 PictureBox 显示的图像。它支持显示的图像文件格式包括:.bmp、.ico、.gif 、.wmf 或.emf.、jpg 或.jpeg、.png
SizeMode	显示图像的模式。 （1）Normal（默认值）：图片置于 PictureBox 的左上角，凡是因过大而不适合 PictureBox 的任何图像部分都将被剪裁掉 （2）StretchImage：将图像拉伸，以便适合 PictureBox 的大小 （3）AutoSize：使控件调整大小，以便总适合图像的大小 （4）CenterImage：使图像居于工作区的中心

PictureBox 的常用方法如表 6.23 所示。

表 6.23　　　　　　　　　　　　　　　　PictureBox 常用方法

方　　法	功能说明
FromFile	在 PictureBox 控件的 Image 属性中加载图形文件

在设计时，从"属性"窗口中选定并设置 Image，单击右侧的"⌷⌷⌷"按钮，系统出现"选择资源"对话框，在对话框中单击"导入按钮"，就可将图片加载到 PictureBox 控件中，如图 6-13 所示。

也可在运行时为 PictureBox 控件的 Image 属性加载图形文件，语句格式如下：

```
PictureBoxName.Image=Image.FromFile("FilePath")
```

FilePath 为要加载的图片的完整文件路径。

如果需要删除 PictureBox 控件中已经加载的图片，先选中 PictureBox 控件的 Image 属性，然后右击，在弹出的菜单中选择"重置"即可删除控件中的图片，如图 6-14 所示。

图 6-13　在"属性"窗口中导入图形文件

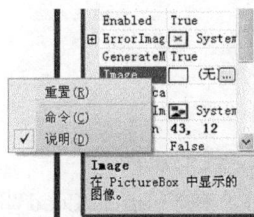

图 6-14　删除控件中的图片

也可以把鼠标的焦点放到 Image 属性后的图片路径框中,使用键盘上的 Del 键也可删除图片。也可以在代码运行时使用代码来清除 PictureBox 的图片,其代码如下:

```
PictureBox1.Image = Nothing
```

例 6.10 PictureBox 控件的应用。

1. 界面设计

在 Form 上添加控件,并按表 6.24 设置各控件的属性值。设计好的程序界面如图 6-15 所示。

表 6.24   控件属性设置

控 件	属 性	值
Form	Name	FrmImageDemo
	Text	图像控件演示
	Load 事件	FrmImageDemo_Load
Label	Name	lblMode
	Text	请选择图片的显示模式:
ComboBox	Name	cboMode
	Items	Normal StretchImage AutoSize CenterImage Zoom
	SelectedIndexChanged 事件	cmbMode_SelectedIndexChanged
Button	Name	btnOpen
	Text	更换图片
	Click 事件	btnOpen_Click
PictureBox	Name	picLogo
	ImageLocation	..\picture\SWAN.JPG

图 6-15   界面设计

2. 代码设计

（1）在 Form 的 Load 事件中添加以下代码:

```
Private Sub FrmImageDemo_Load(ByVal sender As System.Object, _
```

```
ByVal e As System.EventArgs) Handles MyBase.Load
    Me.Width = 455                                          '窗体大小设计
    Me.Height = 433
    Me.picLogo.Width = 390                                  'PictureBox 大小设置
    Me.picLogo.Height = 300
    Me.cmbMode.SelectedIndex = 2
    Me.picLogo.SizeMode = PictureBoxSizeMode.AutoSize       '模式设置
    Me.picLogo.ImageLocation = " ..\picture\SWAN.JPG"       '图片路径
End Sub
```

（2）在 ComboBox 控件的 SelectedIndexChanged 事件中添加下面代码，当用户改变 PictureBox 的显示模式时，更新 PictureBox 的 SizeMode 属性的值：

```
Private Sub cboMode _SelectedIndexChanged(ByVal sender As System.Object, _
ByVal e As System.EventArgs) Handles cmbMode.SelectedIndexChanged
    Select Case Me.cmbMode.SelectedIndex
      Case 0
        Me.picLogo.SizeMode = PictureBoxSizeMode.Normal
      Case 1
        Me.picLogo.SizeMode = PictureBoxSizeMode.StretchImage
      Case 2
        Me.picLogo.SizeMode = PictureBoxSizeMode.AutoSize
      Case 3
        Me.picLogo.SizeMode = PictureBoxSizeMode.CenterImage
      Case Else
        Me.picLogo.SizeMode = PictureBoxSizeMode.Zoom
    End Select
End Sub
```

（3）在 Button 控件中的 Click 事件中添加以下代码：

```
Private Sub btnOpen_Click(ByVal sender As System.Object, ByVal e As System.
EventArgs) Handles btnOpen.Click
    Dim dlgFile As New OpenFileDialog                       '创建一个文件对话框对象
    '设置过滤器
    dlgFile.Filter = "JPEG|*.jpg|BMP|*.bmp|GIF|*.gif|PNG|*.png|all|*.*"
    If dlgFile.ShowDialog(Me) = Windows.Forms.DialogResult.OK Then
    '重新装载新选择的图片
    Me.picLogo.Image = System.Drawing.Image.FromFile(dlgFile.FileName)
  End If
End Sub
```

6.10 ImageList

ImageList 又称图像列表控件，主要用于存储图像。ImageList 是一个图片集管理器，支持 bmp、gif 和 jpg 等图像格式。其属性 Images 用于保存多幅图片以备其他控件使用，其他控件可以通过 ImageList 控件的索引号和关键字引用 ImageList 控件中的每个图片。ImageList 控件在运行期间是不可见的，因此，添加一个 ImageList 控件时，它不会出现在窗体上，而是出现在窗体的下方。ImageList 控件的常用属性，如表 6.25 所示。

表 6.25 ImageList 常用属性

属　　性	功能说明
ColorDepth	设置或获取 ImageList 控件中所存放的图片的颜色的深度，可取值为 Depth4Bit、Depth8Bit、Depth16Bit、Depth24Bit 和 Depth32Bit
TransparentColor	获取或设置被视为透明的颜色，默认值为 Transparent
ImageSize	定义列表中的图像高度和宽度的 Size。默认高度和宽度是 16 × 16，最大值为 256 × 256。可通过 ImageSize 的 Width 和 Height 属性来获取此控件中包含的 Images 内的图片的宽度与高度
Images	保存图片的集合，可以通过属性设计器打开图像集合编辑器来添加图片

ImageList 的常用方法如表 6.26 所示。

表 6.26 ImageList 常用方法

方　　法	功能说明
Images.Count	获取 Images 集合中图片的数目（此属性为只读）
Images.Draw	在指定的对象上进行绘图
Images.Add	运行时以代码方式添加图像到图像列表中
Images.Remove	运行时以代码方式移除单个图像
Images.RemoveAt	运行时以代码方式移除指定索引的图像
Images.Clear	清除图像列表中的所有图像

1．在设计器中为 ImageList 控件添加和移除图像

（1）向窗体添加一个 ImageList 控件。在"属性"窗口中，单击 Images 属性旁的省略号按钮，弹出"图像集合编辑器"，单击"添加"，弹出"打开"对话框，选择需要添加的图像文件，即可向列表添加图像；使用"移除"按钮从列表中移除选中的图像，如图 6-16 所示。

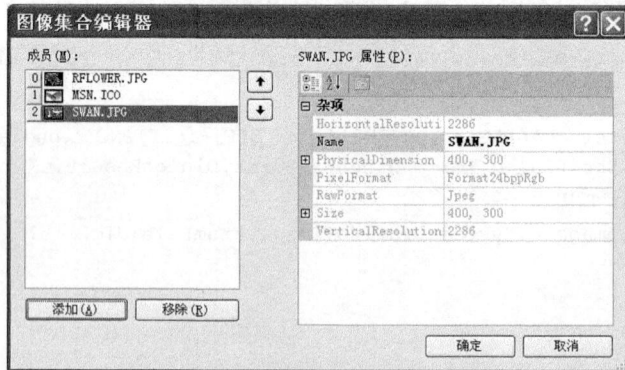

图 6-16 "图像集合编辑器"对话框

（2）图 6-16 中的成员列表显示已经添加了 3 幅图片，每幅图片的前面有索引号，如 RFLOWER.JPG 图片的索引号为 0，MSN.ICO 的索引号为 1，默认情况下是按照图像的添加顺序来创建索引号，先添加的索引号在前，可以通过成员列表旁边的上下箭头来调整图片的索引号。"属性"列表框中显示了每幅图片的物理属性，如原始图像格式和尺寸大小等。

2．以编程方式为 ImageList 控件添加和移除图像

可以使用图像列表 Images 属性的 Add 方法来实现运行时以编程方式添加图像到图像列表

中。例如：

```
ImageList1.Images.Add(E:\RFLOWER.JPG)
                    '向 ImageList 控件添加一个位于 E:\文件夹下的图像文件 RFLOWER.JPG
ImageList1.Images.Remove(E:\RFLOWER.JPG)
                    '从 ImageList 控件中移除一个位于 E:\文件夹下的图像文件 RFLOWER.JPG
ImageList1.Images.RemoveAt(0)    '移除索引 0 的图像
ImageList1.Images.Clear()        '清除图像列表中的所有图像
```

3．让相关控件显示 Image 对象

对于所有有 ImageList 属性的控件，都可以与 ImageList 控件相关联，并通过 ImageIndex 属性来指定显示图像列表中的图像。下面我们以在一个 Button 控件中显示图像为例来说明。

（1）在设计器中关联控件的图像显示。

① 首先为窗体添加一个 Button 控件、一个 ImageList 控件，选中 Button 控件，在它的“属性”窗口中选择 ImageList 属性，单击后面的下拉列表，选择 ImageList1，这时就为 Button1 控件指定了图像列表，如图 6-17 所示。

② 然后使用“属性”窗口中的 ImageIndex 属性的下拉列表指定关联的图像，如图 6-18 所示，此时图像就会在 Button 控件上显示出来。

③ 可以通过调整 Button 控件的 TextAlign 和 ImageAlign 属性来控制 Button 控件中图像和文字的位置。

④ 删除 Button 控件显示的图像，可以通过设置 ImageIndex 或 ImageList 属性为 None 来删除显示的图片；也可以选择 Image 属性，右击鼠标弹出右键菜单来重置，如图 6-19 所示。

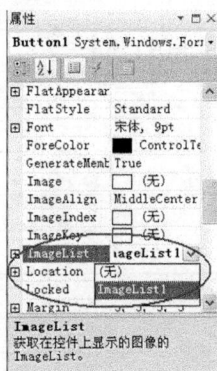

图 6-17　ImageList 属性　　　图 6-18　ImageIndex 属性　　　图 6-19　删除显示的图片

（2）编写代码为 Button 控件显示、移除图像。

如下代码可以为 Button 控件显示 ImageList1 控件中的索引为 1 的图像：

```
Button1.ImageList = ImageList1
Button1.ImageIndex = 1
```

要删除 Button 控件的图像显示，可以使用如下代码：

```
Button1.ImageList = Nothing
```

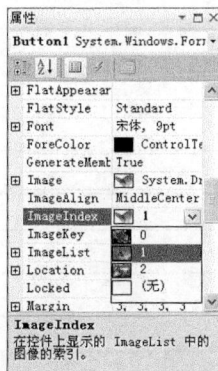

或者把 ImageIndex 属性赋值为–1：

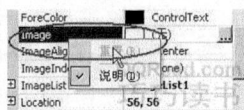

```
Button1.ImageIndex = –1
```

例 6.11　创建一个简单的图片管理器，如图 6-20 所示。

图 6-20　简单的图片管理器

1．界面设计

在窗体上添加控件，控件的属性设置如表 6.27 所示。

表 6.27　　　　　　　　　　"图片管理器"项目的各控件的属性表

控　件	属　性	值
Form	Name	FrmImageList
	Text	ImageList 演示
	Load 事件	FrmImageList_Load
Label1	Name	lblHint
	Text	为空
	ForceColor	Red
Label2	Text	ImageList 中的图片：
Button	Name	btnAdd
	Text	添加
	Click 事件	btnAdd_Click
Button	Name	btnRemove
	Text	删除
	Click 事件	btnRemove_Click
Button	Name	btnClear
	Text	清空
	Click 事件	btnClear_Click
Button	Name	btnNext
	Text	下一张
	Click 事件	btnNext _Click
PictureBox	Name	picDisplay
	Size	（128，128）
ListBox	Name	lstImages
	Click 事件	lstImages_Click
ImageList	Name	ImgList
	Images	在 Images 集合中添加图片
	ImageSize	（128，128）

2. 代码设计

（1）定义 CurrencyManager 属性：

```
Public Class FrmImageList
    Private Property CurrencyManager As Integer
```

（2）在 Form 的 Load 事件中编写下列代码，初始化 ListBox 控件和 PictureBox 控件：

```
Private Sub FrmImageList_Load(ByVal sender As System.Object, _
    ByVal e As System.EventArgs) Handles MyBase.Load
        Dim i As Integer
        '用 ImageList 集合中的图片初始化 ListBox 控件
        For i = 0 To Me.ImgList.Images.Count-1
            Me.lstImages.Items.Add("图片" & i)
        Next
        Me.lstImages.SelectedIndex = 0
        CurrencyManager = 0
        dispImage()
    End Sub
    Private Sub dispImage()
        If ImgList.Images.Empty <> True Then
            If ImgList.Images.Count-1 < CurrencyManager Then
                CurrencyManager = 0
            End If
            picDisplay.Image = ImgList.Images(CurrencyManager)
            lblHint.Text = "Current image is " + CurrencyManager.ToString
            lstImages.SelectedIndex = CurrencyManager
            lblHint.Text = lblHint.Text + ",  Image is " + lstImages.Text
            CurrencyManager += 1
        Else
            CurrencyManager = -1
            picDisplay.Image = Nothing
            lstImages.SelectedIndex = CurrencyManager
            lblHint.Text = ""
        End If
    End Sub
End dass
```

dispImage 过程主要根据 CurrencyManager 计数器来在 PictureBox 控件中显示图片。

（3）在"添加"按钮的 Click 事件中编写以下代码：

```
Private Sub btnAdd_Click(ByVal sender As System.Object, _
ByVal e As System.EventArgs) Handles btnAdd.Click
    Dim dlgOpen As New OpenFileDialog    '创建一个文件对话框对象
    dlgOpen.Multiselect = True
    If dlgOpen.ShowDialog() = Windows.Forms.DialogResult.OK Then
        If Not (dlgOpen.FileNames Is Nothing) Then
            Dim i As Integer
            For i = 0 To dlgOpen.FileNames.Length-1
                addImage(dlgOpen.FileNames(i))
            Next i
        Else
            addImage(dlgOpen.FileName)
        End If
    End If
```

```
        dispImage()
    End Sub
```

上面的代码用来打开一个文件对话框，由用户选择图片文件并将其添加到 ImageList 与 ListBox 控件中。addImage 子过程将图片添加到 ImageList 控件的集合中，并更新 ListBox 控件，具体代码如下：

```
Private Sub addImage(ByVal imageToLoad As String)
    If imageToLoad <> "" Then
        ImgList.Images.Add(Image.FromFile(imageToLoad))
        lstImages.BeginUpdate()
        lstImages.Items.Add(imageToLoad)
        lstImages.EndUpdate()
    End If
End Sub
```

（4）为"删除"按钮编写代码，将当前选取的图片从 ImageList 集合中删除并更新 ListBox 与 PictureBox 中的内容，具体代码如下：

```
Private Sub btnRemove_Click(ByVal sender As System.Object, _
ByVal e As System.EventArgs) Handles btnRemove.Click
    If lstImages.Items.Count > 0 Then
        ImgList.Images.RemoveAt(lstImages.SelectedIndex)
        lstImages.Items.Remove(lstImages.SelectedItem)
        dispImage()
    End If
End Sub
```

（5）编写"清空"按钮事件中的代码：

```
Private Sub btnClear_Click(ByVal sender As System.Object, _
ByVal e As System.EventArgs) Handles btnClear.Click
    If lstImages.Items.Count > 0 Then
        ImgList.Images.Clear()
        lstImages.Items.Clear()
        dispImage()
    End If
End Sub
```

"清空"按钮的功能是将 ImageList 控件中的图片集清除，并更新界面上的其他控件。

（6）编写"下一张"按钮的代码，此按钮实现 ImageList 图片集中图片的顺序循环浏览，具体代码如下：

```
Private Sub btnNext_Click(ByVal sender As System.Object, _
ByVal e As System.EventArgs) Handles btnNext.Click
    dispImage()
End Sub
```

6.11　Timer

有时需要创建一个能以特定时间间隔运行直至一个循环完成，或在经过所设置的时间间隔后运行的过程，Timer 使我们很容易就可以达到目的，我们称它为计时器控件。

在 Visual Studio .NET 和 .NET Framework 中有 3 种计时器控件。

（1）基于 Windows 的标准计时器，位于"工具箱"的"所有 Windows 窗体"选项卡上，该计时器从 Visual Basic 的 1.0 版开始就存在于该产品中并且基本上保持不变。它位于 System.Windows.Forms 命名空间中。本章仅介绍基于 Windows 的标准计时器的应用。

（2）基于服务器的计时器，位于"工具箱"的"控件"选项卡上。基于服务器的计时器是传统的计时器为了在服务器环境上运行而优化后的更新版本。服务器计时器位于 System.Timers 命名空间中。

（3）线程计时器是一种简单的、轻量级计时器，使用回调方法而不是事件，并由线程池线程提供。线程计时器位于 System.Threading 命名空间中。

计时器常常用于编写不需要与用户进行交互就可以直接执行的代码，如计时、倒计时、动画等。它和 ImageList 控件一样是无界面控件，所以拖放到窗体后，不显示在窗体上，而是显示在窗体下方的控件栏中。

在程序运行阶段，Timer 控件是不可见的。其常用属性如表 6.28 所示。

表 6.28　　　　　　　　　　　　　Timer 常用属性

属　　性	功能说明
Interval	事件或过程发生的时间间隔，该属性以毫秒为基本单位
Enabled	当设置为 True(默认设置)且 Interval 属性值大于 0，则计时器开始工作；设置为 False 可使时钟控件无效，即计时器停止工作

Timer 常用事件如表 6.29 所示。

表 6.29　　　　　　　　　　　　　Timer 常用事件

事　　件	功能说明
Tick	当 Enabled 属性为 True 且 Interval > 0 时，该事件以 Interval 属性指定的时间间隔触发

例 6.12　创建一应用程序以实现标签滚动的效果，如图 6-21 所示。

1. 界面设计

在窗体上添加两个按钮 Button1、Button2，它们的 Text 属性分别为"Go Now"和"Stop Here"；Label1 为一个标签，Text 属性为"Welcome to VB.NET"；Timer1 为一个定时器控件。

2. 代码设计

（1）在窗体的 Load()过程中设置 Label1 的背景为粉红色：

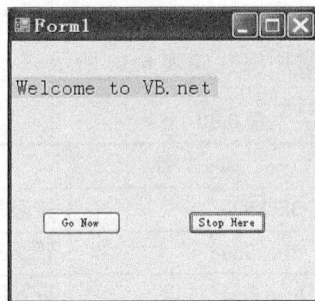

图 6-21　滚动标签

```
Public Class Form1
    Private Sub Form1_Load(ByVal sender As System.Object,
ByVal e As System.EventArgs) Handles MyBase.Load
        Label1.BackColor = Color.Pink
    End Sub
```

（2）在 Timer1_Tick()过程中设置 Label1 在指定的时间间隔内向左移动 50 点，如果标签移出窗体左边界则从窗体的右边进入：

```
    Private Sub Timer1_Tick(ByVal sender As Object, ByVal e As System.EventArgs) Handles
Timer1.Tick
        Label1.Left -= 50
        If Label1.Left < -300 Then Label1.Left = Me.Width
    End Sub
```

（3）在 Button1_Click()过程中设置计时器触发时间为半秒：

```
Private Sub Button1_Click(ByVal sender As Object, ByVal e As System.EventArgs) Handles
Button1.Click
    Timer1.Interval = 500
    Timer1.Enabled = True
End Sub
```

（4）在 Button2_Click()过程中让计时器停止工作：

```
    Private Sub Button2_Click(ByVal sender As Object, ByVal e As System.EventArgs)
Handles Button2.Click
        Timer1.Enabled = False
    End Sub
End Class
```

6.12　ErrorProvider

如果你经常上网，一定会发现有很多页面特别是申请密码的页面会有一个验证你输入是否正确的提示，如图 6-22 所示就是申请 QQ 号码的资料填写，系统验证用户的输入，当用户的输入密码不符合要求时显示的信息。

图 6-22　申请 QQ 的资料填写

Windows 窗体的 ErrorProvider（错误提供程序）控件能够以不打扰用户的方式向用户显示有错误发生。当验证用户在窗体中的输入或显示数据集内的错误时，一般要用到该控件。相对于在消息框中显示错误信息，错误提供程序是更好的选择，因为一旦关闭了消息框，就再也看不见错误信息。ErrorProvider 控件是无界面控件，拖放到窗体上后它显示在窗体下方的控件栏中。它的常用属性如表 6.30 所示。

表 6.30　　　　　　　　　　　　　　　　ErrorProvider 常用属性

属　　性	功能说明
BlinkRate	错误图标的闪烁速率
BlinkStyle	错误图标的闪烁时间
Icon	设置控件的图标

ErrorProvider 的常用方法如表 6.31 所示。

表 6.31　　　　　　　　　　　　　　　　ErrorProvider 常用方法

方　　法	功能说明
GetError	返回指定控件的当前错误描述字符串
SetError	指定控件的错误描述字符串
SetIconAlignment	设置错误图标相对于控件的放置位置
SetIconPadding	设置指定控件和错误图标之间应保留的额外空间量

6.13　综合应用

设计"成绩管理"系统的"注册"和"登录"窗口，实现系统登录和英语四、六级报名的功能。

1. "注册"界面设计（注册窗口如图 6–23 所示）

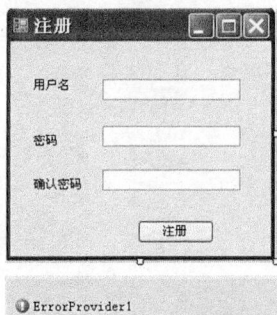

图 6-23　"注册"系统界面设计

（1）"注册"界面中的控件及属性如表 6.32 所示。

表 6.32　　　　　　　　　　　　　　　"注册"界面中的控件及属性

控　件	Name	Text	属性值设置
Label	Label1	用户名	
Label	Label2	密码	
TextBox	txtName		
TextBox	txtPwd		UseSystemPasswordChar 设为 True
Button	Button1	注册	
ErrorProvider	ErrorProvider1		

（2）代码设计。

```
 Private Sub Button1_Click(ByVal sender As System.Object, ByVal e As System.EventArgs)
Handles Button1.Click
        Dim msg As Integer
        ErrorProvider1.Clear()
        If txtName.Text.Length < 8 Then
            '设置错误信息
            ErrorProvider1.SetError(txtName, "用户名长度最少8位")
        ElseIf txtPwd.Text.Length < 8 Then
            ErrorProvider1.SetError(txtPwd, "密码长度最少8位")
        ElseIf Not IsincludeCharAndNumber(txtPwd.Text) Then
            ErrorProvider1.SetError(txtPwd, "密码中必须包含字母和数字")
        ElseIf txtPwdOk.Text <> txtPwd.Text Then
            ErrorProvider1.SetError(txtPwdOk, "两次输入密码不一致")
        End If
        msg =MsgBox("您已经注册成功！")
```

```
End Sub
    '验证是否包含字母和数字
    Private Function IsIncludeCharAndNumber(ByVal pwd As String) As Boolean
        Dim hasChar = False
        Dim hasNumber = False
        For Each c In pwd
            If Char.IsLetter(c) Then
                If hasNumber Then
                    Return True
                End If
                hasChar = True
            End If
            If Char.IsNumber(c) Then
                If hasChar Then
                    Return True
                End If
                hasNumber = True
            End If
        Next
        Return False
    End Function
```

（3）运行程序。

按"F5"运行，其运行结果如图 6-24 所示。

2. "登录"窗体界面设计（如图 6-25 所示）

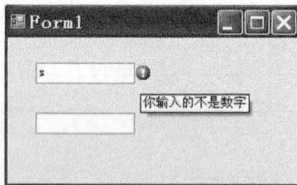

图 6-24 "注册"系统运行界面

图 6-25 "登录系统"界面设计

（1）"登录"窗体界面中的控件及属性如表 6.33 所示。

表 6.33　　　　　　　　　　　　登录界面中的控件及属性

控　件	Name	Text	属性值设置
Form	LoginForm	学生管理系统	StartPosition 设为 CenterScreen ControlBox 设为 False
PictureBox	PictureBox1		
GroupBox	GroupBox1	登录	
Label	Label1	用户名	
Label	Label2	密码	
TextBox	txtName		

续表

控 件	Name	Text	属性值设置
TextBox	txtPwd		UseSystemPasswordChar 设为 True
Button	btnLogin	登录系统	
Button	btnExit	退出系统	

（2）"登录"窗体代码设计。

① 双击"登录系统"按钮，输入代码如下：

```
Private Sub btnLogin_Click(ByVal sender As Object, ByVal e As System.EventArgs) Handles btnLogin.Click
    Dim strName As String = UCase(txtName.Text)    '将输入的字符转换为大写
    Dim strPwd As String = txtPwd.Text
    Dim msg As Integer
    If strName = "" Then
        msg =MsgBox("用户名不能为空")
        txtName.Focus()
        Return
    End If
    If strPwd = "" Then
        msg =MsgBox("密码不能为空")
        txtPwd.Focus()
        Return
    End If
    If strName = "HUST" And strPwd = "13579" Then
        msg =MsgBox("欢迎使用本系统!")
        Form2.Show()
    Else
        msg =MsgBox("输入的用户名或密码错误")
    End If
End Sub
```

② 双击"退出系统"按钮，输入代码如下：

```
Private Sub btnExit_Click(ByVal sender As Object, ByVal e As System.EventArgs) Handles btnExit.Click
    Me.Close()
End Sub
```

（3）运行程序。

按"F5"运行，其运行结果如图 6-26 所示。

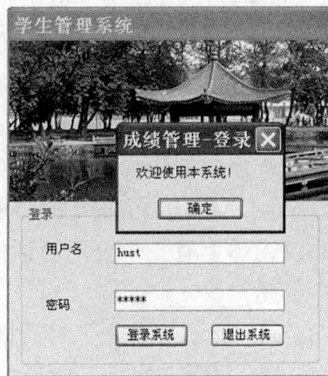

图 6-26 "登录系统"运行界面

习 题

1. 若要设置定时器控件定时触发 Tick 事件的时间间隔，可通过_____属性来设置。

    A．Interval   B．Value   C．Enabled   D．Text

2. 若要获知列表框中列表项的总项数，可通过访问_____性来实现。

    A．List   B．ListIndex   C．ListCount   D．Text

3. 若要向列表框添加列表项，可使用的方法是_____。

    A．Add   B．Remove   C．Clear   D．AddItem

4. 设组合框 Combo1 中有 3 个项目，则能删除最后一项的语句是_____。

    A．Combo1.RemoveItem Text   B．Combo1.RemoveItem 2

    C．Combo1.RemoveItem 3   D．Combo1.RemoveItem Combo1.Listcount

5. 下列控件中，没有 Caption 属性的是_____。

    A．框架   B．列表框   C．复选框   D．单选按钮

6. 复选框的 Value 属性值为 1 时，表示_____。

    A．复选框未被选中   B．复选框被选中

    C．复选框内有灰色的勾   D．复选框操作错误

7. 将数据项"China"添加到列表框 List1 中成为第 1 项，应使用语句_____。

    A．List1.AddItem "China", 0   B．List1.AddItem "China", 1

    C．List1.AddItem 0, "China"   D．List1.AddItem 1, "China"

8. 如果每 0.5 秒产生一个计时器的 Timer 事件，那么时钟控件的 Interval 属性应设为_____。

    A．5   B．50   C．500   D．5000

9. 表示滚动条控件取值范围最大值的属性是_____。

    A．Max   B．LargeChange   C．Value   D．Max-Min

10. 程序运行后，在窗体上单击鼠标，此时窗体不会接收到的事件是_____。

    A．MouseDown   B．MouseUp   C．Load   D．Click

11. 窗体上有一个公用对话框 CommonDialog1，则语句 CommonDialog1.ShowSave 的作用是_____。

    A．显示"打开"对话框   B．显示"颜色"对话框

    C．显示"字体"对话框   D．显示"另存为"对话框

第7章
通用对话框和菜单

VB.NET 的通用对话框 CommonDialog 控件提供了一组基于 Windows 的标准的操作对话框，进行诸如打开和保存文件，设置打印选项以及选择颜色和字体等操作。为了在应用程序中使用 CommonDialog 控件，应将其添加到窗体上并设置属性，用 showdialog 方法来显示对话框，并通过该方法的返回值来确定用户单击了对话框中哪个按钮。

菜单是图形化界面一个必不可少的组成元素，通过菜单对各种命令按钮功能进行分组，使用户能够更加方便、直观地访问这些命令。使用 VB.NET 的菜单设计器可以方便、快捷地编辑、设计菜单。

本章介绍 4 种常用的通用对话框：打开文件（OpenFileDialog）、另存为（SaveFileDialog）、字体（FontDialog）和颜色（ColorDialog），以及创建下拉菜单与快捷菜单的方法。

7.1　通用对话框

7.1.1　OpenFileDialog

可以使用 OpenFileDialog（打开文件对话框）控件快速创建用户熟悉的打开文件对话框。用户可以使用它浏览计算机以及网络中任何计算机上的文件夹，并选择打开一个或多个文件。该对话框返回用户在对话框中选定的文件的路径和名称。OpenFileDialog 控件是 .NET 预设的有模式对话框之一，与 Windows 操作系统中常见的"打开"对话框一样，如图 7-1 所示。

图 7-1　打开文件对话框

OpenFileDialog 控件常用属性如表 7.1 所示。

表 7.1　　　　　　　　　　　　　OpenFileDialog 控件常用属性

属　　　性	功能说明
FileName	一个包含在文件对话框中选定的文件名的字符串，包括文件的完整路径
FileNames	获取对话框中所有选定文件的文件名
AddExtension	指示如果用户省略扩展名，对话框是否自动在文件名中添加扩展名
CheckFileExists	指示如果用户指定不存在的文件名，对话框是否显示警告
DefaultExt	默认文件扩展名，返回的字符串不包含句点
Filter	当前文件名筛选器字符串，该字符串决定对话框的"另存为文件类型"或"文件类型"框中出现的选择内容
FilterIndex	获取或设置文件对话框中当前选定筛选器的索引
InitialDirectory	文件对话框显示的初始目录
Multiselect	指示对话框是否允许选择多个文件
Title	获取或设置文件对话框标题

可以通过 ShowDialog 方法来显示"打开"对话框。通过 OpenFile 方法以只读方式打开一个选定的文件。如果需要进行写操作，则必须使用 StreamReader 类的实例打开文件。

7.1.2　SaveFileDialog

SaveFileDialog （保存文件对话框）控件也是.NET 预设的有模式对话框之一，显示的是系统的"另存为"对话框，如图 7-2 所示。我们可以通过它来快速开发一个能让用户马上熟悉和方便使用的 Windows 应用程序界面。

图 7-2　保存文件对话框

SaveFileDialog 控件的大部分属性与 OpenFileDialog 控件是一样的。

当我们需要让用户弹出"另存为"对话框时，目录就指向一个指定的位置，我们用下面的代码来实现：

```
SaveFileDialog1.InitialDirectory = "C:\"    '指定对话框打开的初始位置为盘符 C: \
```

设置对话框的文件过滤器，各个文件类型之间以"|"分隔，如下代码所示：

```
SaveFileDialog1.Filter = "txt files|*.txt|All files|*.*"
```

我们还可以自定义对话框的标题，默认是"另存为"，以下代码可以实现我们自定义的标题：

```
SaveFileDialog1.Title = "保存文字"
```

和 OpenFileDialog 控件一样，我们是使用它的 ShowDialog 方法来给用户显示对话框的，OpenFile 方法将会以打开可读/写的权限打开用户选定的文件。

7.1.3　FontDialog

FontDialog（字体对话框）控件是.NET 预设的有模式对话框之一，显示的是系统自带的标准"字体"对话框，用户可以使用它选择字体，更改字体显示方式，例如粗细和大小。FontDialog 控件的主要属性如表 7.2 所示。

表 7.2　　　　　　　　　　　　　FontDialog 控件的主要属性

属　　性	功能说明
Font	选定的字体
ShowApply	是否包含"应用"按钮，默认值为 False。如果对话框包含"应用"按钮，则为 True，此时单击对话框上的"应用"按钮将会触发控件的 Apply 事件
ShowColor	是否显示颜色选择，默认值为 False。如果对话框显示颜色选择，值为 True
ShowEffects	是否包含允许用户指定删除线、下画线和文本颜色选项的控件

例 7.1　通过"字体"对话框设置文本框中的字体和颜色，并能使用"应用"按钮预览设置。

1. 界面设计

向窗体上拖放 1 个 FontDialog 控件、1 个 TextBox 控件、1 个 Button 控件。设置 FontDialog 控件的 ShowApply 属性和 ShowColor 属性都为 True。

2. 代码设计

（1）在 Form 窗体中定义窗体级的变量，代码如下：

```
Dim oldFont As Font = Nothing
Dim oldColor As Color = Nothing
```

（2）在 Button1 按钮的 Click 事件中添加如下代码：

```
Private Sub Button1_Click(ByVal sender As System.Object, ByVal e As System.EventArgs)
Handles Button1.Click
    Dim se As DialogResult
    oldFont = TextBox1.Font
    oldColor = TextBox1.ForeColor
    se = FontDialog1.ShowDialog
    If se = DialogResult.OK Then
        TextBox1.Font = FontDialog1.Font
        TextBox1.ForeColor = FontDialog1.Color
    ElseIf (se = DialogResult.Cancel) Then
    '当用户单击"取消"按钮时，恢复TextBox控件的设置
        TextBox1.Font = oldFont
        TextBox1.ForeColor = oldColor
    End If
End Sub
```

（3）在 FontDialog1 的 Apply 事件中添加预览设置的代码：

```
Private Sub FontDialog1_Apply(ByVal sender As Object, ByVal e As System.EventArgs)
Handles FontDialog1.Apply
        TextBox1.Font = FontDialog1.Font
        TextBox1.ForeColor = FontDialog1.Color
End Sub
```

在本例中，用户可以通过"字体"对话框设置文本输入框中的字体以及文本的颜色，还可以通过"应用"按钮预览设置，并且在单击"取消"按钮后取消预览的设置。如图 7-3 所示为用户通过"应用"按钮预览用户设置。

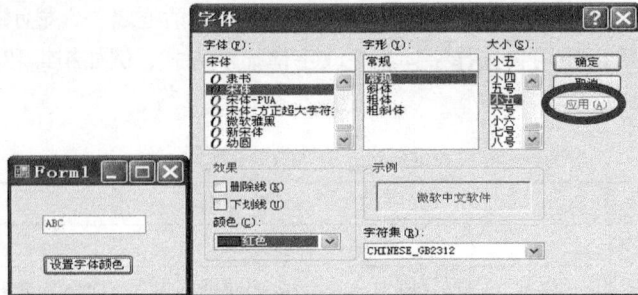

图 7-3   通过"应用"按钮预览用户设置

如果用户对设置效果满意，则可以单击"确定"按钮实现设置效果；如果对设置不满意，并且不再进行设置，则可以通过单击"取消"按钮退出设置，TextBox1 控件中的字体以及颜色恢复为进入"字体"对话框之前的状态。

7.1.4 ColorDialog

ColorDialog（颜色对话框）控件是.NET 预设的有模式对话框，其功能是弹出系统自带的调色板，让用户选择颜色或者自定义颜色。ColorDialog 控件的主要属性如表 7.3 所示。

表 7.3   ColorDialog 控件的主要属性

属 性	功能说明
AllowFullOpen	表示是否可以选择该对话框的"自定义颜色"。如果用户选择"自定义颜色"，则为 True；否则为 False，将禁用对话框中关联的按钮，而且用户无法访问对话框中的自定义颜色控件。默认值为 True
FullOpen	用于创建自定义颜色的控件在对话框打开时是否可见。如果自定义颜色控件在对话框打开时是可用的，则为 True；否则为 False。默认情况下，自定义颜色控件在第一次打开对话框时是不可见的。必须单击 "规定自定义颜色"按钮来显示它们。注意：如果 AllowFullOpen 为 False，则 FullOpen 不起作用
AnyColor	表示是否显示基本颜色集中可用的所有颜色，如果对话框显示基本颜色集中可用的所有颜色，则为 True；否则为 False。默认值为 False
CustomColors	显示的自定义颜色集，默认值为空引用（Visual Basic 中为 Nothing）
ShowHelp	是否显示"帮助"按钮，如果在对话框中显示"帮助"按钮，则为 True；否则为 False

例 7.2   设计一个具有"打开文件"、"保存文件"、"设置颜色"、"设置字体"功能的应用程序，如图 7-4 所示。

1.　界面设计

在窗体上添加 5 个 Button，1 个 TextBox、OpenFileDialog 、SaveFileDialog 、ColorDialog
和 FontDialog 控件，其属性设置如表 7.4 所示。

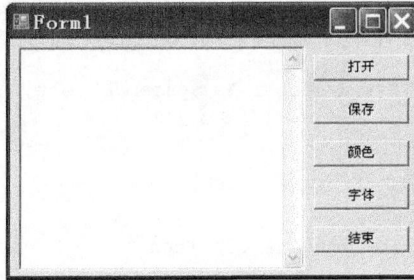

图 7-4　通用对话框应用

表 7.4　　　　　　　　　　　　　　　　设置控件属性

控　　件	Name 属性	Text 属性	MultiLine 属性	ScrollBar 属性
Form1		"通用对话框"		
Button1	BtnOpen	"打开"		
Button2	BtnSav	"保存"		
Button3	BtnClr	"颜色"		
Button4	BtnFnt	"字体"		
Button5	BtnExt	"结束"		
TextBox1	TxtNote		True	Vertical
OpenFileDialog1				
SaveFileDialog1				
ColorDialog1				
FontDialog1				

2.　代码设计

（1）在 BtnOpen_Click 事件过程中添加代码，实现打开"我的文档"文件夹中的文本文件，
并将文件内容显示在 TextBox 控件中的功能：

```
Private Sub BtnOpen_Click(ByVal sender As System.Object, ByVal e As System.EventArgs)
Handles BtnOpen.Click
        Dim opdg As New OpenFileDialog()
        opdg.Filter = "文本文件(*.txt)| *.txt"              '默认文件为*.txt
        Dim sr As IO.StreamReader
        TxtNote.Text = ""
        If opdg.ShowDialog = DialogResult.OK Then
            Try                                         '处理异常事件
                sr = IO.File.OpenText(opdg.FileName)
                Dim x As String
                While sr.Peek <> -1
                    x = sr.ReadLine()
                    TxtNote.Text += x & vbCrLf
                End While
                sr.Close()
```

```
        Catch ex As IO.FileNotFoundException
            MsgBox(opdg.FileName & " not found")
        End Try
    End If
End Sub
```

（2）在 BtnSav_Click 事件过程中添加代码，将 TextBox 控件中的文本写入到指定的文件中：

```
Private Sub BtnSav_Click(ByVal sender As System.Object, ByVal e As System.EventArgs)
Handles BtnSav.Click
    Dim svdg As New SaveFileDialog()
    svdg.Filter = "文本文件 t(*.txt)| *.txt"
    Dim sr As IO.StreamWriter
    If svdg.ShowDialog = DialogResult.OK Then
        Try
            sr = IO.File.CreateText(svdg.FileName)
            Dim ch As Char
            For Each ch In TxtNote.Text
                sr.Write(ch)
            Next
            sr.Close()
        Catch ex As Exception
            MsgBox(ex.Message)
        End Try
    End If
End Sub
```

（3）在 BtnClr_Click 事件过程中添加代码，为 TextBox 中的文本设置颜色：

```
Private Sub BtnClr_Click(ByVal sender As System.Object, ByVal e As System.EventArgs)
Handles BtnClr.Click
    Dim clrdg As New ColorDialog()
    If clrdg.ShowDialog = DialogResult.OK Then
        TxtNote.ForeColor = clrdg.Color
    End If
End Sub
```

（4）在 BtnFnt_Click 事件过程中添加代码，为 TextBox 中的文本设置字体：

```
Private Sub BtnFnt_Click(ByVal sender As System.Object, ByVal e As System.EventArgs)
Handles BtnFnt.Click
    Dim fntdg As New FontDialog()
    If fntdg.ShowDialog = DialogResult.OK Then
        TxtNote.Font = fntdg.Font
    End If
End Sub
```

7.2 菜 单

菜单（Menu）是图形化界面的重要架构部件，是界面设计中的重要组成部分，"简单、直观、一致、有效"是菜单设计的原则。通过菜单对各种命令按功能进行分组，使用户能够更加方便、直观地访问这些命令。按照逻辑功能将菜单项分组，并且在下拉菜单中用分隔线将功能相关的项目分组排列。

任何一个应用程序都需要通过各种命令来达成某项功能,而这些命令大多数是通过程序的菜单来实现的。为了使用户使用更方便,可以在相关的窗体或控件区域内设置弹出式菜单,特别推荐用鼠标右键弹出菜单。同时这些弹出式菜单可以在主菜单中保留副本。如果单击某个下拉菜单项会弹出对话框的话,最好在菜单标题的末尾添加"…"(省略号),这是 Windows 的约定。这样会使菜单更接近标准的 Windows 菜单,给熟悉 Windows 操作的用户带来方便。

Windows 环境下的应用程序一般为用户提供 3 种菜单:窗体控制菜单、下拉菜单与快捷菜单。VB.NET 中提供了菜单设计器,通过菜单设计器就不仅能够设计下拉菜单,也能够设计弹出菜单。

7.2.1　创建下拉式菜单

(1)从【工具箱】中的【菜单和工具栏】选项卡中往 Form1 窗体中拖入一个 MenuStrip(下拉式菜单)控件,名称为"MenuStrip1"。MenuStrip 是有模式控件,因此 MenuStrip1 显示在窗体下面的独立面板上,窗体上出现一个蓝色条,单击该条,显示"请在此处键入"下拉列表,单击下拉列表右侧的箭头显示列表,如图 7-5 所示。

(2)在"请在此处键入"选中"MenuItem",输入"计算(&C)",然后在"计算(&C)"下方输入"加法(Ctrl+A)"、"减法(Ctrl+S)",在 VB.NET 中"&"符号和 VB 中的"&"符号所起的作用完全一致,是为菜单设定热键,Ctrl 是为菜单项设定快捷键。创建菜单如图 7-6 所示。

(3)如图 7-7 所示,在窗体上分别添加 1 个 MenuStrip 和 ContextMenuStrip 控件、3 个 TextBox 控件、5 个 Label 控件(其中:Label4 位于 TextBox1 与 TextBox1 之间;Label5 位于 TextBox2 与 TextBox3 之间)。Label1.Text="操作数 1",Label2.Text="操作数 2",Label1.Text="计算结果",其他控件的 Text 属性均为空。

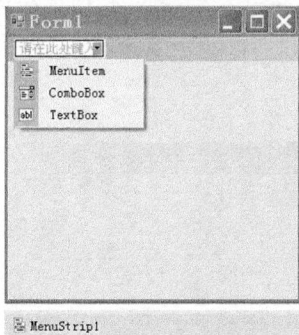

图 7-5　MenuStrip 控件　　　图 7-6　创建"文件"菜单的菜单项　　　图 7-7　界面设计

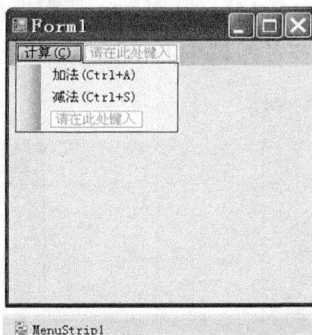

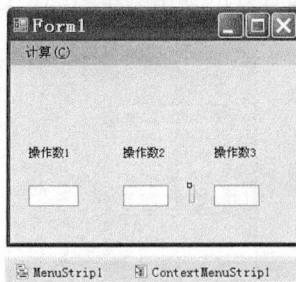

(4)为菜单项编写事件过程。

菜单项唯一响应的事件就是 Click 事件,在应用程序运行时,当单击一个菜单项时就会发生一个 Click 事件,对应的菜单命令就会得到响应,去执行相应的 Click 事件过程。

在设计菜单时,要想为某个菜单项编写事件过程,只要双击该菜单项,即可自动打开代码窗口。

例 7.3　为"加法(Ctrl+A)"菜单项添加代码:

```
Private Sub ToolStripMenuItem2_Click(ByVal sender As System.Object, ByVal e As
System.EventArgs) Handles ToolStripMenuItem2.Click
    Label4.Text = "+"
    TextBox3.Text = Val(TextBox1.Text) + Val(TextBox2.Text)
End Sub
```

为"减法（Ctrl+S）"菜单项添加代码：

```
Private Sub ToolStripMenuItem3_Click1(ByVal sender As Object, ByVal e As System.
EventArgs) Handles ToolStripMenuItem3.Click
        Label4.Text = "-"
        TextBox3.Text = Val(TextBox1.Text) - Val(TextBox2.Text)
End Sub
```

程序运行结果如图 7-8 所示。

7.2.2　创建弹出式菜单

（1）在工具箱中选择 ContextMenuStrip（弹出式菜单）控件，将其拖动到设计的窗体中。这时 ContextMenuStrip 控件显示在窗体下面的独立面板上，而在窗体和上方将显示出与 MenuStrip 控件一样的菜单设计器。在"ContextMenuStrip"中的"请在此输入"中，

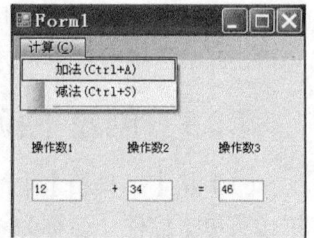

图 7-8　程序运行结果

按由上至下顺序输入"复制（&C）"、"剪切（&X）"、"粘贴（&V）"后，此时的菜单如图 7-9 所示。

（2）将弹出式菜单与相应控件建立关联。

弹出式菜单的菜单项添加完成，并建立了各菜单项对应的事件过程后，所设计的弹出式菜单并不会自动弹出来，还需要把所设计的弹出式菜单与相应控件建立关联。

在此例中，选定 Form1 的属性选项卡，并设定 Form1 的"ContextMenu"的属性值为"ContextMenuStrip1"。当单击快捷键"F5"运行程序后，在程序窗体中右击鼠标，则弹出上面设计的弹出菜单，如图 7-10 所示。

对于其他组件一般也都有"ContextMenu"属性，只需把组件的"ContextMenu"属性值设置为设计好的弹出菜单名称，这样当在此组件中右击鼠标，就会弹出对应的弹出菜单。

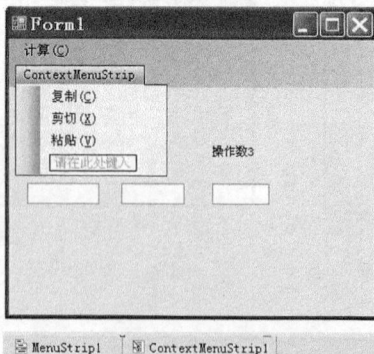

图 7-9　创建 ContextMenuStrip 的菜单项

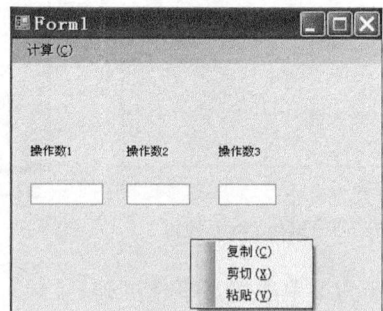

图 7-10　在应用程序中弹出对应的弹出菜单

7.3　多重窗体

当应用程序功能较强，分类较多，程序和用户的交互频繁时，如果只用一个窗体和用户进行交互，一方面难以进行合乎美观原则的设计，另一方面分类工作很难，设计出来的界面不符合友好原则。这时最好使用多重窗体程序设计，增强程序界面的友好性。

多重窗体指在应用程序中有多个窗体，它们之间没有绝对的从属关系。每个窗体的界面设计与单窗体的完全一样，只是在设计之前应先建立窗体，这可以通过"项目"菜单的"添加 Windows 窗体"命令实现。程序代码是针对每个窗体编写的，当然，应注意窗体之间存在的先后顺序和相互调用的关系。所以，多重窗体实际上是单一窗体的集合，而单一窗体是多重窗体程序设计的基础。

无论是单一窗体还是多重窗体的应用程序，在程序运行过程中，某一个时刻都只有一个窗体能够响应鼠标和键盘的操作，这个窗体称为当前窗体。

在多重窗体程序设计中，有 3 个重要的概念需要区分，以免概念混淆而在编程中出错。

（1）窗体类：创建项目时，VB.NET 自动生成的窗体（如 Form1）是窗体类，而不是窗体对象。

（2）窗体对象：指程序运行时看到的窗口，它是窗体类（如 Form1）的实例。

（3）窗体：一般来说，窗体有时指窗体类，有时指窗体对象。例如，前面所说的"在窗体中编写事件过程"，这里的窗体是指窗体类；而"单击窗体中的命令按钮"，这里的窗体是指窗体对象。

7.3.1　添加窗体

当新建一个项目时，系统会自动向该项目添加一个名为 Form1 的窗体，如果需要添加新的窗体时，可以用下面两种方法向项目中添加所需的其他窗体。

方法一：单击[项目]/"添加 Windows 窗体"命令。

方法二：在"解决方案资源管理器"窗口中的项目名称上右击鼠标，在出现的快捷菜单中单击"添加"/"添加 Windows 窗体"命令。新添加的窗体默认的名称为 FormX（X 为 2，3，…），相应的窗体文件名默认为 FormX.vb（X 为 2，3，…）。

7.3.2　设置启动窗体

当一个项目中有多个窗体时，在默认的情况下，程序运行时会自动启动 Form1，如果要设置项目中的其他窗体为启动窗体时，可以通过设置项目属性来完成。

方法一：在"解决方案资源管理器"窗口中的项目名称上右击鼠标，在出现的快捷菜单中单击"属性"，在"多重窗体*"对话框中的"启动窗体"下拉列表中选择启动窗体名称。

方法二：单击[项目]/"多重窗体属性"命令，在"多重窗体*"对话框中的"启动窗体"下拉列表中选择启动窗体名称。

7.3.3　窗体的实例化与显示

因为 Visual Basic.NET 规定在访问任何类之前都要进行实例化，而且必须借助实例来访问类，所以在多窗体程序中，只有启动窗体（默认为 Form1）的实例化与显示是由系统自动完成的，要显示其他窗体，需要用户编写程序代码对其进行实例化后，再调用有关窗体对象的方法来完成。

1.　窗体的实例化

窗体的实例化就是利用已添加到项目中的窗体类来定义有关窗体对象。每当向项目中添加一个窗体时，系统就自动生成了该窗体类，该窗体类的名称就是窗体的名称（即窗体的 Name 属性的值），可以利用该窗体类生成对应的窗体对象。有如下两种方法。

方法一：利用已存在的窗体类定义和生成窗体对象。

格式：Dim ｜ Private ｜Public 窗体对象名 As New 窗体类名

其中，该"窗体类名"就是已添加到项目中的窗体名称（如 Form2、Form3 等）， "窗体对象名"是窗体对象的名称，由用户给定，与变量的命名规则相同。例如：

```
Dim frm2 As New Form2
```

定义 frm2 为类 Form2 的对象变量，并创建一个实例赋于 frm2。

方法二：直接利用 My.Forms 的对象变量，所创建的窗体默认实例。

为了解决窗体对象的创建和互相访问问题，在 My 命名空间中引入了 My.Forms 对象，通过该对象可以访问每一个窗体对象。My.Forms 为项目中的每一个窗体创建了一个默认实例，而且又有一个全局访问点，程序员通过窗体的类名即可直接访问到该窗体的默认实例，而不再需要由用户明确定义窗体对象。例如，通过 My.Forms.Form2 可以直接访问已添加的 Form2 窗体。

注意：如果要操作当前窗体本身，则必须使用关键字 Me 来表示当前窗体，而不能通过窗体名来访问。

2. 与窗体显示有关方法

在多重窗体程序设计中，经常需要根据实际情况来控制打开、关闭、隐藏或显示指定的窗体，这些可以通过相应的语句和方法来实现。

（1）Show()方法。

格式：窗体对象.Show()

功能：将窗体作为非模式对话框显示，非模式对话框显示后程序将继续执行，程序不会等待对话框关闭后才执行下面的语句。

例如，下列程序段创建的窗体 Form2 的对象 Frm2，并显示该窗体：

```
Dim frm2 As New Form2
Frm2.Show()
```

也可以用以下语句直接使用窗体名（即窗体类名 Form）来访问 My.Forms 对象为该窗体所创建的默认实例，并显示窗体：

```
My.Forms.Form2.Show()
```

（2）ShowDialog()方法

格式：窗体对象| 窗体类名.ShowDialog()

功能：将窗体作为模式对话框显示，模式对话框显示后程序将暂停运行，直到用户关闭或隐藏后才能对其他窗口进行操作。

（3）Hide()方法

格式：[窗体对象| 窗体类名.]Hide()

功能：将窗体暂时隐藏起来，即不在屏幕上显示，但窗体仍然在内存中，并没有卸载。当省略"窗体对象名"时，默认将当前窗体隐藏。

（4）Close()方法

格式：[窗体对象| 窗体类名.]Close()

功能：关闭指定的窗体，并释放该窗体所占用的资源。当省略"窗体对象名"时，默认将当前窗体关闭。

7.3.4 不同窗体间的数据访问

在多重窗体程序中，不同窗体间相互访问数据可以直接用窗体名来访问，也可以通过在模块中定义全局变量来实现。

例如，在 Form1 窗体中访问 Form2 中的 Label2.Text 属性值，命令如下：

```
MyForms.Form2.Label2.Text
```

7.4 多文档界面（MDI）

Windows 应用程序的用户界面主要分为两种形式：单文档界面（Single Document Interface，SDI）和多文档界面（Multiple Document Interface，MDI）。单文档界面并不是指只有一个窗体的界面，而是指应用程序的各窗体是相互独立的，它们在屏幕上独立显示、移动、最小化或最大化，与其他窗体无关。在前面创建的所有程序都是单文档界面。

多文档界面由多个窗体组成，但这些窗体不是独立的。其中有一个窗体称为 MDI 父窗体（简称为 MDI 窗体），其他窗体称为 MDI 子窗体（简称为子窗体）。子窗体的活动范围限制在 MDI 窗体中，不能将其移动到 MDI 窗体之外。可见，多文档界面与简单的多重窗体界面是不同的，后者实际是单文档界面。绝大多数 Windows 的大型应用程序都是多文档界面。例如，Microsoft Word、Excel 以及 VB.NET 等都是多文档界面。

在应用程序运行时，多文档界面有如下特性。

（1）所有子窗体均显示在 MDI 父窗体的工作区中，用户可以移动子窗体或改变子窗体的大小，但它们被限制在 MDI 父窗体内。

（2）当最小化子窗体时，它的图标将显示在 MDI 父窗体上，而不是在任务栏中。当最小化 MDI 父窗体时，其上的所有子窗体也被最小化，只有 MDI 父窗体的图标显示在任务栏中。

（3）当最大化一个子窗体时，它的标题与 MDI 父窗体的标题一起显示在 MDI 父窗体的标题上。

（4）MDI 父窗体和子窗体都可以有各自的菜单，当子窗体加载时，将覆盖 MDI 父窗体的菜单。

7.4.1 多文档界面的常用属性和方法

1. IsMdiContainer

IsMdiContainer 属性确定窗体是否为 MDI 窗体。默认值为 False，表示本窗体不是 MDI 父窗体。该属性可以在属性窗口中设置，也可以在程序中用代码设置。

语法格式：窗体名称. IsMdiContainer= True | False

2. MdiParent

MdiParent 属性指定本窗体的父窗体，从而将本窗体设置为 MDI 子窗体。MdiParent 属性不能在属性窗口中设置，只能在程序中用代码设置。

语法格式：窗体名称. MdiParent = 父窗体名称

例如，指定当前窗体是 Form2 窗体的父窗体，Form2 窗体为子窗体，程序代码如下：

```
Dim NewDoc As New Form2
NewDoc.MdiParent = Me
```

3. IsMdiChild

IsMdiChild 属性判断窗体是否为 MDI 子窗体，它是一个只读属性，不能设置它的属性，只能在运行时读取该值，若为 True，表示该窗体是 MDI 子窗体，否则不是。

4. ActiveNdiChild

ActiveNdiChild 属性用来获取当前活动的 MDI 子窗体，如果当前没有活动的 MDI 子窗体，则返回空引用（Nothing）。可以用它确定 MDI 应用程序中是否有打开的 MDI 子窗体。该属性是一个运行时属性，通过它可以对当前活动的 MDI 子窗体执行操作。

5. ActiveForm

使用该属性可以引用当前活动子窗体的任意属性、方法或事件，而不必知道子窗体的名称。例如：将当前活动子窗体的标题更改为 ABCD，代码如下：

```
MDIForm.ActiveForm.Text="ABCD"
```

6. LayoutMdi 方法

LayoutMdi 是窗体的方法，其功能是在 MDI 窗体中，按不同的方式排列其中的 MDI 子窗体或图标。调用 LayoutMdi 方法的语法格式如下：

```
MDI 窗体名称.LayoutMdi(参数)
```

参数的枚举值如表 7.5 所示。

表 7.5　　　　　　　　　　　　　　　排列方式

常　　　数	描　　　述
MdiLayout.cascade	层叠排列所有非最小化子窗体
MdiLayout.TileHorizontal	水平平铺排列所有非最小化子窗体
MdiLayout.TileVertical	垂直平铺排列所有非最小化子窗体
MdiLayout.ArrangeIcons	排列最小化子窗体的图标

如把所有父窗体中的子窗体以重叠方式排列，可用下面程序代码：

```
Me.LayoutMdi(MdiLayout.Cascade)
```

Me 代表当前正在操作的父窗体。

7.4.2　创建 MDI 父窗体

MDI 应用程序基础是 MDI 父窗体，它是承载各子窗体的容器。只要把普通窗体的 ISMDIContainer 属性设为 TRUE，就可以将一个普通窗体转为 MDI 父窗体。

（1）建立一个默认空白的 Windows 应用程序，在 Form1 窗体的属性窗口中找到 IsMDI Container 属性，设置为 True，如图 7-11 所示。

（2）从工具箱上拖放 MenuStrip 组件放到作为父窗体的 Form1 窗体上，建立如下顶级菜单项"文件（&F）"和"窗口（&W）"，然后再在"文件"菜单项下建立子菜单项"新建（&N）"和"退出（&E）"，各个菜单项的 Name 属性如下。

"文件"：mFile；"新建"：mNew；"退出"：mClose；"窗口"：mWindows。如图 7-12 所示。在外观上，MDI 父窗体的背景看起来更黑一些，并且有一个边框。

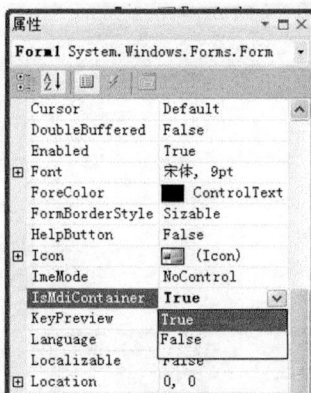

图 7-11　将 Form1 设置为 MDI 父窗体

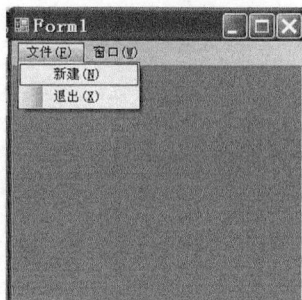

图 7-12　父窗体中的菜单项

7.4.3　创建 MDI 子窗体

（1）单击【项目】菜单/"添加 Windows（F）"窗体，为项目添加一个新的窗体 Form2 作为创建子窗体的模板。

（2）返回父窗体 Form1 中，为它的菜单项添加代码。

首先双击子菜单"新建"，编辑器自动切换到该菜单项的默认事件中，我们为它添加如下代码：

```
Private Sub mNew_Click(ByVal sender As System.Object, ByVal e As System.EventArgs)
Handles mNew.Click
    Dim NewMDIChild As New Form2
    NewMDIChild.MdiParent = Me
    NewMDIChild.Show()
    NewMDIChild.Text = "子窗体" & (Me.MdiChildren.GetUpperBound(0) + 1).ToString
End Sub
```

注意：在以上代码最后一行中的 Me.MdiChildren 指示的是某个父窗体中所有子窗体的数组，我们在编程的时候可以使用该属性来检索父窗体下的子窗体。

为子菜单项"退出"的 Click 事件添加如下代码：

```
Private Sub mClose_Click(ByVal sender As System.Object, ByVal e As System.EventArgs)
Handles mClose.Click
    Application.Exit()
End Sub
```

（3）设置启动窗体为 MDI 窗体，运行程序，出现界面。执行【文件】菜单中的【新建】命令，则 MDI 窗体中会出现一个标题为"子窗体 1"的子窗体。再次执行【新建】命令，则又出现一个标题为"子窗体 2"的子窗体。执行 3 次【新建】命令后的结果如图 7-13 所示。

子窗体最小化后将以图标的形式出现在 MDI 窗体中，而不会出现在 Windows 的任务栏中。子窗体最大化后，它的标题出现在 MDI 窗体的标题栏中。运行程序，单击子窗体的最小化按钮使其最小化，如图 7-14 所示。单击子窗体的最大化按钮使其最大化。单击 MDI 窗体的最小化按钮使其最小化，所有子窗体都不可见，并且只有 MDI 窗体的图标出现在任务栏中。读者还可以移动子窗体，它不会移动到 MDI 窗体之外。

图 7-13 新建子窗体

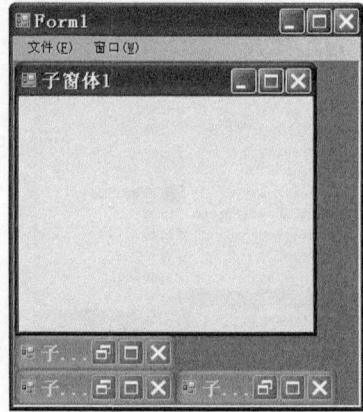

图 7-14 最小化 MDI 父窗体的子窗体

7.4.4 排列子窗体

可以通过 MDILayout 方法来实现子窗体的排列。

（1）首先我们回到父窗体 Form1 中，然后在刚才的菜单项"窗口"下创建如下 4 个子菜单项。

Text 属性	Name 属性
排列窗口	mLayout1
层叠窗口	mLayout2
垂直平铺	mLayout3
水平平铺	mLayout4

（2）在代码编辑器中加入如下代码：

```
    Private Sub mLayout1_Click(ByVal sender As System.Object, ByVal e As System.EventArgs)
Handles mLayout1.Click
        Me.LayoutMdi(MdiLayout.ArrangeIcons)
    End Sub
    Private Sub mLayout2_Click(ByVal sender As System.Object, ByVal e As System.EventArgs)
Handles mLayout2.Click
        Me.LayoutMdi(MdiLayout.Cascade)
    End Sub
    Private Sub mLayout3_Click(ByVal sender As System.Object, ByVal e As System.EventArgs)
Handles mLayout3.Click
        Me.LayoutMdi(MdiLayout.TileVertical)
    End Sub
    Private Sub mLayout4_Click(ByVal sender As System.Object, ByVal e As System.EventArgs)
Handles mLayout4.Click
        Me.LayoutMdi(MdiLayout.TileHorizontal)
    End Sub
```

（3）按"F5"运行，在"窗口"菜单中单击"窗口"菜单项"垂直平铺"，效果如图 7-15 所示。

7.4.5 键盘与鼠标事件

在程序运行过程中，当用户按下键盘的某个键时会触发窗体的键盘事件；当用户移动鼠标，鼠标左键单击、双击或拖放鼠标时会发生与鼠标相关的事件，这些事件需要时应在程序中进行获取或相应的处理。

1．KeyPress 事件

在程序运行过程中，当用户按下键盘上的某个键时，会触发当前拥有输入焦点的控件的 KeyPress 事件，但并不是按下键盘上的任意一个键都会发生 KeyPress 事件。KeyPress 主要用来捕获数字（包括 Shift+数字的符号）、大小写字母、回车键（Enter）、退格键（Backspace）、ESC 键等。对于不会产生 ASCII 码的按键（例如：F1 ~ F12、SHIFT、Alt、Ctrl、Insert、Home、PgUp、Delete、End、PgDn、ScrollLock、Pause、NumLock、方向键等），KeyPress 事件不会发生。当具有输入焦点的控件的 KeyPress 事件发生时，该控件的 KeyPress 事件过程代码将被执行，该事件过程代码的框架如下。

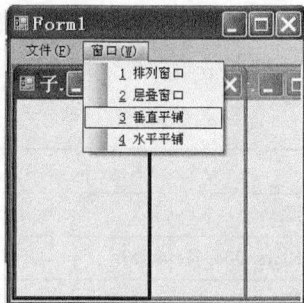

图 7-15　"垂直平铺"子窗口

窗体的键盘事件过程的形式如下：

```
 Private Sub Form1_KeyPress(ByVal sender As Object, ByVal e As System.Windows.Forms.
KeyPressEventArgs) Handles Me.KeyPress
```

　　事件过程代码

```
End Sub
```

说明：第 1 个形参 sender 表示触发事件的对象；第 2 个形参 e 包含事件相关数据的对象，它具有 KeyChar 和 Handled 两个重要的属性。其中：

（1）e.KeyChar 的值是与按键相对应的 ASCII 码值，利用该参数可以判断出用户按的是哪一个键。

（2）e. Handled 是 Boolean 类型。若为真，则表示本次按键已经被处理过，不会再被进一步处理，否则，将传送给 Windows 进行常规处理。利用这个特性可以在某些控件中过滤掉不允许出现的字符。

2．KeyDown 和 KeyUp 事件

当控制焦点在某个对象上时。用户按下键盘上任意一个键便会引发该对象的 KeyDown 事件，释放按键便触发 KeyUp 事件。

```
 Sub Form1_KeyUp(ByVal sender As Object, ByVal e As System.Windows.Forms.KeyEventArgs)_
Handles Me.KeyUp
```

　　事件过程代码

```
End Sub
 Sub Form1_KeyDown(ByVal sender As Object, ByVal e As _
System.Windows.Forms.KeyEventArgs) Handles Me.KeyDown
```

　　事件过程代码

```
End Sub
```

其中，参数 e 包含了用户的按键信息以及 Ctrl、Shift、Alt 键的状态。

（1）e. Ctrl、e.Shift 和 e.Alt 是 Boolean 类型，分别指示 Ctrl、Shift 和 Alt 键是否被按下或释放。

（2）e.KeyCode 的值 Keys 是枚举类型的成员，是用户所操作的那个键的扫描代码，它告诉事件过程用户所操作的物理键。例如，不管键盘处于大写还是小写状态，只要用户按下"A"键，e.KeyCode 的值都是相同的。对于上档字符和下档字符的键，其 e.KeyCode 的值也是相同的（是

下档字符的 ASCII 码)。

Keys 枚举类型包含了键盘上的每一个键的常量定义。从在线帮助中可以获得完整的信息，表 7.6 只列举了一些示例。

表 7.6　　　　　　　　　　　　　　Keys 枚举类型

Keys 枚举类型的成员	意义
Keys.A ~ Keys.Z	键 A ~ 键 Z
Keys.D0 ~ Keys.D9	键 0 ~ 键 9（在大键盘上的数字）
Keys.F1 ~ Keys.F12	功能键 F1 ~ F12
Keys.NumPsd0 ~ Keys. NumPsd9	键 0 ~ 键 9（在小键盘上的数字）
Keys.Space	空格键
Keys.A ~ Keys.Z	PageDown 键

（3）e. Handled 与 KeyPress 中的 e. Handled 意义相同。

3. MouseDown、MouseUp 和 MouseMove 事件

当用户按下任意一个按钮时便会触发 MouseDown 事件；释放任意一个按钮时将会触发 MouseUp 事件；移动鼠标时将会触发 MouseMove 事件。

在程序设计时，需要特别注意的是，这些事件被什么对象识别，即事件发生在什么对象上。当鼠标指针位于窗体中没有控件的区域时，窗体将识别鼠标事件，当鼠标指针位于某个控件上时，该控件将识别鼠标事件。

与上述 3 个鼠标事件对应的事件过程如下（以 Form1 为例）

```
Private Sub Form1_MouseDown(ByVal sender As Object, ByVal e As System. Windows.Forms.
MouseEventArgs) Handles Me.MouseDown
```

事件过程代码

```
End Sub
Private Sub Form1_MouseUp(ByVal sender As Object, ByVal e As System.Windows.Forms.
MouseEventArgs) Handles Me.MouseUp
```

事件过程代码

```
End Sub
Private Sub Form1_MouseMove(ByVal sender As Object, ByVal e As System.Windows.Forms.
MouseEventArgs) Handles Me.MouseMove
```

事件过程代码

```
End Sub
```

这 3 个事件过程都有相同的参数，鼠标的当前状态由参数 e 决定。e 是一个对象，有许多属性。

（1）e.Button 指示用户按下或释放了哪个鼠标按钮。例如，MouseButton.Left 表示按下或释放了鼠标左键，MouseButton.None 表示没有按下鼠标按钮。

（2）e.X、e.Y 表示鼠标当前的位置。

例 7.4　在窗体上添加一个 Button1、TextBox1 和 Label1，Button1="关闭"，界面设计如图 7-16 所示。要求：

① 当在 TextBox1 中按下某个键时，在 Label1 中显示该键值；

② 按住鼠标左右键均可拖动窗体。

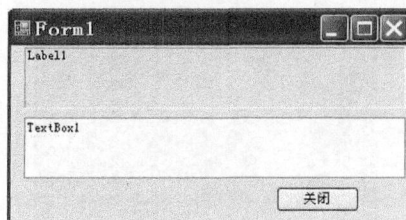

图 7-16 界面设计

程序代码如下：

```
Public Class Form1
    Inherits
System.Windows.Forms.Form
    Private p_mouseoffset As Point
    Private Sub Form1_Load(ByVal sender As System.Object, ByVal e As System.EventArgs)
Handles MyBase.Load
        Label1.Text = ""
        TextBox1.Text = ""
        TextBox1.Select()                              '激活控件
        Me.KeyPreview = True
    End Sub


    Private Sub Form1_KeyPress(ByVal sender As Object, ByVal e As System.Windows.Forms.
KeyPressEventArgs) Handles MyBase.KeyPress
        Label1.Text += CStr(e.KeyChar)
    End Sub
    Private Sub Form1_MouseMove(ByVal sender As Object, ByVal e As System.Windows.Forms.
MouseEventArgs) Handles MyBase.MouseMove
        '按住鼠标左右键均可拖动窗体
        If e.Button = MouseButtons.Left Or e.Button = MouseButtons.Right Then
            Dim mousePos As Point = Form1.MousePosition
            '获得鼠标偏移量
            mousePos.Offset(-p_mouseoffset.X, -p_mouseoffset.Y)
            '设置窗体随鼠标一起移动
            sender.findform().Location = mousePos
        End If
    End Sub


    Private Sub Button1_Click(ByVal sender As System.Object, ByVal e As System.EventArgs)
Handles Button1.Click
        '关闭窗体
        Me.Close()
    End Sub
End Class
```

7.5 综合应用

在窗体上添加一个图形框控件 PictureBox1，两个计时器控件 Timer1、Timer2，在 PictureBox1.Image 属性中添加一个图片，Form1.Text="飘动的窗体"。界面设计如图 7-17 所示。

图 7-17　界面设计

要求运行时窗体自动在左上角和右下角之间移动。

程序代码如下：

```vb
Private Sub Form4_Load(ByVal sender As Object, ByVal e As System.EventArgs) Handles
MyBase.Load
        '设置窗体的初始位置
        Dim p As Point = New Point(100, 50)
        Me.DesktopLocation = p
        '设置 Timer 控件的值
        Timer1.Interval = 10
        Timer1.Enabled = True
        Timer2.Interval = 10
        Timer2.Enabled = False
    End Sub


    Private Sub Timer1_Tick(ByVal sender As System.Object, ByVal e As System.EventArgs)
Handles Timer1.Tick
        '窗体的左上角横坐标随着 Timer1 不断加 1
        Dim p As Point = New Point(Me.DesktopLocation.X + 2, Me.DesktopLocation.Y + 1)
        If p.X < 600 Or p.Y < 400 Then
            Me.DesktopLocation = p
        Else
            Timer1.Enabled = False
            Timer2.Enabled = True
        End If
    End Sub


    Private Sub Timer2_Tick(ByVal sender As System.Object, ByVal e As System.EventArgs)
Handles Timer2.Tick
        '窗体的左上角横坐标随着 Timer2 不断减 1
        Dim p As Point = New Point(Me.DesktopLocation.X - 2, Me.DesktopLocation.Y - 1)
        If p.X > 100 Or p.Y > 50 Then
            Me.DesktopLocation = p
        Else
            Timer1.Enabled = True
            Timer2.Enabled = False
        End If
    End Sub
```

习　　题

1．菜单中的"热键"可通过在热键字母前插入_____符号实现。

2．Windows 应用程序的用户界面样式有单文档界面(SDI)和_____。

3．欲使某项菜单在运行时不可见，可设置该菜单对象的_____属性为 False。

4．菜单项对象的_____属性控制菜单项是否变灰（失效）。

5．菜单控件只有一个事件，它是_____事件。

第8章
图　形

在应用程序中添加图形和图像可以使应用程序界面更加美观和精彩。对于一般传统程序设计语言来说，图形程序设计是较复杂和困难的部分，在 VB 中提供 GDI（Graphics Device Interface，图形设备接口）+图形设计工具，利用该工具用户可以方便、高效地编写图形应用程序。

8.1　GDI+绘图基础知识

GDI+是新一代应用程序编程接口，即 API。GDI+以继承类的方式来完成绘图的处理，大大方便了程序设计人员开发图形的应用程序。

GDI+位于 System.Drawing 命名空间中，这个命名空间中包含了许多类，其中主要有以下几个。

（1）Graphics 类：是 GDI+绘图最核心的类，它包含完成绘制图的各种方法，如直线、曲线、椭圆等。

（2）Pen 类：用来画线、弧、多边形等轮廓部分。

（3）Brush 类：用指定颜色、样式、纹理等来填充封闭的图形。

（4）Font 类：用来描述字体的样式。

（5）Icon 类：处理图形的各种结构，包括 Point 结构、Size 结构和 Rectangle 结构等。
此外 System.Drawing 命名空间还包含了一些辅助命名空间。

（1）System.Drawing.DrawingZD 命名空间：包括各种二维矢量绘图功能。

（2）System.Drawing.Imaging 命名空间：包括处理 BMP、GIF、JPEG 等各种图像格式的功能，并支持读写这些格式的图像以及在过程中操纵处理图像。

（3）System.Drawing.Text：包括各种操纵处理字体的功能。

在 System.Drawing 命名空间的 Icon 类中，包括处理图形的各种结构，这几个结构对象在绘图设置时会经常用到，这里对其做简单介绍。

（1）Point 结构：主要用于设置图形在窗体中所处理的坐标点。

要建立坐标点有两个子类可以使用，即 Point 和 PointF。Point 可以设置整数坐标点，而 PointF 可以设置单精度浮点数坐标点。

Point 结构中含有两个数据成员：X 与 Y，分别代表 x 坐标与 y 坐标，要声明 Point 结构有 3 种方法：

```
Dim p As New Point(整数X，整数Y)
```

```
Dim p AS New Point(Size结构)
Dim p AS New Point(32位整数)          '此法用"32位整数"设置坐标时，前16位作为y坐标，后16位作为
                                      'x坐标。各坐标的第一位是符号位，数值0为正值，而数值1为负值。
```

其中 P 为声明的结构名称。

采用 PointF 类声明结构只有一种方式，就是直接指定坐标点 X 与 Y 的单精度浮点数值：

```
Dim p AS New pointF(单精度浮点数X，单精度浮点数Y)
```

Point 结构有一个方法 offset()，可以设置坐标点的位移。如原坐标点为（2，3），若设置 Offset（10，20），则坐标点将变为（12，23）。

（2）Size 结构：主要用于设置图形的大小，它包括两个成员：Width 和 Height，分别代表图形的高度和宽度，声明 Size 结构有两种方法：

```
Dim s As New Size(整数Width，整数Height)
Dim s As New Size(Point结构)
```

其中 s 为声明的结构名称。

（3）Rectangle 结构：用于建立矩形区域，该区域可以用于指定绘图时的区域大小，包括两个成员 Width 和 Height，分别代表矩形的宽度与高度。声明 Rectangle 结构的方法有两种：

```
Dim r As New Rectangle(整数X，整数Y，整数Width，整数Height)
Dim r As New Rectangle（Point结构，size结构）
```

其中：

① r 为声明的结构名称。

② X、Y 代表矩形区域左上角的坐标点。

③ Width 和 Height 代表矩形区域的宽度与高度。

（4）Color 结构：用于描述和设置颜色。在 Color 结构中，颜色由 4 个字节存储，每个字节分别表示颜色的透明度和红、绿、蓝三原色的值。Color 结构中已定义了 100 多种颜色，如 Color.blue、Color.red 等，在绝大多数情况下，可以满足编程的需要，若不够，还可以自定义颜色。

8.2　GDI+绘制图形的基本方法

GDI+可在窗体或图形框控件（Picturebox）上进行绘图，在绘图之前，必须在指定的窗体或图形框控件上创建一个 Graphics 类的实例，一旦创建了 Graphics 类的实例，才可以调用 Graphics 类的方法画图。但是，特别需要注意的是 Graphics 类不能直接实例化，即不能使用下面的语句来创建 Graphics 类的一个实例：

```
Dim 对象名称 As New system.Drawing.Graphics()
```

因为 Graphics 类的构造函数（sub New）是私有的，它只能由可以给自己设置 system.Drawing.Graphics 类的对象来操纵。一般 Graphics 实例化的方法常采用 control.creatGraphics 建立。

如，在图片框 Picturebox 上创建一个 Mydraw 的 Graphics 实例的语句如下：

```
Dim Mydraw As system.Drawing.Graphics
Mydraw=pictureBox1.createGraphics()
```

另外，当调用 Graphics 类的方法绘制图形时，需用 pen，Brush，Font 等绘图工具。若要画图形的轮廓，则要用 Pen 工具，并设置画线的宽度和样式；若要填充图形的内部区域，则需用 Brush 工具；若要定义图形上文字的特定格式，如字体、大小、样式等，需使用 Font 工具。

GDI+绘制图形时，Pen、Brush 、Font 绘图工具是根据实际需要创建 Pen 类、Brush 类、Font 类的实例来实现的。创建了这些实例后，就可以方便地调用 Graphics 类中的方法绘制各种图形了。

8.3　创建画笔、笔刷和字体绘图工具

8.3.1　创建画笔工具

使用 Pen 类可创建画笔（Pen）工具。Pen 类有几种不同的构造器，用来设置画线的颜色、宽度和样式等。使用 Pen 类创建画笔工具的语法格式如下：

```
Dim p as New pen(color, width, Dashstyle)
```

其中 p 是创建的 Pen 类实例的名称，color 表示画笔颜色，width 表示画笔的宽度，Dashstyle 是画笔点划线的样式。Dashstyle 包括以下几类。

① Dash：虚线。
② DashDot：点划线。
③ DashDotDot：双点线。
④ Dot：点线。
⑤ Solid：实线。

在创建 Pen 类实例时，可以用 1 个参数、2 个参数或 3 个参数。如：

```
Dim p as New pen(color.Blue)
Dim p as New pen(color.Blue,100)
Dim p as New pen(color.Blue,100,Dashstyle.Dot)
```

可使用 Pen 类的 setLinecap 方法来定义线段两端的外观，setLinecap 方法的语法格式如下：

```
pen 对象. setLinecap(Startcap,Endcap,Dashcap)
```

其中各参数的含义如下。

Startcap 和 Endcap 是线段起点和终点的外观，是 Linecap 枚举类型成员，如 ArrowAnchor 箭头形、DiamondAnchor 钻头形等。

Dashcap 是点划线中每一小段两个端点的外观，也是 Linecap 枚举类型成员。

8.3.2　创建笔刷工具

对矩形、椭圆等这种封闭图形，可以使用笔刷（Brush）工具来填充其内部区域。GDI+提供了 SolidBrush 类、TextureBrush 类和 LinearGradiantBrush 类等几种笔刷，所有这些类都是派生自 Brush 类。

1．单色刷

单色刷是用一种颜色填充图形，对应着 SolidBrush 类。SolidBrush 类只有一个 Color 属性，如可用下面语句创建一个 SolidBrush 类的实例。

```
Dim Sbrush As SolidBrush(Color.Red)
```

2. 纹理刷

纹理刷用一个图片来填充图形，对应着 TextureBrush 类。TextureBrush 类需要一个 Bitmap（小图片）来作为构造器的参数。可用下面语句创建一个 TextureBrush 类的实例：

```
Dim Tbrush As New TextureBrush(Mytu.bmp)
```

该语句创建一个 TextureBrush 类的实例 Tbrush，设置填充的纹理图片名为 Mytu.bmp。使用一个小图片来填充图形时，需要用一个 Bitmap 对象来作为构造器参数。

例如用一个 Windows 小图片来填充一个圆形（如图 8-1 所示），其代码如下：

```
Private Sub Button1_Click(ByVal sender As System.Object, ByVal e As System.EventArgs)
Handles Button1.Click
    Dim g As Graphics
    g = Me.CreateGraphics
    Dim point1 As New Point(50, 75)
    Dim point2 As New Point(150, 75)
    Dim p As New Pen(Color.Blue)
    Dim Tbrush As New TextureBrush(New _
    Bitmap("D:\rflower.jpg"))
    '生成一个纹理刷实例（）
    Dim rect As New Rectangle(20, 20, 200, 200)
    g.DrawEllipse(p, rect)
    g.FillEllipse(Tbrush, rect)    '填充
End Sub
```

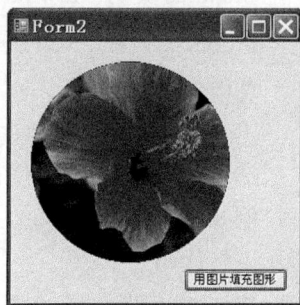

图 8-1　用图片来填充图形

注意：事先一定要在 D 盘根目录下创建一个 D:\rflower.jpg 文件。

3. 线性渐变笔刷

用线性渐变刷来填充图形，可以实现图形中的颜色逐渐变化。线性渐变刷对应着 LinearGradiantBrush 类，该类的构造器需要 4 个参数：

```
Dim Lbrush As New LinearGradiantBrush(Point1,Point2,Color1,Color2)
```

其中：

Point1,Point2 分别为内部区域中颜色的起点和终点的位置。

Color1,Color2 分别为内部区域中颜色的起点和终点的颜色。

8.3.3　创建字体工具

字体（Font）类定义了文字的格式，如字体、大小、样式等。Font 类的构造器需要 3 个参数，即字体名、字体大小和字体样式。如使用 Font 类构造器创建一个 Font 类的一个实例语句如下：

```
Dim f As New Font("字体", 26, Fontstyle.Bold)
```

这条语句创建了一个字体为"字体"，字体大小为 26 磅，字体样式为粗体的 Font 类的一个实例。Fontstyle 参数是一个枚举类型，其成员主要有以下几个。

① Bold：粗体。

② Italic：斜体。

③ Regular：正常文本。

④ Strikeout：有删除线的文本。

⑤ Underline：有下画线的文本。

8.4 绘 制 图 形

在 VB.NET 中绘制图形，主要是调用 Graphics 类的绘制方法来实现的。在绘制图形时，可根据实际需要创建不同的画笔、画刷和字体等工具，即可绘制所要求的图形。

1. 绘制直线

需要调用 Graphics 类的 Drawline（画直线）方法，并创建一个 Pen 类的实例定义直线的颜色、线段宽度和线段样式等属性。

Graphics 类的 Drawline（画直线）方法的语法格式如下：

```
Graphics 对象.Drawline(Pen,x1,y1,x2,y2)
```

其中：

① Pen 为绘画所用画笔工具。

② x1,y1,x2,y2 为单位直线的起点坐标和终点坐标。

例 8.1 从起点（50，30）到终点（150，150）画一条红色的、宽度为 5 的直线段（如图 8-2 所示）的代码如下：

```
Private Sub Button1_Click(ByVal sender As System.Object, ByVal e As System.EventArgs)
Handles Button1.Click
    Dim g As Graphics
    g = Me.CreateGraphics
    Dim p As New Pen(Color.Red, 5)
    Dim x1, y1, x2, y2 As Integer
    x1 = 50
    y1 = 30
    x2 = 150
    y2 = 150
    g.DrawLine(p, x1, y1, x2, y2)
End Sub
```

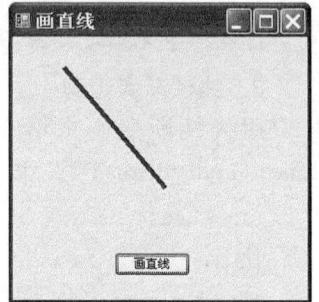

图 8-2 画直线

2. 绘制矩形和填充矩形

绘制矩形需要调用 Graphics 类的 DrawRectangle 绘图方法。

DrawRectangle 绘图方法的语法格式如下：

```
Graphics 对象.DrawRectangle(Pen,Rect)
```

其中：

① Pen 为绘图所使用的画笔工具。

② Rect 为 Rectangle 结构，用于定义绘图的区域。

③ DrawRectangle 方法用来画出矩形的轮廓线。

若要使用指定的笔刷工具来填充所绘制的矩形，需要调用 Graphics 类的 FillRectangle 方法，其语法格式如下：

```
Graphics 对象.FillRectangle(Brush,Rect)
```

其中：

① Brush 为填充图形所用的笔刷工具。

② Rect 为 Rectangle 结构，用一个矩形来限制填充图形的范围。

例 8.2 绘制一个矩形，并用黄色笔刷填充图形（如图 8-3 所示）的代码如下：

```
Private Sub Button1_Click(ByVal sender As System.Object, ByVal e As System.EventArgs)
Handles Button1.Click
        Dim g As Graphics
        g = Me.CreateGraphics
        Dim rect As New Rectangle(50, 30, 100, 150)
        Dim b As New SolidBrush(Color.Yellow)
        Dim p As New Pen(Color.Blue)
        g.DrawRectangle(p, rect)
        g.FillRectangle(b, rect)
End Sub
```

图 8-3 填充矩形

3. 绘制弧线

需要调用 Graphics 类的 DrawArc 绘图方法。这个方法需要 4 个参数，其语法格式如下：

```
Graphics 对象.DrawArc(Pen,Rect,StartAnglr,SweepAngle)
```

其中：

① Pen 为绘制弧线所用的画笔工具。

② Rect 为 Rectangle 结构，用一个矩形来限制绘图的范围。

③ StartAnglr，SweepAngle 为起始角度和所扫过的角度，从 X 轴方向逆时针计算，用弧度表示。

例 8.3 绘制一弧线（如图 8-4 所示）的代码如下：

```
Private Sub Button1_Click(ByVal sender As System.Object, ByVal e As System.EventArgs)
Handles Button1.Click
        Dim g As Graphics
        g = Me.CreateGraphics
        Dim p As New Pen(Color.Blue, 5)
        Dim rect As New Rectangle(20, 20, 200, 150)
        g.DrawArc(p, rect, 12, 126)
End Sub
```

图 8-4 绘制弧线

4. 绘制椭圆和填充椭圆

绘制椭圆需要调用 Graphics 类中的 DrawEllipse 绘图方法，其语法格式如下：

```
Graphics 对象.DrawEllipse(Pen,Rect)
```

其中：

① Pen 为绘制椭圆所用的画笔工具。

② Rect 为 Rectangle 结构，用一个矩形来限制绘制图形的范围。

填充椭圆需要调用 Graphics 类中的 FillEllipse 方法，其语法格式如下：

```
Graphics 对象.FillEllipse(Brush,Rect)
```

其中：

① Brush 为填充图形所用的笔刷工具。

② Rect 为 Rectangle 结构，用一个矩形来限制填充图形的范围。

例 8.4 绘制一个椭圆，并用绿色填充（如图 8-5 所示）的代码如下：

```
Private Sub Button1_Click(ByVal sender As System.Object, ByVal e As System.EventArgs)
```

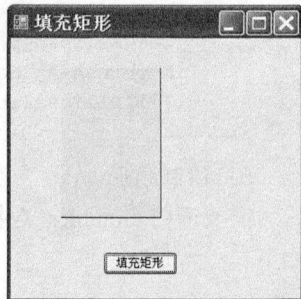

```
Handles Button1.Click
        Dim g As Graphics
        g = Me.CreateGraphics
        Dim p As New Pen(Color.Blue, 5)
        Dim rect As New Rectangle(50, 50, 200, 150)
        g.DrawEllipse(p, rect)
        Dim sbrush As New SolidBrush(Color.Green)
        g.FillEllipse(sbrush, rect)
    End Sub
```

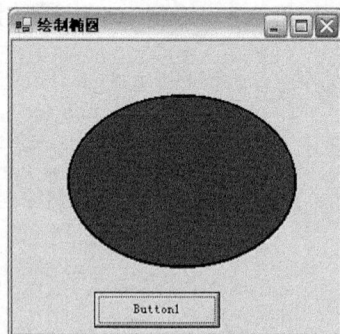

图 8-5　绘制椭圆

5. 绘制扇形

需要调用 Graphics 类中的 Drawpie 绘图方法，其语法格式如下：

```
Graphics 对象.Drawpie(Pen,Rect,Startangle,SweepAngle)
```

其中：

① Pen 为绘制扇形所用的画笔工具。

② Rect 为 Rectangle 结构，用一个矩形来限制填充图形的范围。

③ StartAngle 和 SweepAngle 为起始角度和所扫过的角度，从 X 轴方向逆时针计算，用弧度表示。

对应的扇形填充方法是 Fillpie,其语法格式如下：

```
Graphics 对象.Fillpie(Brush,Rect,StartAngle,SweepAngle)
```

其中：

① Brush 为填充扇形所用的笔刷工具。

② Rect 为 Rectangle 结构，用一个矩形来限制填充图形的范围。

③ StartAngle 和 SweepAngle 为起始角度和所扫过的角度，从 X 轴方向逆时针计算，用弧度表示。

例 8.5　绘制一个红色边扇形并用白色填充（如图 8-6 所示）的代码如下：

```
Private Sub Button1_Click(ByVal sender As System.Object,
ByVal e As System.EventArgs) Handles Button1.Click
        Dim g As Graphics
        g = Me.CreateGraphics
        Dim p As New Pen(Color.Red, 4)
        Dim rect As New Rectangle(20, 20, 200, 150)
        Dim sbrush As New SolidBrush(Color. White)
        g.DrawPie(p, rect, 45, 120)
        g.FillPie(sbrush, rect, 45, 120)
    End Sub
```

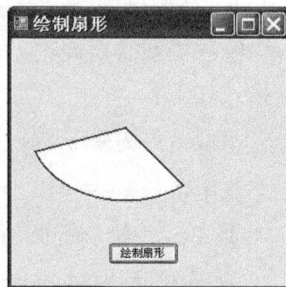

图 8-6　绘制扇形

6. 绘制文字

需要调用 Graphics 类中的 Drawstring 方法，其语法格式如下：

```
Graphics 对象.Drawstring(String,Font,Brush,X,Y)
```

其中：

① String 为要写入的字符串。

② Font 为写入字符串的字体工具。

③ Brush 为写入字符串的颜色和纹理。

④ X,Y 为写入字符串左上角的坐标值。

例 8.6　在窗体上写入"VB 程序设计"（如图 8-7 所示）的
代码如下：

```
Private Sub Button1_Click(ByVal sender As System.Object,
ByVal e As System.EventArgs) Handles Button1.Click
    Dim g As Graphics = Me.CreateGraphics
    Dim f As New Font("宋体", 26, FontStyle.Bold)
    Dim sbrush As New SolidBrush(Color.Red)
    g.DrawString("VB.NET 程序设计", f, sbrush, 10, 50)
End Sub
```

图 8-7　绘制文字

8.5　综　合　应　用

创建一应用程序，可以画出"艺术圆"、"阿基米德
螺线"、"射线"、"文字"等功能。如图 8-8 所示为画"射
线"效果。

1. 界面设计

在窗体上添加一个 PictureBox 和 4 个 Button。
Button1.Text="艺术圆"，　Button1.Text="阿基米德螺
线"，Button1.Text="射线"，Button1.Text="文字"。

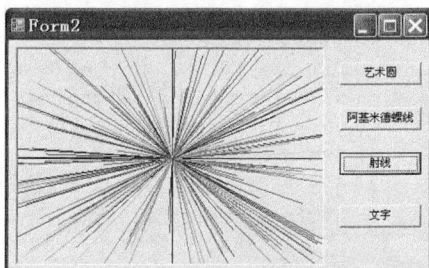

图 8-8　画"射线"

2. 分别添加代码如下：

```
'艺术圆
Private Sub Button1_Click(ByVal sender As System.Object, ByVal e As System.EventArgs)
Handles Button1.Click
    Dim i, r, x, y, x0, y0, st As Single
    r = PictureBox1.Height / 4
    x0 = PictureBox1.Width / 2
    y0 = PictureBox1.Height / 2

    st = Math.PI / 20
    For i = 0 To 2 * Math.PI Step st
        x = r * Math.Cos(i) + x0
        y = r * Math.Sin(i) + y0
    PictureBox1.CreateGraphics.DrawEllipse(Pens.Blue, New RectangleF(x - r, y - r, 2 * r,
2 * r))
    Next
    End Sub
'螺线
Private Sub Button2_Click(ByVal sender As System.Object, ByVal e As System.EventArgs)
Handles Button2.Click
    Dim x0, y0, x, y, i As Single
    x0 = PictureBox1.Width / 2
    y0 = PictureBox1.Height / 2
    Dim g As Graphics
    g = PictureBox1.CreateGraphics
    g.TranslateTransform(x0, y0)
    g.DrawLine(Pens.Black, -x0, 0, x0, 0)
```

```
        g.DrawLine(Pens.Black, 0, -y0, 0, y0)

        Dim pts() As PointF
        Dim index, j As Long
        index = CLng(8 * Math.PI / 0.1)
        ReDim pts(index)
        For i = 0 To 8 * Math.PI Step 0.1
            x = 5 * i * Math.Cos(i)
            y = 5 * i * Math.Sin(i)
            pts(j) = New PointF(x, y)
            j += 1
        Next
        Dim p As New Pen(Color.Red)
        p.Width = 5
        g.DrawCurve(p, pts)
    End Sub
    '射线
    Private Sub Button3_Click(ByVal sender As System.Object, ByVal e As System.EventArgs)
Handles Button3.Click
        Dim x0, y0, x, y, i As Single
        x0 = PictureBox1.Width / 2
        y0 = PictureBox1.Height / 2
        Dim g As Graphics
        g = PictureBox1.CreateGraphics
        g.TranslateTransform(x0, y0)
        g.DrawLine(Pens.Black, -x0, 0, x0, 0)
        g.DrawLine(Pens.Black, 0, -y0, 0, y0)
        For i = 0 To 200
            x = 200 * Rnd()
            y = 120 * Rnd()
            If Rnd() > 0.5 Then x = -x
            If Rnd() > 0.5 Then y = -y
        g.DrawLine(New Pen(Color.FromArgb(255 * Rnd(), 255 * Rnd(), 255 * Rnd())), 0, 0,
x, y)
        Next
    End Sub
    '文字
    Private Sub Button4_Click(ByVal sender As System.Object, ByVal e As System.EventArgs)
Handles Button4.Click
        Dim g As Graphics
        g = PictureBox1.CreateGraphics
        Dim fnt As New Font("黑体", 40, FontStyle.Bold)
        Dim br As New TextureBrush(New Bitmap(Application.StartupPath & "\1.bmp"))
        g.DrawString("文字绘制", fnt, br, 0, 0)
    End Sub
```

3. 运行程序

按"F5"键，单击"射线"按钮，运行结果如图 8-8 所示。

第9章
面向对象的编程

现代程序设计语言为什么会向面向对象编程靠拢？面向对象语言.NET、C++、JAVA 为什么这么普及？这是因为面向对象编程具备了封装性、继承性和多态性的特点，具有代码维护方便、可扩展性好、支持代码重用技术等优点。这些优点是面向过程的编程语言所不具备的。Visual Basic 2010 完全具备了面向对象特性，它支持对象、类的概念，能方便地实现继承、多态和封装。在本章我们将详细介绍对象、类、属性、方法、事件、封装、继承、接口、重载、多态的概念；并通过大量的例子详细介绍如何使用 Visual Basic 2010 中的这些概念来实现面向对象的编程。

9.1 类 和 对 象

9.1.1 对象

在客观世界中对象就是现实存在的事物。计算机中的对象能提供给用户所需要的信息，但并不需要用户知道对象是如何工作的，就好比我们能使用相机拍出美丽的风景图片，但我们并不需要知道相机内部是如何把光线转换为图像的；对用户来说，只要能调用对象完成所需要的功能就可以了，不需要用户了解对象内部工作的实际过程，这就称为封装。

既然对象具有封装性，在不了解对象内部工作流程时，如何正确地使用对象得到所需要的信息呢？在 VB.NET 中用户可以通过属性、方法和事件与对象交互。在第 1 章中已经介绍了对象三要素的基本概念，本节着重从应用角度诠释对象的属性、方法和事件。

9.1.2 属性、方法和事件

1. 属性

用户可以像使用变量一样使用属性来存储对象的特征信息。假如想保存一辆汽车的信息，可以通过定义属性变量来描述一辆车的特征。例如，如果汽车对象名为 Car，可设置属性变量 Color 来描述对象 Car 的颜色特征；设置属性变量 Speed 来描述对象 Car 的速度特征。在 VB.NET 中要设置或改变对象的属性值，可用如下格式：

对象名.属性名=表达式

除了直接用"="给对象属性赋值外，还可以使用属性过程来设置属性。属性过程中包括 Get

和 Set 两个子过程：Get 过程用于获取属性值；Set 过程用于设置属性值。属性过程的语法格式如下：

```
[访问修饰符][ReadWrite|ReadOnly|WriteOnly] Property 属性变量名
   Get
     Return 属性值
   End Get
   Set (ByVal value AS 数据类型)
     属性值=value
   End Set
End Property
```

属性过程以 Property 开始，以 End Property 结束。

说明如下。

（1）访问修饰符：可以取如下值中的一个，包括 Public、Protected、Private、Friend、ProtectedFriend。默认是 Public。

① Public：表示类内部或外部的代码都可以访问。

② Protected：表示只有本类或派生类中的代码可以访问。

③ Private：表示只能被该类内部的其他成员访问。

④ Friend：表示只能由定义该类的项目中的所有类访问。

⑤ ProtectedFriend：是 Protected 和 Friend 两种访问类型的组合。即本类或派生类中的代码可以访问，该类所在项目中的所有类可以访问。

（2）ReadOnly：表示属性是只读的。

（3）WriteOnly：表示属性是只写的。

（4）ReadWrite：表示属性是可读写的。默认就是 ReadWrite。

当读取属性值时，系统将调用 Get 过程中的代码，用 Return 语句返回属性值给用户；当设置属性值时，系统将调用 Set 过程中的代码，用户设定的属性值将传递给 Set 过程中的内部变量 value，Value 在 Set 过程中必须使用 ByVal 进行声明，VB.NET 用这个内部变量向在 Set 块中的属性传递由用户设定的属性值。

例 9.1　用属性过程给计算机成绩变量 computerValue 赋值。

```
Private  computerValue  as  integer
Public Property  Computer  as integer
   Get
     Return computerValue
    End get
   Set(ByVal value As integer)
      If value>=0 and value<=100 then
        computerValue=value
     End Zf
   End Set
End Property
```

Private computerValue as integer 语句中使用了 Private 关键字，表示变量 computerValue 是私有变量，只能被该成员所在的类访问。其他成员要访问该变量需通过属性过程的 Get 和 Set 子过程间接存取，Set 过程给 computerValue 变量赋值；Get 过程获取 computerValue 变量的值。用上述的方法就可以实现变量数据的封装。

属性一定是 ReadWrite、ReadOnly 或 WriteOnly。上面的例子演示了 ReadWrite 的属性。下面的例子将演示如何创建 ReadOnly 和 WriteOnly 的属性。

只读属性只有 Get 块没有 Set 块：

```
Public ReadOnly Property FullName as String
   Get
     Return m_FirstName & "" & m_LastName
   End Get
End Property
```

只写属性只有 Set 块没有 Get 块：

```
Public WriteOnly Property Password as String
   Set(ByVal value As String)
    m_Password = Value
   End Set
End Property
```

反之，当省略了 Get 块或 Set 块时，一定要使用 WriteOnly 或 ReadOnly 关键字。

使用属性过程的好处在于：

① 属性过程可以实现更好的封装，因为 Property 可以控制属性的访问权限、读写权限。

② 可以在属性过程的 Set 块中添加代码用以检查 value 参数，使得对属性的赋值在其定义域内。

2．方法

对象的方法就是它能执行的操作。子程序和函数都被称为方法。例如 Car 对象可以有 StartEngine、Drive 和 Stop 方法。因此，如果要启动汽车，就需要定义一个完成启动操作的 StartEngine 方法，通过调用 StartEngine 方法，使 Car 对象完成启动操作。

例如：假设在学生类 student 中定义 getStudentInfo 方法，该方法能完成获取学生信息的操作，当一个 student 对象调用 getStudentInfo 方法时就可获取到所需要的信息。

例如：grade 对象可以有 printGrade 方法，当要输出学生的成绩时，就可以调用 printGrade 方法来完成。同样在 grade 对象能调用 printGrade 方法之前，我们要先定义一个 printGrade 方法可以输出学生成绩。

3．事件

事件是一个信号，它告知应用程序有重要的事情发生。事件允许对象在事件调用的时候做出相应的动作。比如，用户敲击键盘就会触发 KeyPress 事件，表示对象得到或响应用户敲击键盘信息了；当用户单击鼠标就会触发 MouseDown 事件，表示对象得到或响应用户单击鼠标信息了。通过在事件过程中编写事件代码，使得对象能执行完成某些功能的操作。前面章节多是利用.NET Framework 所提供的预定义事件编程，除了预定义事件外，在创建类时，也可以创建该类对象的事件，具体步骤如下：

（1）声明事件。

在类模块的声明部分使用 Event 语句可以声明事件，将事件添加给类。语法如下：

```
[访问修饰符] [Shadows] Event 事件名称(形式参数列表)
[Implements interface.event]
```

说明如下。

访问修饰符：可以取如下值中的一个，包括 Public、Protected、Friend、ProtectedFriend、private。

Shadows：表示该事件将替换父类中有相同名称但不一定有相同参数的事件。

形式参数列表：提供事件传递给事件处理过程的参数。参数列表的语法与子过程或函数过程中参数列表的语法相同。

Implements interface.event：表示该事件是用来实现在接口中声明过的事件。

（2）事件处理。

要使事件真正发生，必须使用 RaiseEvent 语句引发。如果要响应对象的事件，需要在声明的时候加入关键字"WithEvents"。

```
RaiseEvent eventname [(argumentlist)]
```

例 9.2 创建一事件 MyEvent，当执行 riseEve 方法时响应，并接收 riseEve 方法中字符变量 i 的值。

执行步骤：

（1）先定义事件 Myevent。在类 MyEvent 的通用声明部分声明事件：

```
Public Event Myevent(ByVal i As String)
```

（2）调用 RaiseEvent 方法来激发 Myevent 事件。代码如下：

```
RaiseEvent Myevent(i)
```

（3）在类 Form1 的通用声明部分，添加下列代码：

```
Dim WithEvents Exp As Myevent
```

关键词 WithEvents 用来通知 VB.NET 该对象可以接收任何事件，而且该对象必须接收事件。

（4）在 Form 代码窗口中，从对象下拉列表中选择对象"Exp"；在事件的下拉列表中选择事件"Myevent"，在 Exp_Myevent 过程中输入 MsgBox 来输出字符 i 的值。代码如下：

```
Private Sub Exp_Myevent(ByVal i As String) Handles Exp.Myevent
        MsgBox("Now is " & i)
End Sub
```

当执行 riseEve 方法时，"Exp"对象响应"Myevent"事件，执行 Exp_Myevent 中的事件代码。完整的 Form1.vb 代码如下：

```
Public Class Form1
    Dim WithEvents Exp As MyEvent
    Private Sub Form1_Click(ByVal sender As Object, ByVal e As System.EventArgs) Handles
Me.Click
        Exp = New MyEvent
        Exp.riseEve()
    End Sub
    Public Class MyEvent
        Public Event Myevent(ByVal i As String)
        Public Sub obj_Myevent(ByVal i As String)
            Dim x As String
            x = i
        End Sub
        Public Sub riseEve()
            Dim i As String
            i = Now().ToString
            RaiseEvent Myevent(i)
        End Sub
    End Class
    Private Sub Exp_Myevent(ByVal i As String) Handles Exp.Myevent
        MsgBox("Today is " & i)
    End Sub
End Class
```

必须在声明事件的类、模块或结构的范围内引发事件。如：在派生类不能引发从基类继承的事件。

9.1.3　类的概念

在面向对象编程技术中，类是重点中的重点。简单地说，类是一种提供一定功能的数据类型。一个类中可包含下列成员的声明：构造函数、析构函数、常量、字段、方法、属性、索引器、运算符、事件、委托、类、接口、结构。

例如在前面的例子中，当我们想保存一辆汽车的信息，可以通过定义一些变量来描述一辆车的颜色和马力，但这些变量只是描述一辆汽车的参数，如果要描述另一辆汽车的参数的话，则又要定义一些其他变量来存储这些信息。如果使用类，就可以解决这个问题，只需要定义一个通用的汽车的类，每当需要描述一辆汽车的时候只需定义类的一个对象就可以了，这样就达到了代码重用的目的。所以，也可以说类是对象的抽象，对象是类的实例。

在 VB.NET 中定义一个类要用到关键字 Class，类由 Class 和 End Class 语句标记。

类的语法格式：

```
[访问修饰符] Class 类名
    …
End Class
```

在这两条语句之间输入的任何代码都是类的一部分。

访问修饰符：Public ，默认就是 Public。只有嵌套类允许访问级别为 protected 和 private。

例如，下面的代码就定义了一个名字为 Employee 的类：

```
Class Employee
…
End Class
```

类的命名使用 Pascal 语言的命名规则。

对象是类的一个实例，要创建一个类的对象，需使用 Dim 语句创建一个变量，该变量的类型就是创建它的类，并使用 New 运算符把该变量初始化为该类的新实例。

创建对象的格式如下：

```
Dim 对象名 as New 类名
```

例：Dim emp1 as New Employee

该 Dim 语句创建了 Employee 类的一个对象变量 emp1，然后就可以通过对象变量 emp1 访问 Employee 类的成员了。

接下来，我们用例子来说明如何用 VB.NET 构建类、对象、方法和事件。

9.2　构建类、对象、方法和事件

9.2.1　构建类和对象

例 9.3　在这一节要构建一个学生类 Student 和成绩类 Grade，并为 Student 类和 Grade 类建立对象。

选择建立一个新的 VB.NET 项目来存放类。步骤如下："开始"→"程序"→"visual studio 2010"，打开 visual studio 2010，单击"文件"菜单，选择"新建项目…"，出现"新建项目"对话框，如图 9-1 所示。

图 9-1 "新建项目"对话框

（1）选择"Windows 窗体应用程序"，在下方的名称栏给出程序名：oopStudent，单击"确定"。

（2）从"解决方案资源管理器"面板中选择解决方案：oopStudent，单击右键。

（3）选择"添加"，再选择"新建项"。

（4）在弹出的"添加新项"窗口中，选择模板中的"类"。

（5）在该窗口下面的"名称"栏输入 Student.vb，单击"添加"就构建了一个类 Student，代码如下：

```
Public Class Student
End Class
```

（6）为类 Student 定义成员变量 no、name、address 和 birthday 如下：

```
Class Student
    Public Class Student        '学生类
    Public no As String         '学号
    Public name As String       '姓名
    Public address As String    '地址
    Public birthDay As Date     '出生日期
End Class
```

Public 表示成员变量是全局变量。像这种直接在 Class 代码块内部声明的变量称为字段。字段可以使用任意访问修饰符，默认访问修饰符是 Private。

（7）在窗体的 Form1 类中建立 Student 类的对象 stud1：

```
①   Dim stud1 As New Student()
②   stud1.no = "20010001"
③   stud1.name = "李红"
④   stud1.address = "江城市中山路 312 号"
⑤   stud1.birthDay = #10/23/1990#
```

标号为①的行：用 Dim 语句声明了 Student 类的对象 stud1，其中 New Student()代表会在内存建立一个实例空间来储存 stud1 对象的属性值，后面 4 句是给 stud1 对象的属性 no、name、address 和 birthDay 赋值。Stud1 对象内存示意图如图 9-2 所示。

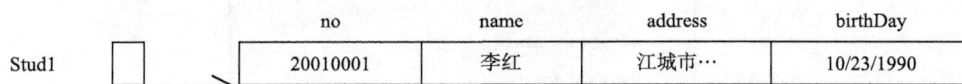

图 9-2　Stud1 对象内存示意图

（8）同步骤（2）~步骤（6），创建 Grade 类，为 Grade 类定义字段如下：

```
Public Class Grade
    Public computer As Integer
    Public english As Integer
    Public science As Integer
    Public handTest As Integer
End Class
```

（9）在窗体的 Form1 类中建立 Grade 类的对象 grade1，并为 grade1 对象的属性 computer、english 和 science 赋值。

```
Dim grade1 As New Grade()
    grade1.computer = 89      '表示李红的计算机课程成绩分
    grade1.english = 78       '表示李红的英语课程成绩分
    grade1.science = 91       '表示李红的科学课程成绩分
```

（10）在窗体上放置 5 个标签和 5 个文本框，窗体的 Form1_Load 事件中输入代码用于在文本框中显示上面对象的属性值。

窗体 Form1.vb 的完整代码如下：

```
Public Class Form1
    Private Sub Form1_Load(ByVal sender As System.Object,
    ByVal e As System.EventArgs) Handles MyBase.Load
    Dim stud1 As New Student()
    stud1.no = "20010001"
    stud1.name = "李红"
    stud1.address = "江城市中山路 312 号"
    stud1.birthDay = #10/23/1990#
    Dim grade1 As New Grade()
    grade1.computer = 89     '表示李红的计算机课程成绩分
    grade1.english = 78      '表示李红的英语课程成绩分
    grade1.science = 91      '表示李红的科学课程成绩分
    LblNo.Text = stud1.no
    LblName.Text = stud1.name
    LblAddress.Text = stud1.address
    LblAge.Text = (Year(Now)-Val(stud1.birthday)
    LblResult.Text &="计算机成绩: " & grade1.computer & vbCrLf & _
            "英语成绩: " & grade1.english & vbCrLf & _
            "科学成绩: " & grade1.science & vbCrLf
    End Sub
End Class
```

（11）输出结果，如图 9-3 所示。

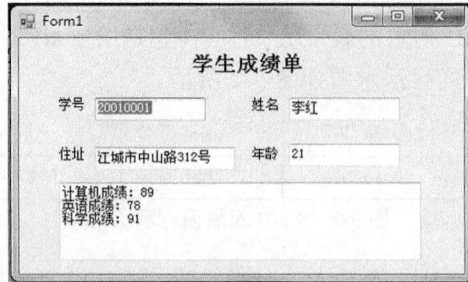

图 9-3　程序运行结果

9.2.2　构建方法和事件

对象的三要素是：属性、方法和事件，而对象又是类的一个实例，所以属性、方法和事件也都属于类的成员，须放在类的区域。VB 的方法分为函数和过程两种。函数带关键字 Function，执行完毕后有返回值，一般用 Return 来定义返回值。过程带关键字 Sub，执行完毕后没有返回值。在事件调用时，对象能执行完成某些功能的操作。本节将利用.NET Framework 所提供的预定义事件来编程。

例 9.4　创建函数方法 getAge，能完成计算学生年龄的操作；创建函数方法 getGradeInfo，能获取学生各门课程成绩。

（1）在 student 类中定义函数 getAge：

```
① Public Class Student              '学生类
② Public no As String              '学号
③ Public name As String            '姓名
④ Public address As String         '地址
⑤ Public birthDay As Date          '出生日期
⑥ Public Function getAge(ByVal birthDay As Date) As Integer
⑦ Return Year(Now) - Year(birthDay)
⑧ End Function
⑨ End Class
```

在第⑥行定义了函数 getAge，其参数是 birthDay，参数数据类型是日期型，返回值的数据类型是整形。

（2）在 Grade 类中定义函数 getGradeInfo，函数返回值的数据类型是字符型：

```
① Public Class Grade
② Public computer As Integer
③ Public english As Integer
④ Public science As Integer
⑤ Public handTest As Integer
⑥ Public Function getGradeInfo() As String
⑦ Dim str As String
⑧ str = "计算机成绩: " & computer & vbCrLf & _
⑨ "英语成绩: " & english & vbCrLf & _
⑩ "科学成绩: " & science & vbCrLf
```

⑪ Return str
⑫ End Function
⑬ End Class

Grade 类的第⑥行定义了函数 getGradeInfo，没有参数，返回值的数据类型是字符型。

（3）在 Form1.vb 中调用刚定义的方法：

① Public Class Form1
② Private Sub Form1_Load(ByVal sender As System.Object,
③ ByVal e As System.EventArgs) Handles MyBase.Load
④ Dim stud1 As New Student()
⑤ stud1.no = "20010001"
⑥ stud1.name = "李红"
⑦ stud1.address = "江城市中山路 312 号"
⑧ stud1.birthDay = #10/23/1990#
⑨ Dim grade1 As New Grade()
⑩ grade1.computer = 89　　　'表示李红的计算机课程成绩分
⑪ grade1.english = 78　　　'表示李红的英语课程成绩分
⑫ grade1.science = 91　　　'表示李红的科学课程成绩分
⑬ LblNo.Text = stud1.no
⑭ LblName.Text = stud1.name
⑮ lblAddress.Text = stud1.address
⑯ lblAge.Text = Str(stud1.getAge(stud1.birthDay))
⑰ LblResult.Text = grade1.getGradeInfo()
⑱ End Sub
⑲ End Class

在⑯行调用了函数 getAge，传递给该函数的参数在第⑧行定义，是学生的出生日期。返回值是学生年龄，用 Str 函数把返回的整形值转换为字符型。

在⑰行调用了函数 getGradeInfo，返回值是字符型的。

（4）事件：在 Form1.vb 类中使用了窗体的载入事件 Form1_Load，用关键字 Sub 表示没有返回值，所以不需要定义返回类型。

（5）输出结果：与例 9.3 结果相同。

9.3　构造函数和析构函数

构造函数与析构函数是面向对象程序设计中两个非常重要的函数。构造函数用于类实例化时初始化对象；析构函数用于释放对象占用的系统资源。在 VB.NET 中，有两种方法可以实现析构函数的功能：一种是 Finalize 方法，用于被动地释放资源；另一种是 Dispose 方法，可以主动地释放资源。

9.3.1　构造函数

构造函数是一种特殊的方法，主要用来在创建对象时初始化对象，即为对象成员变量赋初始值，所以不需要返回值，属于 Sub 方法。构造函数的名称必须是 New，否则就会被编译程序认定是一般方法，而不会在产生对象实例时自动调用。

VB.NET 构造函数方法的格式为：

```
Public Sub New([[ByVal 参数名1 as 参数类型],… ])
…
给成员对象赋初值
…
End Sub
```

在创建类的实例的同时构造函数会被自动调用，所以通过把属性值传给构造函数的参数来为对象提供数据。没有任何参数的构造函数称为预设构造函数。

在 VB.NET 中创建类的时候，会自动创建一个默认的构造函数，当然，我们也可以自己编写符合程序要求的构造函数。

例 9.5 为 Student 类构建预设构造函数；为 Grade 类构建带参数构造函数。

```
Public Class Student            '学生类
    Public no As String         '学号
    Public name As String       '姓名
    Public address As String    '地址
    Public birthDay As Date     '出生日期
'下面是 Student 类的预设构造函数
    Public Sub New()
        Me.no = "20010001"
        Me.name = "李红"
        Me.address = "江城市中山路312号"
        Me.birthDay = #10/23/1990#
    End Sub
    Public Function getAge(ByVal birDay As Date) As Integer
        Return Year(Now) - Year(birDay)
    End Function
End Class
Public Class Grade
    Public computer As Integer
    Public english As Integer
    Public science As Integer
  'Grade 类的带参数构造函数
Public Sub New(ByVal computer As Integer, ByVal english As Integer, ByVal science As Integer)
    '将传进来的参数赋给对应的对象属性
        Me.computer = computer
        Me.english = english
        Me.science = science
    End Sub
    Public Overridable Function getGradeInfo() As String
        Dim str As String
        str = "计算机成绩: " & computer & vbCrLf & _
            "英语成绩: " & english & vbCrLf & _
            "科学成绩: " & science & vbCrLf
        Return str
    End Function
```

```
End Class
Public Class Form1
Private Sub Form1_Load(ByVal sender As System.Object, ByVal e As System.EventArgs)
Handles MyBase.Load
```
'下面两条语句是用 New 自动调用上面定义好的构造函数:
```
        Dim stud1 As New Student()
        Dim grade1 As New Grade(70, 80, 90)
        Dim birday As Date = stud1.birthDay
        LabNo.Text = stud1.no
        LabName.Text = stud1.name
        LabAddress.Text = stud1.address
        LabAge.Text = Str(stud1.getAge(birday))
        LabResult.Text &= grade1.getGradeInfo()
    End Sub
End Class
```

构造函数一般用于打开文件、连接到数据库、初始化变量以及处理任何需要在可使用对象前完成的其他任务。

9.3.2　析构函数

当在程序中创建对象,对象就会占用内存。大部分对象都有状态,状态描述了对象的静态和动态特征,包括对象的名称、大小、存放地址、使用频率等。给对象分配内存的目的在于:一是要保存对象的状态,对象的状态越多,需要的内存就越多;二是需要跟踪内存中的对象。作为程序开发人员,需要在内存中保存对对象的引用,这样当程序中用到该对象时,就知道对象的存放地址。公共语言运行库 CLR 也需要跟踪对象,以决定什么时候不再使用对象,从而及时收回对象所占用的存储空间。

例如:当我们创建一个新文件,并向文件中写入数据时,可以使用.NET Framework 对象 System.IO.FileStream 来创建文件,并向文件中写入数据。一旦写入数据完毕,不再使用对象资源,就应该立即释放它们,否则其他人就不能从该文件中读取数据,因为文件是以独占方式打开。而且,该对象所占用的内存空间也不能释放出来供其他对象使用,如果这样的情况大量发生,被占用的内存量持续增长,直到计算机用尽所有的内存,使得程序不能再创建对象获取内存时,系统就会崩溃。像这样不再需要的但还保存在内存中的对象称为泄漏。

VB.NET 程序运行时,由 CLR 监控程序的所有对象,当发现程序中某对象不再需要时,CLR 会销毁这一对象,并收回其资源,称为 CLR 的"垃圾收集(Garbage Collection,GC)"机制。有了垃圾收集机制,程序员就无需干预内存的回收,简化了应用程序的开发。一般我们在程序中创建的对象大部分都是托管对象,可依靠 GC 自动进行内存的回收。但是对于封装了非托管资源的对象,比如,文件句柄、数据库的连接等,在销毁这些对象时,就需要通过调用该对象的 Finalize 方法,来释放该对象占用的内存。调用 Finalize 方法的方式是将引用对象的变量设置为 Nothing。

例 9.6　创建一个文本文件 abc.txt,并向该文件中写入数据后,关闭文件,回收内存资源。

```
Imports System.IO
Public Class Form1
Private Sub Form1_Load(ByVal sender As System.Object, ByVal e As System.EventArgs)
Handles MyBase.Load
```
'创建 FileStream 类的对象
```
        Dim objFileStream As New FileStream("e:\abc.txt", FileMode.Create)
        Dim fw As New BinaryWriter(objFileStream)
        For i = 1 To 10
```

```
                    fw.Write(CStr(i))
            Next
            objFileStream.Close()
            objFileStream = Nothing
        End Sub
End Class
```

例 9.6 创建了文本文件 abc.txt，用循环向 abc.txt 中写入数据后，调用了 Close 方法关闭文件句柄，向系统表示用户不再使用这个文件，文件打开"锁定"，别的用户可以使用 abc.txt 文件。语句 objFileStream = Nothing 是把对象 objFileStream 设置为 Nothing，表示告诉 VB.NET 垃圾收集器程序不再需要 objFileStream 对象，objFileStream 此刻成为垃圾收集器的收集对象。接下来垃圾收集器会自动调用该对象的 Finalize 方法，来释放该对象占用的内存。根据处理的不同，有时从程序中止使用某个对象到某个对象的 Finalize 方法运行之间时间很长，由于 Finalize 方法的延迟调用特性，我们也可以使用一种更主动的方式来释放资源，那就是实现 IDisposable 接口的 Dispose 方法。当某个对象的内容不需要使用时，调用 Dispose 方法，程序立即执行对象的清理工作。这也是.Net Framework 中常见的设计模式。那该怎么实现 Dispose 呢？

首先，Dispose 接口应该释放自身对象所占用的资源，还应该调用基类的 Dispose 方法，释放基类部分所占用的资源。

例：实现 IDisposable 接口的 Dispose 方法。

```
public Sub Dispose()
'调用释放非托管资源的方法
    ReleaseMyResource()
    base.Dispose()
End Sub
```

因 Finalize()会导致性能的降低，应避免不必要地使用它们，所以在执行 Dispose 后就应该告诉 GC 不用再调用 Finalize()了。在 base.Dispose()后面加上一行语句：

```
GC.SuppressFinalize(me)
```

9.4 继　　承

9.4.1 继承的概念

继承是生物学上的名词。例如，狗是犬科动物，而犬科动物又是哺乳动物，因此作为犬科动物，狗继承了哺乳动物所有的属性和行为，这就是生物学上的继承。面向对象的程序设计语言借用了继承这个名词，定义继承就是一个类能够得到一个现有的类的所有接口和行为。当创建一个新的从父界面或者现有父类继承而来的类的时候，我们就为原来的类创建了一个子类，也称为衍生类或派生类；原有的类称为父类，也称为基类。派生类继承基类中定义的所有属性、方法和事件。VB.NET 允许一个子类可以从另外一个子类继承而来，但是 VB.NET 不允许同时继承多个父类。即不容许多重继承，子类只能继承一个父类。

继承格式如下：

```
[访问修饰符] Class 派生类名
    Inherits 基类名
```

```
End Class
```

通过声明 Inherits 关键字，来标识派生类的基类。如果没有标识基类，VB.NET 就会视其派生自 Object 基类，默认为是隐式继承。Object 类是所有类的基类，无论是自定义的类还是函数库内的类都是 Object 类的衍生类，所有类都可以调用或改写 Object 类内所定义的方法。

类继承：如果派生类使用 Inherits 语句，则只能指定一个基类。若要防止公开基类中的受限项，派生类的访问类型必须与其基类一样或比其基类所受限制更多。例如，Public 类不能继承 Friend 或 Private 类，而 Friend 又不能继承 Private 类。

例：类的继承。名为 thisClass 的类继承名为 anotherClass 的基类的所有成员：

```
Public Class thisClass
  Inherits anotherClass


End Class
```

例 9.7　本学期学生选修的计算机课程必须有上机考试成绩 handTest 才能参加笔试，以前的成绩类 Grade 中没有这个属性，我们可以使用继承，不需要改变 Grade 类，只需要将新的属性加入到派生类中即可。

```
Grade.vb:
Public Class Grade
    Public computer As Integer
    Public english As Integer
    Public science As Integer
End Class
'定义派生类 ComGrade 派生自基类 Grade
Public Class ComGrade
Inherits Grade
'在派生类中增加一个新属性
    Public handTest As Integer
End Class
Form1.vb:
Public Class Form1
    Private Sub Form1_Load(ByVal sender As System.Object,
    ByVal e As System.EventArgs) Handles MyBase.Load
        Dim stud1 As New Student()
        stud1.no = "20010001"
        stud1.name = "李红"
        stud1.address = "江城市中山路 312 号"
        stud1.birthDay = #10/23/1990#
'ComGrade 继承 Grade 类，所以其对象 comgrade1 可以存取 Grade 类所定义的成员
        Dim comgrade1 As New ComGrade()
        comgrade1.computer = 89
        comgrade1.handTest = 92
        comgrade1.english = 78
        comgrade1.science = 91
'下面的两句是错误的，表示 Grade 类对象 grade1 不可以存取衍生类所定义的属性 handTest:
        'Dim grade1 as new Grade()
        'grade1.handTest

        Dim birday As Date = stud1.birthDay
        LabNo.Text = stud1.no
        LabName.Text = stud1.name
```

```
            LabAddress.Text = stud1.address
            LabAge.Text = Str(stud1.getAge(birday))
            LabGrade.Text = "计算机成绩: " & comgrade1.computer & vbCrLf & _
                "计算机上机考试成绩: " & comgrade1.handTest & vbCrLf & _
                "英语成绩: " & comgrade1.english & vbCrLf & _
                "科学成绩: " & comgrade1.science
        End Sub
    End Class
```

9.4.2　MyBase、MyClass 和 Me

MyBase：MyBase 常用于访问在派生类中被重写或隐藏的基类成员。当重写派生类中的方法时，可以使用 MyBase 关键字调用基类中的方法。派生类要显式调用基类构造器，同时向基类构造器传递相应的参数时，也需要在 New 方法前加上关键字 Mybase。

MyClass：用于调用在类中实现的 Overridable 方法，而不是调用派生类中重写的方法。如果类的方法在基类中定义但没有在派生类中提供该方法的实现，则 MyClass 用法与 MyBase 相同。

Me：表示引用类的当前实例的对象变量。一个类可以有多个实例，使用 Me 关键字可以引用代码正在执行的该类的特定实例。

9.4.3　派生类的构造函数和析构函数

通常如果基类构造器不需要参数，派生类执行的时候，VB.NET 自动调用基类构造器。但是如果基类构造器要求参数时，因为所有的类都使用方法 New 作为构造器名，所以派生类就不能简单地调用方法 New，系统无法确定需要调用哪个 New 方法，在派生类调用方法 New 时，要用 mybase.new（参数列表）来调用基类构造器，且该语句必须放在派生类构造器的第一行，否则产生语法错误。如果不需要参数，可以省略该语句，但为了提高代码的可读性，一般还是用 mybase.new()显式地调用基类构造器。

例 9.8　用构造函数初始化例 9.7，得到同样结果。

```
Public Class Grade
    Public computer As Integer
    Public english As Integer
    Public science As Integer
    'Grade 类的带参数构造函数:
    Public Sub New(ByVal computer As Integer, ByVal english As Integer, ByVal science
As Integer)
            '将传进来的参数赋给对应的对象属性:
        Me.computer = computer
        Me.english = english
        Me.science = science
    End Sub
    Public Overridable Function getGradeInfo() As String
        Dim str As String
        str = "计算机成绩: " & computer & vbCrLf & _
            "英语成绩: " & english & vbCrLf & _
            "科学成绩: " & science & vbCrLf
        Return str
```

```
        End Function
    End Class
    Public Class ComGrade
        Inherits Grade
    Public handTest As Integer
    '派生类 ComGrade 带参数的构造函数:
    Public Sub New(ByVal computer As Integer, ByVal english As Integer, ByVal science As
Integer, ByVal handTest As Integer)
    '第 1 行要用 mybase.new（参数列表）来调用基类构造器
        MyBase.New(computer, english, science)
        Me.handTest = handTest
        End Sub
        Public Overrides Function getGradeInfo() As String
            Dim str As String
            str = MyBase.getGradeInfo + "计算机机考成绩: " & handTest & vbCrLf
            Return str
        End Function
    End Class
    Student.vb:
    Public Class Student
        Public no As String    '学号
        Public name As String    '姓名
        Public address As String    '地址
        Public birthDay As Date      '出生日期
    'student 类带参数的构造函数
        Public Sub New(ByVal no, ByRef name, ByVal address, ByRef birthday)
            Me.no = no
            Me.name = name
            Me.address = address
            Me.birthDay = birthday
        End Sub
        Public Function getAge(ByVal birDay As Date) As Integer
            Return Year(Now) - Year(birDay)
        End Function
    End Class
    Form1.vb:
    Public Class Form1
        Private Sub Form1_Load(ByVal sender As System.Object,
    ByVal e As System.EventArgs) Handles MyBase.Load
    '定义 Student 类的对象 stud1 时，系统会自动调用 Student 类的构造函数
            Dim stud1 As New Student(20010001, "李红", "江城市中山路 312 号", #10/23/1990#)
    '定义 Grade 类的对象 grade1 时，自动调用 Grade 类的构造函数
            Dim grade1 As New Grade(89, 78, 91)
    '定义派生类 ComGrade 的对象 grade1 时，自动调用 Grade 类的构造函数
            Dim comgrade1 As New ComGrade(89, 78, 91, 90)
            Dim birday As Date = stud1.birthDay
            txtNo.Text = stud1.no
            txtName.Text = stud1.name
            txtAddress.Text = stud1.address
            txtAge.Text = Str(stud1.getAge(birday))
            txtGrade.Text = comgrade1.getGradeInfo()
        End Sub
    End Class
```

　　构造函数的执行：当创建派生类的实例时，派生类 Sub New 构造函数中的第一行代码使用语法 MyBase.New() 调用类层次结构中该类上一层父类的构造函数。依次类推向上调用该类层次结构中每个类的 Sub New 构造函数，直到到达最上层基类的构造函数。此时，最上层基类构造函数中的代码执行，接着一层层向下执行所有派生类中每个构造函数的代码，最后执行实例类中的构造函数代码。

　　当调用派生类的 Sub　Finalize 方法时，首先执行所需的任何清理任务，然后使用语法 MyBase.Finalize() 显式调用其类层次结构中该类上一层父类的 Sub Finalize 方法并执行其代码，依次类推，因此，执行时，Sub　Finalize 方法首先从最相近派生的类开始运行，最后执行基类中的代码。

　　例 9.9　派生类的构造函数和派生类的析构函数举例。

```
Module Module1
    Public Sub Main()
        Dim obj As CalTaper = New CalTaper()
        obj.GetS(4)      '调用派生类的 GetS 方法
    End Sub
    Public Class CalArea
        Private r As Integer = 10
        Protected s As Single
        Sub New()
            Console.WriteLine("基类的构造")
        End Sub
        Protected Overrides Sub Finalize()
            Console.WriteLine("基类的析构")
            MyBase.Finalize()
            Console.ReadKey()
        End Sub
    End Class
    Public Class CalTaper
        Inherits CalArea
        Sub New()
            MyBase.New() '注意：这句话要放在 Sub New()内的第 1 句
            Console.WriteLine("派生类的构造")
        End Sub
        Protected Overrides Sub Finalize()
          Console.WriteLine("派生类的析构")
          MyBase.Finalize()
        End Sub
        Public  Function GetS(ByVal r As Integer) As Integer
            Me.s = 3.14159 * r * r / 3 'protected 类型的 me.s 可以在派生类中使用
            Console.WriteLine("派生类的 GetS 方法，结果为：" & Me.s)
            Return Me.s
        End Function
    End Class
End Module
```

结果如图 9-4 所示。

图 9-4　程序运行结果

9.4.4　重写

　　子类可以重写父类现有的方法。即如果从父类继承过来的方法结构没有问题，内容不适合子类的要求，就可以修改父类的方法内容以符合子类的需求，这称为方法的重写。重写的作用在于：子类重写父类的方法后，具有自己特有的行为。但重写适用于方法与属性，声明参数与修饰符必须与父类中的完全一致。

在 VB.NET 中，重写有如下关键字。

（1）Overridable 和 OverRides：在基类中用 Overridable 修饰符来表示允许基类中的属性或方法在其派生类中被重写，默认是 NotOverridable 修饰符。在派生类中，如果要重写基类中可重写的方法或属性时，在派生类的方法名或属性名前要加上 OverRides。

（2）MustOverRide：表示该方法或属性必须在派生类中重写。

（3）NotOverridable：表示该方法或属性不允许被重写。

例 9.10　重写例 9.5 中的 getGradeInfo 方法。

```
Public Class Grade
    Public computer As Integer
    Public english As Integer
Public science As Integer
'overridable 表示可以被子类的方法改写
    Public Overridable Function getGradeInfo() As String
        Dim str As String
        str = "计算机成绩: " & computer & vbCrLf & _
            "英语成绩: " & english & vbCrLf & _
            "科学成绩: " & science
        Return str
    End Function
End Class
Public Class ComGrade
    Inherits Grade
Public handTest As Integer
'overrides 表示要改写父类对应的方法
    Public Overrides Function getGradeInfo() As String
        Dim str As String
        str = MyBase.getGradeInfo() & vbCrLf & "上机考试成绩: " & Me.handTest & vbCrLf
        Return str
    End Function
End Class
```

在例 9.10 中，在重写从基类继承的 getGradeInfo 方法的派生类时，我们使用了 MyBase.getGradeInfo() 来调用基类中的该方法，并修改返回值。

9.5　封　装　性

在面向对象的程序设计中，封装是指对象只显示公用的方法和属性，隐藏类内部的实现细节。在系统开发中，通常需要把编写好的类提供给用户使用，提供给用户使用的类是需要进行控制的。也就是我们可以容许类中的某个方法被用户使用，也可以使一个类成员不能被访问。在 VB.NET 中，是如何办到这一点的呢？我们是用访问修饰符来控制的，有 5 种访问修饰符：Public、Private、Protected、Friend 和 ProtectedFriend。

访问修饰符既可以用于方法，也可以用于属性。要封装类的属性和方法，通常使用 Private 关键字来声明类的方法和属性，以防止外部过程执行类方法或读取和修改属性的数据，称为"数据隐藏"。

例 9.11　访问修饰符运用于类成员变量。

```
Person.vb:
Public Class Person
    Private name As String
    Public age As Integer
    Public Sub New(ByVal name1 As String, ByVal age1 As Integer)
        name = name1
        age = age1
    End Sub
End Class
Class Teacher
    Inherits Person
    Public Salary As Single
    Public Sub New(ByVal name1 As String, ByVal age1 As Integer, ByVal sa As Single)
        MyBase.New(name1, age1)
        Salary = sa
    End Sub
    Public Sub ModifyAge(ByVal age1 As Integer)
        age = age1
    End Sub
End Class
Form1.vb:
Public Class Form1
    Private Sub Form1_Click(ByVal sender As Object, ByVal e As System.EventArgs) Handles
Me.Click
        Dim Polo As New Teacher("Polo", 30, 4000)
        Polo.ModifyAge(35)
        MsgBox("年龄: " & Str(Polo.age) & " , 工资: " & Str(Polo.Salary))
    End Sub
End Class
```

Person 类的成员变量 age 定义为 Public，表示 age 为公用数据，任何程序可存取之。所以，Teacher 的 modifyAge()方法中可使用 age。Person 类中的成员变量 name 定义为 Private，表示 name 为 Person 类的私有数据，则在 Teacher 类中，就不能使用 name。在 Teacher 类中的成员变量 salary 被定义为 Public，表示是公用数据。所以 Form1_Click()可直接使用 Polo.salary 格式取得 salary 的值。但是，不能写成 Polo.name，这就是数据的隐藏。

9.6　重　　载

在同一个类中，有多个方法，它们的名字相同，返回值相同，参数不同，其中方法参数不相同包括以下几种情况：参数的个数不相同；参数的类型不相同；参数的对应位置不相同。这些方法之间称为方法重载。重载也可以应用到父类与子类当中，即子类重载了父类的方法。重载的关键字是 OverLoads，Overloads 关键字可用于 Function 语句、Operator 语句、Property 语句和 Sub 语句。

9.6.1　方法的重载

例如，假设有一个可对不同数据类型的数组进行排序的组件，我们不需要为每一种数据类型定义一个排序方法。我们只要重载单个方法名字即可：

```
Overloads Sub SortArray(ByRef  aValues() As String)
...
Overloads Sub SortArray(ByRef  aValues() As Integer)
...
Overloads Sub SortArray(ByRef  aValues() As Object)
```

这里需要说明几点。

（1）对于在同一类当中，一组名称相同的方法或函数重载时，可以加关键字 OverLoads 或者不加。但如果其中有一个方法加上，那同组其他方法也必须加该关键字。

（2）如果该方法是重载父类中的方法。那么必须加 OverLoads 关键字。

（3）如果两个同名函数仅返回类型不相同，则它们不能重载，即必须在参数上有所不同。

（4）Overloads 也可用于隐藏基类中的现有成员或一组重载成员。以这种方式使用 Overloads 时，应用与基类成员相同的名称和参数列表来声明属性或方法，并且不提供 Shadows 关键字。

9.6.2　构造函数重载

构造函数重载后，便于程序根据需要调用相应的构造函数来对类进行实例化。

例 9.12　在下面的 Grade 类中构造函数重载。第 1 个构造函数有 3 个参数；第 2 个构造函数有 4 个参数。

```
Public Class Grade
    Public computer As Integer
    Public english As Integer
    Public science As Integer
    Public handTest As Integer
    Public Sub New(ByVal computer As Integer, ByVal english As Integer, ByVal science
As Integer)
        Me.computer = computer
        Me.english = english
        Me.science = science
    End Sub
    Public Sub New(ByVal computer As Integer, ByVal english As Integer, ByVal science
As Integer, ByVal handTest As Integer)
        Me.computer = computer
        Me.english = english
        Me.science = science
        Me.handTest = handTest
    End Sub
End Sub
```

当在程序中声明 Grade 类的一个 grade1 对象时，向构造函数传递 3 个参数，则调用带 3 个参数的构造函数；当声明 Grade 类的另一个对象 grade2 时，向构造函数传递 4 个参数，则调用带 4 个参数的构造函数。

```
Dim grade1 As New Grade(70, 80, 90)
Dim grade2 As New Grade(70, 80, 90, 50)
```

完整的代码需加上 Form1.vb 和 student.vb，代码如下，对象 grade1 调用了带 4 个参数的构造函数。

```
    Form1.vb:
    Public Class Form1
        Private Sub Form1_Load(ByVal sender As System.Object, ByVal e As System.EventArgs)
Handles MyBase.Load
            Dim stud1 As New Student("20010001", "李红", "江城市中山路 312 号", #10/23/1990#)
'传递了 4 个参数，则调用带 4 个参数的构造函数
            Dim grade1 As New Grade(70, 80, 90, 50)
            Dim birday As Date = stud1.birthDay
            LabNo.Text = stud1.no
            LabName.Text = stud1.name
            LabAddress.Text = stud1.address
            LabAge.Text = Str(stud1.getAge(birday))
            LabResult.Text &= grade1.getGradeInfo()
        End Sub
    End Class
    Student.vb:
    Public Class Student                '学生类

        Public no As String             '学号

        Public name As String           '姓名

        Public address As String        '地址

        Public birthDay As Date         '出生日期

        Public Sub New(ByVal no, ByRef name, ByVal address, ByRef birthday)
            Me.no = no
            Me.name = name
            Me.address = address
            Me.birthDay = birthday
        End Sub
        Public Function getAge(ByVal birDay As Date) As Integer
            Return Year(Now) - Year(birDay)
        End Function
    End Class
```

9.6.3　运算符重载

使用运算符重载可以使程序简洁化。Visual Basic.NET 不但能够使用重载的运算符，还能自己重载运算符。能重载的运算符包括一元运算符+、−、Not、IsTrue、IsFalse；二元运算符+、−、*、/、\、&、Like、Mod 、And、Or、Xor、^、<<、>>、=、<、<=、<>、>、>=等。每个可以重载的运算符都有一个名称，见表 9.1，比如二元运算符+号的名称是 op_Addition。

表 9.1　　　　　　　　　　　　　　VB 运算符及运算符的名称对照表

Visual Basic.NET	运算符的名称
+（一元）	op_UnaryPlus
−（一元）	op_UnaryNegation
IsTrue	op_True
IsFalse	op_False
Not	op_OnesComplement
+	op_Addition
−	op_Subtraction

Visual Basic.NET	运算符的名称
*	op_Multiply
/	op_Division
\	op_IntegerDivision
&	op_Concatenate
^	op_Exponent
<<	op_LeftShift
>>	op_RightShift
=（判断等值而不是赋值）	op_Equality
<>	op_Inequality
<	op_LessThan
<=	op_LessThanOrEqual
>	op_GreaterThan
>=	op_GreaterThanOrEqual
And	op_BitwiseAnd
Or	op_BitwiseOr
Xor	op_ExclusiveOr
Mod	op_Modulus
Like	op_Like
CType	op_Explicit 和 op_Implicit

重载后运算符的意义应当和原来的运算符意义相似。重载的语法与子程序和函数类似，使用的是 Operator 语句。

一元运算符重载的语法如下：

```
Public Shared Operator 运算符(运算符参数)As 运算符返回类型
```

说明如下。

Public：必选。指明此运算符过程具有 Public 访问权。

Shared：必选。指明此运算符过程是共享过程。

运算符参数：必须是要定义运算符的类型。

二元运算符重载的语法如下：

```
Public Shared Operator运算符(运算符左参数，运算符右参数)As 运算符返回类型
```

说明如下。

运算符左参数和运算符右参数中至少有一个必须是定义运算符的类型，否则将可能会重载定义在别的类型上的运算符。

运算符返回类型：根据运算符的意义而定。例如，&运算符通常返回字符串；Like 运算符通常返回布尔型变量。

类型转换运算符 CType 用于将一种类型转换为另一种类型，这种转换可以是装箱、拆箱、接口转换、父类转换、用户定义的转换等。

重载 CType 一般是用来定义两种不同类型之间的转换。在重载 CType 时，我们要给出转换类型 Widening 或 Narrowing。Widening 是扩大的意思，表示在转换中，源类型 A 的一切可能值或实例都能转换成目标类型 B 的值或实例。例如，从 Single 转换至 Double，从 Char 转换至 String

以及从派生类型返回至其基类型，都是扩大转换。Narrowing 是收缩的意思，表示在转换中，源类型 A 中存在不能成功转换成目标类型 B 的值或实例。

收缩转换在运行时并不总会成功，可能会失败或导致数据丢失。例如：从 Long 转换至 Integer，从 String 转换至 Date 以及从基类型转换至派生类型，都是收缩转换。

CType 运算符重载的语法如下：

```
Public Shared {Narrowing|Widening} Operator CType (源类型参数 As 源类型) As 目标类型
```

说明如下。

Narrowing|Widening：表示重载 CType 时必须指定这种类型转换为 Narrowing 还是 Widening。

例 9.13 重载类型转换运算符 CType、重载一元运算符 Not，求复数的共轭复数。

```
Module Module1
    Sub Main()
        Dim x As Complex = New Complex(2, 3)
        Dim y As Complex
        Dim y1 As String
        'y是x的共轭复数
        Y=Not (x)
    Y1=CType(y,string)
        Console.WriteLine(y1)
        Console.ReadKey()
    End Sub
    Public Class Complex
        Public Real As Double
        Public Imag As Double
        Public Sub New(ByVal realPart As Double, ByVal imagPart As Double)
            Real = realPart
            Imag = imagPart
        End Sub
        Public Shared Operator Not(ByVal val As Complex) As Complex
            Return New Complex(val.Real, -val.Imag)
        End Operator
    Public Shared Narrowing Operator CType(ByVal Value As Complex) As String
        '这里的转换没有特殊的要求，因此也可以把 Narrowing 关键字改成 Widening 关键字
        If Value.Imag > 0 Then
            Return Value.Real.ToString & "+" & Value.Imag.ToString & "i"
        Else
            Return Value.Real.ToString & Value.Imag.ToString & "i"
        End If
End Operator
    End Class
End Module
```

在例 9.13 中，如果不重载转换运算符 CType 而试图把 y 的值按照 CType(y,String)转换，系统将给出编译错误："类型 Complex 的值无法转换为 String"。使用 y.ToString 也不会得到正确结果。只有通过重载转换运算符 CType 或重写 ToString 方法来解决这个问题。

例 9.14 重载结构的+运算符，以便进行两个结构和的运算。

```
Public Structure Vector
    Public x, y, z As Double
    Public Sub New(ByVal nx As Double, ByVal ny As Double, ByVal nz As Double)
        x = nx
```

```
            y = ny
            z = nz
        End Sub
        Public Shared Operator +(ByVal a As Vector, ByVal b As Vector) As Vector
            Return New Vector(a.x + b.x, a.y + b.y, a.z + b.z)
        End Operator
        Public Overrides Function ToString() As String
            Return "( " & x.ToString & ", " & y.ToString & " ," & z.ToString & ")"
        End Function
    End Structure

Module Module1
    Sub Main()
        Dim a As New Vector(1, 0, 0)
        Dim b As New Vector(0, 1, 1)
        Dim c As New Vector
        c = a + b
        Console.WriteLine(c.ToString)
        Console.ReadKey()
    End Sub
End Module
```

+、−、*、/、\、<<、>>、^等运算符隐含了对赋值运算符的重载，比如重载了+就相当于重载了+=运算符。

9.7　接　　口

接口描述了组件对外提供的服务。在组件和组件、组件和客户之间都是通过接口进行交互的。接口负责功能的定义，接口里面可以定义方法、属性、事件、索引器或这4种成员类型的任何组合构成。除此之外，不能包含任何其他的成员，例如常量、字段、域、构造函数、析构函数、静态成员等。所以接口只是说明了它具有什么样的功能，可以提供什么样的信息。但是这些功能和信息具体是什么？如何提供？从接口中我们是无法得知的。这些功能和信息的具体实现是由类来负责的。所有实现接口的类必须按照接口里面的定义形式来实现接口。

接口使用 Interface 语句定义，语法格式：

```
[Public|Friend|Protected|Private] Interface  接口名
接口代码块
End Interface
```

在命名空间中，默认情况下，接口语句为 Friend，但也可以显式声明为 Public 或 Friend。在类、模块、接口和结构中定义的接口默认为 Public，但也可以显式声明为 Public、Friend、Protected 或 Private。

在接口代码块中包括接口的功能定义语句。如：Event、Sub、Function、property、Interface、Class 和 Structure 语句。不能包括可执行语句；不能包括变量；可以包括方法和属性签名。方法和属性签名不需要加任何访问修饰符，它们被隐式声明为 Public，也不需要为方法和属性编写内容。不能包含任何实现代码或与实现代码关联的语句，如 End Sub 或 End Property 等。

实现接口的类在定义时需用 Implements 关键字，后跟要实现的接口名，表示该类是实现哪个接口。

实现接口类语句格式如下：

```
Class 实现接口的类名
    Implements 接口名
End Class
```

接口继承：如果接口使用 Inherits 语句，则可以指定一个或多个基接口。可以从两个或两个以上接口继承，即使它们有名称相同的成员。

例：多个接口的继承。接口 thisInterface 继承自 3 个接口 IComparable、IDisposable 和 IFormattable。

```
Public Interface thisInterface
    Inherits IComparable, IDisposable, IFormattable
    ' Add new property, procedure, and event definitions.
End Interface
```

接口无法从另一个具有限制性更高的访问级别的接口继承。例如，Public 接口不能从 Friend 接口继承。

例 9.15　用接口实现在窗体上显示学生成绩单。

解决该问题可分为两步。

（1）定义接口。

利用 Public Interface…End Interface 语句定义一个接口 IgetGradeInfo，并在接口 IgetGradeInfo 中定义一个函数 getGradeInfo()。该函数被隐式定义为 Public。

```
Public Interface IgetGradeInfo
    Function getGradeInfo() As String
End Interface
```

（2）实现接口。

创建实现接口的新类，用语句

```
Public Class Comgrade
  Implements IgetGradeInfo
End Class
```

表示创建一个新类 Comgrade 来实现接口 IgetGradeInfo 的功能。

所有实现接口的类，必须按照接口里面的定义形式来实现接口。所以在新类 Comgrade 中将实现接口定义的方法 getGradeInfo()，语句如下：

```
Public Class Comgrade
    Implements IgetGradeInfo
    Public computer As Integer
    Public english  As Integer
    Public science  As Integer
    Public Function getGradeInfo() As String Implements IgetGradeInfo.getGradeInfo
        Dim str As String
        str = "计算机成绩: " & computer & vbCrLf & "英语成绩: " & english & vbCrLf & "
科学成绩: " & science & vbCrLf
        Return str
    End Function
    Public Sub New(ByVal comValue As Integer, ByVal engValue As Integer, ByVal
scienValue As Integer)
        Me.computer = comValue
```

```
            Me.english = engValue
            Me.science = scienValue
        End Sub
    End Class
```

在 Form1.vb 中，定义 grade1 的类型为 IgetGradeInfo，在执行时调用了 getGradeInfo 方法。代码如下：

```
Public Class Form1
    Private Sub Form1_Load(ByVal sender As System.Object, ByVal e As System.EventArgs)
Handles MyBase.Load
        Dim grade1 As IgetGradeInfo
        grade1 = New Comgrade(70, 80, 90)
        Label1.Text = "学生成绩"
        Label2.Text = grade1.getGradeInfo()
    End Sub
End Class
```

9.8　多　　态

多态是面向对象系统中允许有多个不同的功能用同样名字的特性。即多态定义为多个类能用一个相同的名字定义不同功能的函数，调用者可以很方便地调用这些函数，而且在调用之前不必知道某个对象属于什么类的能力。多态设计的优点在于可以方便地从基类派生新类，添加并调用新功能而不用更改原来的调用程序。或者用多个类以不同的方式实现接口，通过使用接口，用户可以调用多个不同类的同名函数来实现多个功能。

本节将用具体的例子来说明 VB.NET 中实现多态性的常用方法。

9.8.1　基于继承的多态性

通常面向对象的编程语言都通过继承提供多态性。所谓基于继承的多态性就是在基类中定义方法并在派生类中使用新实现重写它们。

例 9.16　创建一个 Discount 类，该类提供某商场一般工作日计算商品销售折扣的基本功能。如果在节假日要增加推销力度，如何使用多态性来实现不同的销售折扣？

分析：

（1）在该例中定义一个类 BaseDiscount，该类提供在工作日销售商品的优惠价格计算函数 Discount。因为节假日优惠价格的计算与工作日不同，所以可用一个 BaseDiscount 类的派生类 HolidayDiscount 类来重写函数 Discount。

（2）在 Form1 类中，ShowAmount 方法调用从 BaseDiscount 派生的任何类的某个对象的 Discount 函数时，不必知道该对象属于那个类，从而可以方便地从基类 BaseDiscount 派生新类，添加并调用新功能而不用更改 ShowAmount 方法。

（3）界面设计：在界面上添加 1 个容器 GroupBox、2 个 RadioButton、1 个 TextBox、1 个 Button、1 个 label，各控件属性如表 9.2 所示。

表9.2   各控件属性对照表

GroupBox	RadioButton	RadioButton	TextBox	Button	label
Name=GroupBox1 Text=选择优惠时段:	Name= day Text=平时时段 Checked=True	Name=holiday Text=假日时段 Checked=False	Name=Text Box1 Text= ""	Name=button1 Text=计算优惠价	Text= 请输入商品总价:

（4）程序代码：

```
BaseDiscount.vb:
Public Class BaseDiscount
    Overridable Function Discount(ByVal Amount As Double) As Double
        Return 0.9 * Amount
    End Function
End Class
Public Class HolidayDiscount
    Inherits BaseDiscount
    Public Overrides Function Discount(ByVal Amount As Double) As Double
        Dim Basedicu As Single
        If Amount >= 500 And Amount <= 800 Then
            Basedicu = 0.9
        ElseIf Amount <= 10000 Then
            Basedicu = 0.8
        ElseIf Amount > 10000 Then
            Basedicu = 0.7
        End If
        Return Basedicu * Amount
    End Function
End Class


Form1.vb:
Public Class Form1
    Private Sub Button1_Click(ByVal sender As System.Object, ByVal e As System.EventArgs)
Handles Button1.Click
        Dim disc1 As New BaseDiscount
        Dim disc2 As New HolidayDiscount
        Dim SaleAmount As Double
        SaleAmount = Val(TextBox1.Text)
        If day.Checked = True Then ShowAmount(disc1, SaleAmount)
        If holiday.Checked = True Then ShowAmount(disc2, SaleAmount)
    End Sub
    Sub ShowAmount(ByVal disc As BaseDiscount, ByVal SaleAmount As Double)
        Dim DiscAmount As Double
        DiscAmount = disc.Discount(SaleAmount)
        Label2.Text = "优惠价是: " & DiscAmount
    End Sub
End Class
```

（5）显示结果，如图9-5所示。

9.8.2 基于接口的多态

在 VB.NET 中可使用接口来完成多态性的实现。基于接口的多态即是用同样的接口访问不同的方法。

我们前面已经描述过接口只有结构，没有具体的实际内容。

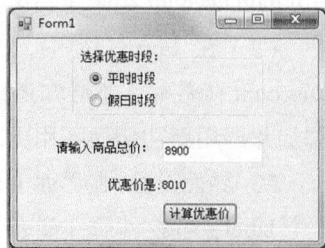

图 9-5 程序运行结果

为了使用接口来实现多态性，用户需先建立一个接口，并且通过一个或多个类以不同的方式来实现该接口。然后就可以用完全相同的方式来调用这些类中的方法了。

下面这个例子就是使用接口的方法实现多态性。

例 9.17　定义一个名为 IShape 的接口，该接口在 Cylinder 类中实现计算圆柱体体积功能；在 Cone 类中实现计算圆锥体体积功能。使用 CallIshape 过程分别调用 Cylinder 类的 Shape1 实例的 Calculate 方法计算圆柱体体积，调用 Cone 类的 Shape2 实例的 Calculate 方法计算圆锥体体积。

```
Form1.vb:
Public Class Form1
    Private Sub Form1_Load(ByVal sender As System.Object, ByVal e As System.EventArgs) Handles MyBase.Load
        Dim shape1 As New Cylinder
        Dim shape2 As New Cone
        CallIshape(shape1, 3, 5)
        CallIshape(shape2, 3, 5)
    End Sub
    Sub CallIshape(ByVal IShape As IShape, ByVal r As Single, ByVal height As Single)
        MsgBox("The area of the object is  " & IShape.CalculateArea(r, height))
    End Sub
End Class
Public Interface IShape
    Function CalculateArea(ByVal r As Single, ByVal height As Single) As Double
End Interface
Public Class Cylinder
    Implements IShape
    Public Function CalculateArea(ByVal r As Single, ByVal height As Single) As Double Implements IShape.CalculateArea
        Return 3.14159 * r ^ 2 * height
    End Function
End Class
Public Class Cone
    Implements IShape
    Public Function CalculateArea(ByVal r As Single, ByVal height As Single) As Double Implements IShape.CalculateArea
        Return 3.14159 * r ^ 2 * height / 3
    End Function
End Class
```

9.9　命　名　空　间

9.9.1　Framework 命名空间和常用的类

.NET 程序设计语言包括 Visual Basic.NET、Microsoft Visual C#、F#、C++管理的扩展，以及各种来自不同开发商的程序设计语言，所有这些语言都可以通过一组公共的统一类来使用.NET 提供的各种服务和特性。.NET 统一类提供了开发应用程序的基础，不管使用何种语言，不管是简单地输出一个字符串，还是创建一个复杂的 Windows 服务或开发多层的基于网络的应用系统，都要用到这些统一类。通过在统一的、集成的框架上创建应用程序，将会更容易地部署和使用应用程序。

.NET Framework 提供的统一类多达几千个。这使得在开发时可以非常方便地应用.NET 提供的各种功能来开发应用程序系统。如此多的类，在开发程序时，如何正确找到并使用符合要求的类呢？

.NET Framework 使用命名空间来归类几千个类，把相似的类放在一个命名空间中。大多数的.NET Framewoek 类都集中在 System 命名空间中。我们列出 System 命名空间中的常用类。

System.Windows.Forms：用于在屏幕上绘制窗体。

System.Data：处理数据和数据库。

System.XML：处理 XML 数据。

System.Diagnostics：用于在出现问题的时候诊断问题。

System.NET：提供网络和 Internet 功能。

System.IO：用于进行文件处理（基类库）。

System.Collections：集合（基类库）。

System.Drawing：用于创建图形。

System.Security：提供安全性能。

System.Web：用于构建 Web 站点。

System.Web.UI：用于构建 Web 页的控件。

System.Windows.Console：用于创建使用户可以与应用程序进行交互的控件。

在我们前面的例子中，程序中所用到的都是 Object 类，而 Obeject 类是属于 System 命名空间的。.NET 自动创建了 System 中所有类的简写形式，所以我们在写类时不必输入 System，使用的是类的简写形式。实际上，要正确地使用一个类，是要在一个类的前面使用命名空间的名字。

9.9.2　命名空间

命名空间提供了一种组织相关类的方式，通过把相似的类放在一个命名空间中来规范类。命名空间类似 Windows 的文件夹，放在命名空间中的类就类似放在文件夹中的文件。它们是分层放置的。每一个类只能属于一个命名空间，且在同一个层次的情况下，命名空间必须具有唯一的名称。但与文件或组件不同的是：命名空间是一种逻辑组合，而不是物理组合。一个命名空间中可以包含其他的命名空间。命名空间的命名是使用点语法命名方案，该命名方案中隐含了层次结构的意思。点语法命名方案的第一部分（最右边的点之前的内容）是命名空间名，全名的最后一部分是类型名。微软的.NET Framework 类库经常使用的和重要的名字空间就是按照点语法命名方案：System、System.IO、System.Drawing、System.Windows.Forms 等。

例如：System.Collections.ArrayList 表示 ArrayList 类型，该类型属于 System.Collections 命名空间，System.Console 表示 System 命名空间中的 Console 类。

此命名方案也使程序开发人员可以轻松创建分层的类组。通常库开发人员在开发应用程序，为应用程序创建命名空间时，也是按点语法命名方案，使用以下命名原则："公司名称.技术名称"。例如：Microsoft.Word。

定义命名空间的语法格式如下：

```
Namespace NamespaceName
…
End Namespace
```

例：`Namespace Myproject`

`...`

`End Namespace`

表示定义好了一个命名空间：Myproject。

在程序中使用命名空间一个显而易见的好处是：可以以简化的形式来使用类。例如：要使用 VB.NET 的数据库编程技术，就要用到 ADO.NET，ADO.NET 是创建分布式数据共享程序的开发接口。ADO.NET 中包含了两个类库：一个是 System.Data.SQL 类库，可以直接访问 SQL Server 的数据；另一个是 System.Data.ADO 类库，可以用于其他通过 OLE DB 进行访问的数据源，例如 Access 数据源。ADO.NET 是围绕 System.Data 基本命名空间设计的，或从 System.Data 派生而来。所以当我们讨论 ADO.NET 时，实际讨论的是 System.Data 和 System.Data.OleDb 命名空间。这两个空间的所有类几乎可以支持所有类型的数据源中的数据。在程序访问 SQL Server 数据库用到 SqlConnection 或 SqlCommand 类时，实际上的全称应该是 System.Data.SqlClient.SqlConnection 和 System.Data.SqlClient.SqlCommand。如果在程序中要用到 SqlConnection 或 SqlCommand 类的简写形式，就要导入命名空间 System.Data.SqlClient。导入的方式是使用语句：Imports System.Data.SqlClient。

9.9.3　VB.NET Imports 语句

如果要在程序中使用命名空间，可以首先导入它，以便在以后每次使用其成员时无需重复该命名空间的名字。导入命名空间可以用两种方法：第一种方法是选择"项目"菜单中的"添加引用"命令来导入命名空间；第二种方法是用 Imports 语句添加。VB.NET Imports 语句的语法如下：

`Imports [|Aliasname =] Namespace`

Aliasname 指代码中要导入的命名空间的别名。别名允许为命名空间分配更友好的名称。Namespace 是要引用的命名空间名称。VB.NET 的模块中可以包含任意数量的 VB.NET Imports 语句。Imports 语句用于简化对项目引用的访问。

例 9.18　导入名字空间 System。

```
Employee.vb:
Imports System
    Public Class Employee
        Dim salary As Decimal = 56000
        Dim yearlyBonus As Decimal = 4000
        Public Sub PrintSalary()
            ' print the salary to the Console
            Console.Write(salary)
            Console.ReadLine()
        End Sub
    End Class

Module1.vb:
Module Module1
    Public Sub Main()
        Dim employee As Employee
        employee = New Employee()
        employee.PrintSalary()
    End Sub
End Module
```

在该例中导入 System 命名空间后，使用该命名空间的 Console 类时，就可以用简化的形式。例如，在 PrintSalary 方法中使用 Console 类而无需用全名 System.Console，因为我们已经用 Imports

导入 System 命名空间了。

9.9.4　创建自己的命名空间

每个类都属于某个命名空间，开发人员自己创建的类属于哪个命名空间呢？项目中有一个默认的命名空间，新类都放到这个命名空间里。

例 9.19　查看例 9.18 中的默认命名空间，并创建新的命名空间。

（1）查看当前（默认）命名空间的名字。

右击例 9.18 中"解决方案资源管理器"中的项目名称"导入"，选择"属性"，弹出项目的"属性"对话框。

（2）如图 9-6 所示，在项目"导入"的属性窗口中，我们可以看到"根命名空间"就是项目的名称"导入"，所以放置新类的命名空间就是所创建项目的名称，即新类 Employee 的前缀应该是"导入"，Employee 类的全称应该是"导入.Employee"。

图 9-6　"导入"对话框

（3）在构建自己的命名空间时，最好以公司的名称作前缀，假设公司名称为 MyCompany，在根命名空间栏输入 MyCompany，单击"关闭"按钮，则项目的命名空间被修改为 MyCompany。

（4）选择"视图"→"对象浏览器"，打开"对象浏览器"选项卡，在对话框中向下浏览，找到 Employee 类，如图 9-7 所示，在 Employee 类的上方，用花括号｛｝标示的 Mycompany 就是类的命名空间。

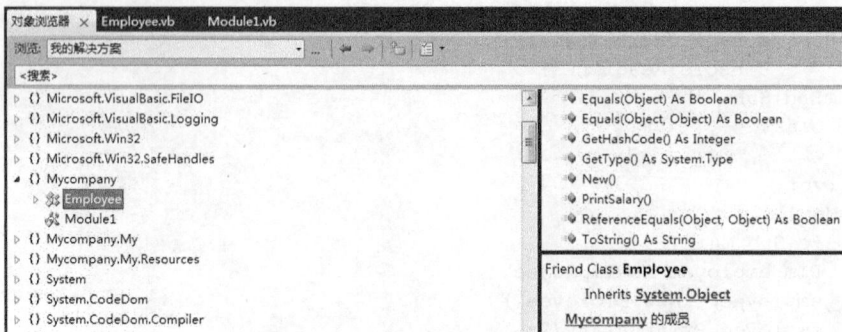

图 9-7　Mycompany 命名空间

假设有两个项目包含同一个类 Employee，如何用命名空间来区分 Employee 呢？打开 Employee 类的代码编辑器，在 Employee 类定义的前后分别添加 Namespace DiffEmployee 和 End

Namespace：

```
Namespace DiffEmployee
Public Class Employee
...
End Class
End Namespace
```

（5）再次打开"视图"→"对象浏览器"，如图 9-8 所示，从对象浏览器中可以看到：由于给 Employee 类添加了 DiffEmployee 命名空间，引用 Employee 类的任何代码都需要导入 DiffEmployee 命名空间，这样才能使用 Employee 类的简单形式；否则就只能用 Employee 类的全称了，如下列语句中就用到了类全名：

```
Dim employee As Mycompany.DiffEmployee.Employee
employee = New Mycompany.DiffEmployee.Employee()
```

因为把 Employee 放在 DiffEmployee 命名空间中，而 DiffEmployee 命名空间又包含在 Mycompany 命名空间中，所以 Employee 类的全名为 Mycompany.DiffEmployee.Employee。

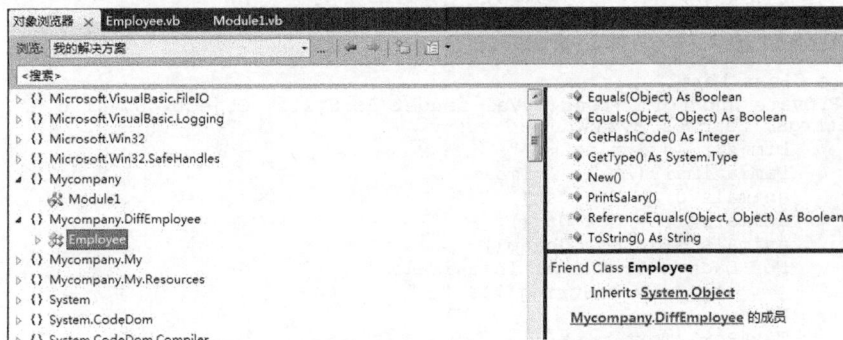

图 9-8　Mycompany.DiffEmployee 命名空间

（6）导入 Employee 类的命名空间 DiffEmployee，将下列语句添加到模块 Module1 的顶部：

```
Imports Mycompany.DiffEmployee
```

这样当在模块 Module1 中访问 Employee 类时，就可以使用简单形式而不需引用全名。

同样的方法处理另一个项目中的 Employee 类，使之放到 OtherEmployee 命名空间中，则另一个项目中 Employee 类的全名是 Mycompany.OtherEmployee.Employee。

习　　题

1. 类 A 有一个方法：Public Overridable Sub expA(ByVal x() As Integer)，下列哪些方法可以改写成功？

   A. Public Overrides Sub expA (ByVal x() As Integer, ByVal y As integer)

   B. Public Overrides function expA(ByVal x() As Integer) As Double

   C. Public Overrides Sub expA(ByVal y() As Integer)

   D. Overrides Sub expA(ByVal x() As Integer)

   E. Protected Overrides Sub expA(ByVal x() As Integer)

2. 何谓封装？

   A. 将属性设为 Private，并将对应的 set/get 方法设为 Public。

   B. 将属性设为 Protected，并将对应的 set/get 方法设为 Protected。

   C. 将属性设为 Private，并将对应的 set/get 方法设为 Private。

   D. 将属性设为 Public，并将对应的 set/get 方法设为 Public。

   E. 将属性设为 Friend，并将对应的 set/get 方法设为 Public。

3. 程序代码如下：

```
Public Class Form1
    Private Sub Form1_Load(ByVal sender As System.Object, ByVal e As System.
EventArgs) Handles MyBase.Load
        Dim str As String = ""
        Dim animals(2) As Animal
        animals(0) = New Cat()
        animals(1) = New Dog()
        animals(2) = New Sheep()
        For Each a As Animal In animals
            str &= a.ToString() & " "
        Next
        TextBox1.Text = str
    End Sub
End Class
Public Class Animal
    Public Overrides Function ToString() As String
        Return " Animal"
    End Function
End Class

Public Class Cat
    Inherits Animal
    Public Overrides Function ToString() As String
        Return "Cat"
    End Function
End Class
Public Class Dog
    Inherits Animal
    Public Overrides Function ToString() As String
        Return "Dog"
    End Function
End Class
Public Class Sheep
    Inherits Animal
    Public Overrides Function ToString() As String
        Return "Sheep"
    End Function
End Class
```

请问文本框 textBox1 中显示什么值？

   A. 产生错误　　B. Animal　Animal　Animal　C. Cat　　　　Sheep　　　Animal

   D. Animal　Sheep　Cat　E. Cat　　　　Dog　　　Sheep

第10章
建立类库

.NET Framework 类库的功能要远比一般的类库如 C 语言强大和全面，因此，像.NET 或 Java 这样的开发环境优点在于不仅提供很好的虚拟执行环境和虚拟机机制，而且在这个虚拟机平台之上还构建了一个非常全面的用于应用程序开发的类库，这个类库非常庞大，有如下功能。

（1）能跨越所有的编程语言：.NET 有很多种编程语言，而.NET 类库支持所有的编程语言，而且它支持跨语言的继承和调试，所谓跨语言的继承，例如我们可以在 C#里面继承一个 VB 定义的类，即可以使用一段 VB.NET 编写的代码。

（2）面向对象的层次结构：类库的组织是以面向对象的方式进行组织的。类库通过一系列的命名空间进行分割，结构清晰，使用简单。

（3）拥有内置的通用类型系统：内置的通用类型系统（CTS）使所有的编程语言都能适应这个公共类型系统，能够实现多语言编程。因此学习.NET 类库的重点就是通用类型系统，了解类型系统有哪些元素，了解类型系统里特殊的地方，这些是.NET 类库的基础。

（4）具有可扩展性：.NET Framework 类库是可扩展的，用户可以自定义类，并向.NET 类库中添加自定义的类库，组织起来也和.NET Framework 类库一样，可以定义自命名的命名空间，按照面向对象的方式进行划分。

（5）安全性：Framework 类库设计时就充分考虑到了安全性的需求，它会和公共语言运行环境的安全特性相互配合，能提供代码访问安全性和基于角色的安全性等，这些安全性都体现在.NET 类库中有相关的类可以实现这一点。

本章我们将介绍类库的创建与使用、为程序集签名和注册程序集等内容。

10.1   类   库

10.1.1   什么是类库

.NET Framework 类库是一个由 Microsoft .NET Framework SDK 中包含的类、接口和值类型组成的库。该库提供对系统功能的访问，是建立 .NET Framework 应用程序、组件和控件的基础。开发人员也可以把应用程序中的类组织成类库，把应用程序中的类编译到一个 DLL 文件中，就生成了一个类库。所以类库就是一个 DLL 文件中类的集合。类库不能运行，但可以在应用程序中使用类库中的类并调用其类中的方法。

使用类库主要基于 3 点。

（1）当类被编译到类库中后，就封装了类的源代码，其他人可以使用类库中的类但不能对类库中类的源代码修改或复制，保证了作者版权。

（2）通常一个复杂应用程序中会使用大量的类，每次编译应用程序时，程序中的类也需要编译，这会使编译速度过慢，生成的可执行文件也过大，因为一个.EXE 文件中要包含所有的类。而使用类库中的类会在编译应用程序时，不需要编译类库，而且，因应用程序中的类放在 DLL 文件中，使得 EXE 文件长度大为减少。

（3）当修改类库中的类后，不用修改应用程序就会得到改变的功能。

10.1.2　创建类库

例 10.1　构建一个类库 DataAccessShow，该类库中的类 DataConnection 中有一个函数 GetConnection()，能建立连接、打开数据库。

（1）在 VB.NET 集成开发环境中，选择"文件|新建项目"，打开新建项目对话框，在"新建项目"对话框的"已安装的模板"列表中选择 Visual Basic，"类型"列表中选择"类库"，输入类库名称 DataAccessShow，单击"确定"按钮，将创建一个新的类库项目，该项目带有一个默认的空白类 Class1.vb。

（2）在"解决方案资源管理器"中，右击 Class1.vb，选择"重命名"将其改名为 DataConnection。

（3）在类 DataConnection 中创建函数 GetConnection()，并添加代码。类库 DataAccessShow 的代码如下：

```
Imports System.ComponentModel
Imports System
Imports System.Data.OleDb
Imports System.Data
Public Class DataConnection
Dim myDataSet As DataSet
'声明 OleDbconnection 类的一个实例 myConn 用于与数据库建立连接
Dim myConn As OleDbConnection = New OleDbConnection()
Public Function GetConnected() As DataSet
    Dim ConnectionString As String = "Provider=Microsoft.Jet.OLEDB.4.0; _
Data Source=e:\db1.mdb"
myConn.ConnectionString = ConnectionString
Dim strCom As String = "select * from student"
myDataSet = New DataSet()  '创建一个 DataSet
myConn.Open()
'声明 OleDbDataAdapter 类的一个对象 myCommand，用于从数据库中读取数据，并将数据填充到 DataSet 对象中
Dim myCommand As OleDbDataAdapter = New OleDbDataAdapter(strCom, myConn)
'调用 OleDbDataAdapter 对象的 Fill 方法，检索表 student 的数据并填充到 DataSet 对象中
myCommand.Fill(myDataSet, "student")
'对 DataSet 填充数据完毕，就通过调用 OleDbConnection 对象的 Close 方法关闭数据库连接
myConn.Close()
        GetConnected = myDataSet
        Return GetConnected  '返回填充了 student 表中数据的数据集
End Function
End Class
```

（4）选择菜单"生成|生成 DataAccessShow"，将类库编译为 DataAccessShow.DLL 文件，以便应用程序可以使用类库中的类。DataAccessShow.DLL 文件存放路径：DataAccessShow\

DataAccessShow\bin\debug\ DataAccessShow.dll。

10.1.3　在应用程序中使用类库

要使用类库，就要在项目中添加对类库的引用。把类库添加到解决方案的项目中分两步完成。

（1）添加对类库的引用：在 VB.NET 集成开发环境中，选择"项目|添加引用"，打开"添加引用"对话框，选择"浏览"选项卡，找到要引用的类库 DLL 文件，单击"确定"按钮即可。

（2）解决方案项目中，在类的顶部添加一个 Imports 语句：Imports <类库的 DLL 文件名>。在插入了 Imports 语句后，编译器就会检查类库文件中的命名空间，寻找匹配的类，解析类名。

例 10.2　建立一个窗体应用程序 NewDataShow，能调用上例类库 DataAccessShow.DLL 中的函数 Getconnection 与数据库 db1.dmb 建立连接，并把数据库 db1.dmb 中 student 表的数据显示在窗体上。

（1）创建一个 Windows 窗体应用程序：选择"文件|新建项目"，打开"新建项目"对话框，在左边的"已安装模板"栏选择"Visual basic"，在右边栏选择"Windows 窗体应用程序"，在名称栏输入新建项目的名称 NewDataShow，单击"确定"按钮。

（2）在窗体上添加一个 DataGridView 控件和一个 Button 控件，设置 Button.text="显示 student 表中记录"。

（3）添加对类库的引用：选择"项目|添加引用"，打开"添加引用"对话框，选择"浏览"选项卡，找到要引用的类库文件 DataAccessShow.DLL，单击"确定"按钮即可。

（4）在 Form1 类的顶部添加一个 Imports 语句：Imports DataAccessShow，语句中的 DataAccessShow 是类库 DataAccessShow.Dll 的文件名，这样编译器就能检查 DataAccessShow.Dll 类库文件中的命名空间，寻找匹配的类和函数。

（5）在 Form1.vb 文件中输入如下代码：

```
Imports DataAccessShow
Public Class Form1
Dim myDataSet = New DataSet
'声明 aa 是 DataAccessShow 命名空间的类 DataConnection 的实例
    Dim aa As New DataAccessShow.DataConnection
Private Sub Button1_Click(ByVal sender As System.Object, ByVal e As System.EventArgs)
Handles Button1.Click
    '类 DataConnection 的对象 aa 调用类库中 GetConnected 函数，得到返回的填充了 student 表中数据的数据集
        myDataSet = aa.GetConnected()
        '设置 DataGridView 控件的 DataSource 属性，使控件知道从哪里获取数据
        DataGridView1.DataSource = Me.myDataSet
        '设置 DataGridView 控件的 DataMember 属性，使控件选择数据源中的表 student
        DataGridView1.DataMember = "student"
        '设置 DataGridView 控件各列的表头值
        DataGridView1.Columns(0).HeaderText = "学号"
        DataGridView1.Columns(1).HeaderText = "姓名"
        DataGridView1.Columns(2).HeaderText = "出生年月"
        DataGridView1.Columns(3).HeaderText = "性别"
        DataGridView1.Columns(4).HeaderText = "计算机成绩"
        DataGridView1.Columns(5).HeaderText = "英语成绩"
        DataGridView1.Columns(6).HeaderText = "科学成绩"
    End Sub
```

End Class

最后的显示结果如图 9-1 所示。

图 10-1　程序运行结果

（6）编译程序，生成 NewDataShow.EXE 程序集，并引用 DataAccessShow.DLL 程序集。

10.2　程　序　集

程序集是.NET Framework 中的基本软件模块，其载体是一个或多个 DLL 文件，也可以是一个独立执行的 EXE 文件。

DLL 文件与程序集不是一一对应的关系，一个程序集可以保存在一个或多个 DLL 文件中。

在上例中有两个程序集：一个是 DataAccessShow.DLL；另一个是 NewDataShow.EXE，其中 NewDataShow.EXE 需要引用 DataAccessShow.DLL，在 DataAccessShow.DLL 程序集中有一个 Public 类 DataConnection，可以被 NewDataShow 程序集使用。所以如果程序集某个成员需要被其他程序集所使用，需要将其声明为 Public。不需要外界程序集访问的成员要设置成 Private，将其访问权限限制在本程序集内。这实际上是将面向对象的封装原则应用于程序集级别。

命名空间与程序集之间是"多对多"的关系，一个程序集可以包含多个命名空间，一个命名空间也可以分布在多个程序集中。

每个程序集至少包含一个命名空间，既是此程序集的默认命名空间，也是该程序集的最顶层命名空间。可以通过在"解决方案资源管理器"中，选择应用程序的"属性"，在"应用程序"选项卡中查看、设置其值，如图 10-2 所示。

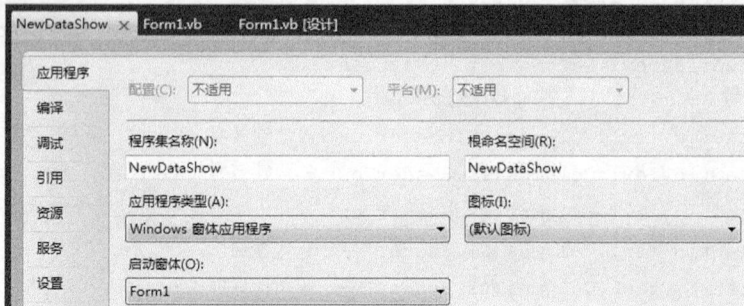

图 10-2　应用程序"属性"对话框

所以，命名空间和程序集是对应用程序在逻辑上的划分，而 DLL 和 EXE 文件则是应用程序的物理实现，是程序集与命名空间的物理载体。

10.3　使　用　强　名

在项目的开发中，一个人完成一个大项目开发的情况极少，总是一个小组团结作战，由不同的人员分别编写 DLL 文件和 EXE 文件，在这样的情况下，容易产生类库管理的问题，例如：如果 DLL 开发人员对类库作了改动并重新编译了 DLL 文件，即产生了 DLL 文件的新版本时，EXE 文件调用类库文件时就有可能出错；如果不同组的 DLL 开发人员开发出了同名但功能不同的 DLL 文件时，在 EXE 文件调用时，因两个 DLL 文件同名的冲突也会产生错误。归纳起来就是：

① DLL 有几个不同的版本，以不同的方式工作，不能根据文件名分辨它们；

② 不同的人使用相同的文件名开发不同功能的 DLL 文件，导致同名冲突。

为了解决以上两个问题，VB.NET 使用具有强名功能的程序集和注册程序集的方法，在程序集的内部存储版本信息和作者信息，从而来分辨修改后不同 DLL 版本之间的区别和分辨 DLL 文件的开发公司或作者。

10.3.1　为程序集签名

为程序集签名可以确定该程序集的作者。签名的方法就是生成一个密钥对，用密钥来标识程序集，标识编写程序集的公司和个人。这种用密钥标识的程序集就称为带强名程序集。带强名程序集不能引用简单命名的程序集，否则就失去版本控制功能。

为程序集签名的步骤如下。

（1）创建一个为程序集签名的密钥对。

使用 Visual Studio　2010 工具，打开 DOS 格式窗口，运行强名命令 sn。格式如下：

```
sn -k 密钥文件
```

-k 选项表示将生成的新密钥对写入到指定密钥文件中。密钥文件扩展名是.snk，文件中包含二进制形式的公钥和私钥。

（2）把密钥对应用于程序集，在编译时为程序集签名。

例 10.3　为例 10.1 中的程序集创建密钥对。

（1）从 Windows 的"开始"菜单中选择"程序"→"Microsoft Visual Studio 2010"→"Visual Studio Tools"→"Visual Studio 命令提示符（2010）"，在命令提示行输入：

```
Sn -k e:\DataAccessShow.snk
```

该命令在 E 盘根目录下生成一个密钥文件 DataAccessShow.snk。该文件中有一对密钥。可再次使用 SN.exe 实用程序来查看实际的公钥。为此，先用-p 开关执行 SN.exe，创建一个只包含公钥的文件（e:\dataAccessShow.PublicKey），如图 10-3 所示。DOS 格式命令是：

```
sn -p e:\DataAccessShow.snk  e:\DataAccessShow.PublicKey
```

图 10-3　创建密钥对

再用-tp开关执行SN.exe输出公钥,命令中要指定包含公钥的文件DataAccessShow.PublicKey,如图 10-4 所示。DOS 格式命令是:

```
sn -tp e:\DataAccessShow.PublicKey
```

图 10-4　输出公钥及公钥标记

由于公钥太大,难以使用,为了简化开发人员的工作,人们设计了公钥标记(publickey token)。公钥标记是公钥的 64 位哈希值。SN.exe 的-tp 开关在输出结果的末尾显示了与完整公钥对应的公钥标记。SN.exe 实用程序未提供任何方式显示私钥。

(2)使用密钥为程序集签名。

在"解决方案资源管理器"中,选中 DataAccessShow 项目中的 My Project 文件,右击打开快捷菜单,选中"打开"项。

单击打开的 My Project 项目文件对话框中左边"签名"选项卡,如图 10-5 所示。

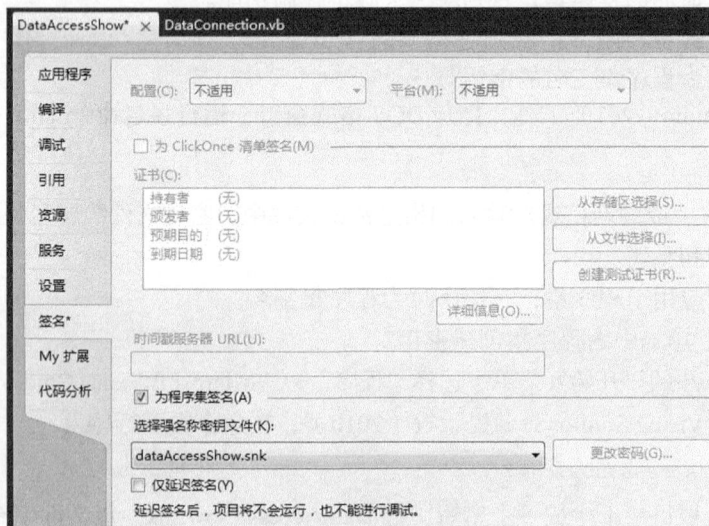

图 10-5　VB 项目对话框

勾选"为程序集签名"复选框,在"选择强名称密钥文件"组合框中,选择"浏览",定位到刚生成的密钥文件 DataAccessShow.snk,选择该密钥文件。

编译项目文件 DataAccessShow,生成的 DLL 文件就是带有强名的程序集。

在使用密钥文件编译程序集时,实际上就是对程序集进行了加密。Microsoft 选择使用标准的公钥/私钥加密技术,公钥可以同程序集关联。没有任何两家公司有相同的公钥/私钥对。这样一来,两家公司就可以创建具有相同名称、版本和语言文化的程序集,同时不会造成任何冲突。

以上操作的加密方式是：系统把公钥的副本添加到程序集中，还给整个程序集添加了一个公钥标记，并对程序集用私钥加了密。用私钥加密了的程序可以用公钥解密，解密成功，就可以向程序中写入信息。只是这种解密方式速度较慢，所以 Visual Basic 编译器使用私钥加密程序集的公钥标记，如果有人修改程序集，公钥标记就不再有效。

10.3.2　设置程序集版本

在建立或修改程序集时，Visual Basic 会自动设置或更新程序集的版本号。版本号有 4 个元素：主版本号、次版本号、版本构建号和版本修订号。我们可以通过 Visual Studio 2010 查看程序集版本信息。方法如下。

（1）在"解决方案资源管理器"中，选中程序集项目文件中的 My Project 文件，右击打开快捷菜单，选中"打开"项。

（2）单击打开的 My Project 项目文件对话框中左边"应用程序"选项卡，单击"程序集信息"按钮，打开程序集信息对话框，可在对话框中看到程序集的版本信息，如图 10-6 所示。

图 10-6　"程序集信息"对话框

从图 10-6 中可以看到，对例 9.3 中的程序集，其主版本号是 1，次版本号是 0。版本构建号和版本修订号在每次重新编译程序集时，都会由系统重新生成，以确保每次编译都有一个唯一的版本号。每次重新修改程序集时，最好是手工设置主版本号和次版本号，特别是在正式发布程序集时，这样有利于对版权的完整控制。

10.4　注册程序集

前面介绍了如何在程序集中添加作者和版本号信息，从而使得使用程序集的可执行文件能分辨 DLL 的不同版本和作者，准确查找到所需的 DLL 文件，避免了通过文件名不能分辨同一文件的不同版本和不同作者的同名文件问题。

在本节将介绍通过注册程序集来防止因程序集的重写而引起的错误。注册程序集是使用 GAC（Global Assembly Cache，全局程序集缓存）。在 GAC 中存储有同一程序集的几个不同修改版本，每个版本都是可以使用的，而且还可以把名称相同作者不同的程序集也放入 GAC 中。也就是把一个应用程序所需要的所有程序集都集合在 GAC 中，从而能保证应用程序在引用程序集时，可以选择所需要的程序集，保证了应用程序运行的正确性。

Gacutil 实用程序

为了在 GAC 中安装一个强命名程序集，最常用的工具是 Gacutil.exe，Gacutil 实用程序通过命令行命令可在 GAC 中安装和卸载程序集。

使用 Gacutil.exe 的/i 开关将一个程序集安装到 GAC 中，使用/u 开关则可从 GAC 中卸载一个程序集。注意：不能将一个弱命名的程序集放到 GAC 中。如果将一个弱命名的程序集的文件名传给 Gacutil.exe，它会显示错误消息："将程序集添加到缓存失败：试图安装没有强名称的程序集"。

例 10.4   将例 10.3 中的程序集添加到 GAC 中或将其从 GAC 中卸载。

（1）将程序集安装到 GAC 中。

从 Windows 的"开始"菜单中选择"程序"→"Microsoft Visual Studio 2010"→"Visual Studio Tools"-"Visual Studio 命令提示符（2010）"，使用 CD 命令把当前目录设置到 DataAccessShow.dll 文件所在的文件夹，在命令提示行输入：

```
Gacutil -I DataAccessShow.dll
```

（2）将程序集从 GAC 中卸载：

```
Gacutil -u DataAccessShow
```

在 GAC 中"注册"程序集的目的是什么呢？假定两家公司分别生成了一个名为 DataAccessShow 的程序集，两个程序集都由一个 DataAccessShow.dll 文件构成。显然，这两个文件不能存储到同一个目录中，否则最后一个安装的会覆盖第一个安装的，肯定会破坏一个应用程序。相反，将程序集安装到 GAC 中，就会在 C:\Windows\Assembly 目录下创建专门的子目录，程序集文件会复制到其中一个子目录中。

第11章
文　　　件

在前面介绍的应用程序中，不管是输入的数据还是计算的结果，一旦应用程序运行结束，所有的数据都将消失。为了能长期保存数据，且对大批量的数据进行处理，需要将数据保存在数据库或文件中。本章将介绍对数据文件的处理。

11.1　文　件　概　述

在计算机系统中，文件是指存储在外存储器上的用文件名标识的数据集合。许多程序都与外部数据进行交互，如存储在数据库、XML 或文本文件中的数据，所以文件操作是软件开发中必不可少的任务。

.Net Framework 中提供了大量与文件管理有关的对象、函数及文件系统控件，具有较强的文件处理功能，能方便地对数据文件进行处理。

11.1.1　文件类型

在 Visual Basic.NET 中，可以根据不同的方式对文件进行分类。

1. 根据文件中数据的编码方式分类

（1）文本文件：也称为 ASCⅡ 码文件或纯文本文件。文件中的数据以字符的形式进行组织，英文、数字等字符存储的是 ASCII 码，而汉字存储的是机内码。文本文件是一种典型的顺序文件，通常可以逐行或全部取到一个字符串变量中进行处理。

（2）二进制文件：除了文本文件以外的文件都是二进制文件，图形文件以及文字处理程序等计算机程序都属于二进制文件。它直接将二进制数据放在文件中，这些数据含有特定的格式及计算机代码，数据的存取以字节为单位进行。二进制文件不能直接用编辑软件打开查看数据。

2. 根据文件的结构和访问方式分类

（1）顺序文件：指逻辑顺序与物理存储顺序一致的文件。顺序文件的结构比较简单，文件中的记录按一个接着一个的顺序存放，读取、写入记录时必须与存放的顺序一致。顺序文件的优点是结构简单，占用空间少，便于顺序访问；缺点是不利于随机访问，维护困难。

（2）随机文件：随机文件中的数据也以记录形式存放，但每个记录的长度都相等，且每条记录有一个唯一的记录号。对于随机文件，可以通过记录号按任意次序对数据进行存取操作。随机文件的优点是对数据的存取灵活、快捷和方便；其缺点是占用存储空间较大，数据组织结构较复杂。

11.1.2 文件访问方式

Visual Basic.NET 中提供了 3 种文件访问的方式：

① 使用 Visual Basic.NET 中的 run-time 函数；

② 使用.Net 的 System.IO 模型；

③ 使用文件系统对象模型（FSO）。

run-time 函数就是标准的 VB 函数，可以创建、操作和访问文件数据。

System.IO 模型指定了所有.NET 语言都可用的类的集合。这些类被包含在 System.IO 命名空间中，它们用来对文件与目录进行创建、移动、删除及读写等操作。

文件系统对象模型（FSO）英文全称是 File System Object，包含在 Scripting 类型库（Scrrun.Dll）中。它提出了一种有别于传统的文件操作语句处理文件和文件夹的方式。

11.2   run-time 函数

Visual Basic.NET 的 run-time 文件 I/O 函数是早期版本的兼容，主要优点是易于掌握，且直观和灵活，缺点是仅支持 String、Date、Integer、Long、Single、Double 和 Decimal 写入类型以及这些类型的结构和数组。此外，也不能将类序列化。

11.2.1   run-time 文件函数介绍

和文件操作相关的 run-time 函数包含在命名空间 Microsoft.VisualBasic 下的类 FileSystem 中，FileSystem 模块包含用于执行文件、目录或文件夹以及系统操作的过程。表 11.1 列出了 Visual Basic.NET 中最基本的用于文件和目录操作的函数。

表 11.1   常用文件操作函数

函　　数	说　　明
CurDir	获得当前目录，返回 String 值
Eof	判断是否到达文件末尾，返回 Boolean 值
FileClose	关闭对用 FileOpen 函数打开的文件的 I/O
FileLen	文件的长度（字节），返回 Long 值
FileOpen	打开一个文件以进行 I/O
FreeFile	FileOpen 可用的下一个文件号，返回 Integer 值
Input	从打开的顺序文件中读取数据并分配给变量
LineInput	从打开的顺序文件中读取一行并分配给变量，返回 String 值
LOF	返回使用 FileOpen 打开的文件的大小（字节），返回 Long 值
Print	将显示格式的数据写入顺序文件
PrintLine	将显示格式的数据写入顺序文件，并以"回车符"结束
Write	将数据写入顺序文件，可使用 Input 对应读取
WriteLine	将数据写入顺序文件，并以"回车符"结束

11.2.2　使用 run-time 函数读写文件

1．打开文件

在对一个文件进行操作之前，必须首先打开文件，并通知系统对文件进行的操作方式。打开文件使用的函数是 FileOpen，其格式如下：

```
FileOpen ( FileNumber, FileName, Mode )
```

其中：

FileNumber 为文件号，Integer 类型；

FileName 为文件名，String 类型，可以包含目录或文件夹以及驱动器；

Mode 为文件的模式，为下列 5 种形式之一。

① OpenMode.Input：为进行读访问而打开的文件。

② OpenMode.Output：为进行写访问而打开的文件。

③ OpenMode.Random：为进行随机访问而打开的文件。

④ OpenMode.Append：为向其追加内容而打开的文件，默认值。

⑤ OpenMode.Binary：为进行二进制访问而打开的文件。

例如，如果要打开 D:\VB 目录下的一个名为 student 的文本文件，供写入数据流：

```
FileOpen(1, "D:\VB\student.txt", OpenMode.Output)
```

其中，指定了文件号为 1。如果要使用 FreeFile 函数获得文件号，则语句为：

```
Dim fno As Integer = FreeFile()
FileOpen(fno, "D:\VB\student.txt", OpenMode.Output)
```

2．顺序文件写操作

将数据写入到顺序文件可以通过 Write 函数（WriteLine 函数）或 Print 函数（PrintLine 函数）。

（1）Write 函数格式如下：

```
Write (FileNumber, Output)
```

其中 Output 是要写入文件的一个或多个用逗号分隔的表达式，写入的多个表达式或多个 Write 函数写入的数据将使用紧凑格式保存。

例如：打开 D:\VB 目录下的 student.txt 文件并加入一条记录。

```
FileOpen(1, "D:\VB\student.txt", OpenMode.Output)
Write(1, "2011001", "李红", 80)
```

使用 Write 函数写入文件，相应地用 Input 函数读取时，可将数据读入到不同的变量中。

（2）Print 函数格式如下：

```
Print (FileNumber, Output)
```

其中 Output 是要写入文件的 0 个或多个用逗号分隔的表达式。

同 Write 函数相比，Print 函数写入的数据如果以逗号分隔将根据制表符边界对齐，但混合使用逗号和 Tab 制表符可能会导致不一致的结果。使用 Input 函数读取 Print 函数写入的内容，将全部数据读入到一个变量中。

如果使用 WriteLine 函数或 PrintLine 函数写入数据，则会在写入文件后插入一个换行符。

3．顺序文件读操作

在读取一个顺序文件时，需要用到下列函数。

（1）EOF(FileNumber)

EOF 函数用于判断是否到达文件末尾。如果到达文件末尾，则返回 true，否则返回 false。

（2）LOF(FileNumber)

LOF 函数显示使用 FileOpen 函数打开的文件的大小（以字节为单位）。例如 LOF(1)返回 1 号文件的长度。如果返回为 0，则表示是一个空文件。

（3）Input(FileNumber, Value)

Input 函数用于读取数据文件中的数据，并把这些数据赋值给变量 Value。

（4）LineInput(FileNumber)

LineInput 函数用于从打开的顺序文件中读取一行并将其赋值给一个 String 变量。LineInput 函数一般用来读取用 WriteLine 或 PrintLine 写入的数据。

例如：

```
FileOpen(1, "D:\VB\student.txt", OpenMode.Output)
WriteLine(1, "Student Scores")
WriteLine(1, "2011001", "李红", 80)
FileClose(1)
FileOpen(1, "D:\VB\student.txt", OpenMode.Input)
Dim s As String
s = LineInput(1)
Console.WriteLine(s)
s = LineInput(1)
Console.WriteLine(s)
FileClose(1)
```

4. 关闭文件

在结束对文件的读写操作后，还需要将文件关闭，否则可能会造成数据的丢失。对于使用 FileOpen 函数打开的文件，可以使用 FileClose 函数关闭，其形式为：

```
FileClose(FileNumber)
```

例如，FileClose(1)语句用于关闭 1 号文件。

11.2.3 实例

例 11.1 编写程序，要求：

① 将两个同学的学号、姓名和成绩追加到 D:\VB 下的文件 student.txt 中（已有 3 条记录）；

② 按原有的数据类型从上面的文件中读出数据并显示；

③ 计算平均成绩，显示，并将平均成绩写入到文件中保存。

```
Sub Main()
    FileOpen(1, "D:\VB\student.txt", OpenMode.Append)        '追加记录
    Write(1, "2011011", "李红", 80)
    Write(1, "2011012", "赵斌", 92)
    FileClose(1)
    FileOpen(1, "D:\VB\student.txt", OpenMode.Input)          '读取记录
    Dim no As String = ""
    Dim name As String = ""
    Dim sco, num As Integer
    Dim aver As Single = 0
    Do While Not EOF(1)                  '每条记录分别读入到变量 no、name、sco 中
```

```
        Input(1, no)
        Input(1, name)
        Input(1, sco)
        aver = aver + sco
        num = num + 1
        Console.WriteLine("学号：" & no & "  姓名：" & name & "  成绩：" & sco)
    Loop
    aver = aver / num                '计算平均分
    Console.WriteLine("平均分为a：" & aver)
    FileClose(1)
    FileOpen(1, "D:\VB\student.txt", OpenMode.Append)        '平均分写入文件
    Write(1, "平均分：", aver)
    FileClose(1)
    Console.ReadLine()
End Sub
```

程序运行的结果如图 11-1 所示。

图 11-1　运行结果

11.3　System.IO 模型

在 System.IO 命名空间中包含了与文件操作有关的类，经常使用的类有 File、Directory、Path、FileStream、BinaryReader、BinaryWriter、StreamReader、StreamWriter 等。其中，File 和 Directory 类提供操作文件和目录所需的功能，由于这两个类的所有方法都是静态的或是共享成员，因此可以直接调用，而无需创建类的实例。

11.3.1　File 类

File 类提供了对文件进行一些典型操作的共享方法，如打开、复制、删除、移动和重命名等。File 类的常用方法如表 11.2 所示。

表 11.2　　　　　　　　　　　　　　　　File 类的常用方法

方　　法	功　　能
Open	打开指定路径的文件，返回一个 FileStream 对象
Copy	将文件从源路径复制到目标路径
Create	在指定的路径上创建文件
Delete	删除指定路径上的文件

方　法	功　　能
Exists	判断文件是否存在，返回 Boolean 值
Move	将文件移动到新路径下，且可以使用不同的名称
GetAttributes	返回指定路径下文件的属性
SetAttributes	设置指定路径下文件的属性

例 11.2　建立一个简单应用程序，实现对文件的复制、删除和移动操作，界面如图 11-2 所示。

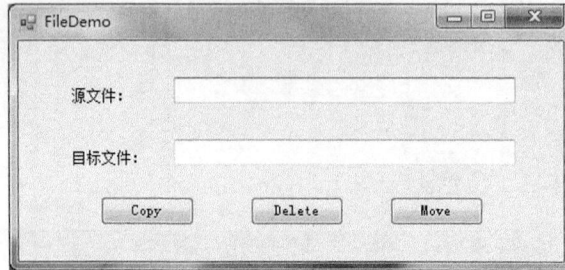

图 11-2　FileDemo 窗口界面

（1）新建一个 Visual Basic.NET 的"Windows 窗体应用程序"项目，项目名称为 No10，并将窗体文件名修改为"FileDemo.vb"。

（2）在窗体上添加 2 个 Label 控件、2 个 TextBox 控件和 3 个 Button 控件，根据表 11.3 设置控件的属性。

表 11.3　　　　　　　　　　　　　　　控件属性设置

控　件	属　性	属　性　值	控　件	属　性	属　性　值
Label1	Text	源文件：	Button2	Name	btnDel
Label2	Text	目标文件：		Text	Delete
TextBox1	Name	TxtSrc	Button3	Name	btnMove
TextBox2	Name	TxtDes		Text	Move
Button1	Name	btnCopy	FileDemo	Text	FileDemo
	Text	Copy			

（3）切换到代码窗口，在窗体模块顶部加入语句

```
Imports System.IO
```

（4）为按钮 btnCopy 添加 Click 事件，并编写代码：

```
Private Sub btnCopy_Click(ByVal sender As System.Object, ByVal e As System.EventArgs)
Handles btnCopy.Click
        Dim ss As String = txtSrc.Text.Trim
        Dim sd As String = txtDes.Text.Trim
        If File.Exists(ss) Then
            If MsgBox("确实将文件复制到" & sd & "吗? ", MsgBoxStyle.OkCancel)
                        = MsgBoxResult.Ok Then
                File.Copy(txtSrc.Text.Trim, txtDes.Text.Trim)
                MsgBox("复制成功! ")
            Else
```

```
                MsgBox("操作取消！")
            End If
        Else
            MsgBox("源文件不存在！")
        End If
    End Sub
```

（5）为按钮 btnDel 添加 Click 事件，并编写代码：

```
    Private Sub btnDel_Click(ByVal sender As System.Object, ByVal e As System.EventArgs)
Handles btnDel.Click
        If File.Exists(txtSrc.Text.Trim) Then
            File.Delete(txtSrc.Text.Trim)
            MsgBox("删除成功！")
        Else
            MsgBox("源文件不存在！")
        End If
    End Sub
```

（6）为按钮 btnMove 添加 Click 事件，并编写代码：

```
    Private Sub btnMove_Click(ByVal sender As System.Object, ByVal e As System.EventArgs)
Handles btnMove.Click
        If File.Exists(txtSrc.Text.Trim) Then
            File.Move(txtSrc.Text.Trim, txtDes.Text.Trim)
            MsgBox("移动成功！")
        Else
            MsgBox("源文件不存在！")
        End If
    End Sub
```

11.3.2 Directory 类

Directory 类提供了对文件目录的访问方式，如创建、复制、移动、删除、获取当前目录或文件等。Directory 类常用的共享方法如表 11.4 所示。

表 11.4　　　　　　　　　　　Directory 类常用的方法

方　　法	功　　能
CreateDirectory	按指定的路径创建文件夹
GetCurrentDirectory	获得应用程序当前的目录路径，返回 String 值
GetDirectories	获得当前目录下的所有目录名的 String 数组
GetFiles	获得当前目录中的所有文件名的 String 数组
GetDirectoryRoot	获得指定路径的卷信息、根信息或两者同时返回，返回 String 值
Delete	删除指定的目录以及其中的内容
Exists	判断指定的目录是否存在
Move	将指定的目录移动到新位置

注：（1）卷信息，即卷标信息。卷标是一个磁盘的唯一的一个标识。由格式化自动生成或人为设定。

（2）根信息，即根目录信息。根目录指逻辑驱动器的最上一级目录，它是相对子目录来说的。

例 11.3 建立一个简单应用程序，实现对文件夹的创建、删除和移动操作，界面如图 11-3 所示。

（1）创建一个 Visual Basic.NET 的 Windows 窗口应用程序，项目名为 DirectoryDemo.vb。

（2）在窗台上添加 2 个 Label 控件，2 个 TextBox 控件（名称分别为 txtSrc、txtDes），3 个 Button 控件（名称分别为 btnCreate、btnDel、btnMove），修改控件的大小、位置及 Text 的属性，界面如图 11-3 所示。

（3）在窗体模块顶部加入语句

```
Imports System.IO
```

（4）为 3 个按钮分别添加 Click 事件，代码如下：

图 11-3 例 11.3 操作界面

```
Private Sub btnCreate_Click(ByVal sender As
System.Object, ByVal e As System.EventArgs) Handles
btnCreate.Click
        Dim path As String = txtSrc.Text.Trim
        If Directory.Exists(path) Then
            MsgBox("文件夹已经存在！")
        Else
            Directory.CreateDirectory(path)
            MsgBox("文件夹" & path & "创建成功！")
        End If
    End Sub
    Private Sub btnDel_Click(ByVal sender As System.Object, ByVal e As System.EventArgs)
Handles btnDel.Click
        Dim path As String = txtSrc.Text.Trim
        If Directory.Exists(path) Then
            Directory.Delete(path)
            MsgBox("文件夹" & path & "被删除！")
        Else
            MsgBox("文件夹不存在！")
        End If
    End If
    End Sub
    Private Sub btnMove_Click(ByVal sender As System.Object, ByVal e As System.EventArgs)
Handles btnMove.Click
        Dim pathSrc As String = txtSrc.Text.Trim
        Dim pathDes As String = txtDes.Text.Trim
        If Directory.Exists(pathSrc) Then
            If Directory.Exists(pathDes) Then
                MsgBox("目标文件夹已存在！")
            Else
                Directory.Move(pathSrc, pathDes)
                MsgBox("文件夹" & pathSrc & "已被移动到" & pathDes)
            End If
        Else
            MsgBox("源文件夹不存在！")
        End If
    End Sub
```

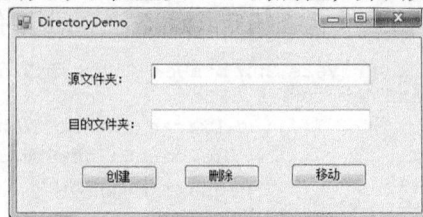

11.3.3 FileStream 类

FileStream 类表示指向文件的流，提供了操作文件的功能。使用 FileStream 类可以以同步或异步模式打开一个文件，默认以同步模式打开文件。如果以同步模式打开文件，对应读写文件的方法是 Read()和 Writer()；如果以异步模式打开文件，对应读写文件的方法是 BeginRead()和 BeginWriter()。

使用 FileStream 类的构造函数时，需要使用枚举型 FileMode、FileAccess、FileShare 来指定如何创建、访问和共享文件。

枚举型 FileMode 的成员如表 11.5 所示。

表 11.5   枚举型 FileMode 的成员

成　　员	功　　能
Append	如果文件存在则打开文件并定位到文件尾，否则创建一个新文件。只能和 FileAccess.Write 一起使用
Create	创建一个新文件，如果文件已存在，则覆盖旧文件
CreateNew	创建一个新文件，如果文件已存在，将抛出异常
Open	打开一个已经存在的文件
OpenOrCreate	打开一个已经存在的文件，如果文件不存在，则创建一个新文件
Truncate	打开一个已经存在的文件并删除里面的内容，如不存在则抛出异常

枚举型 FileAccess 的成员如表 11.6 所示。

表 11.6   枚举型 FileAccess 的成员

成　　员	功　　能
Read	对文件读访问
Write	对文件写访问
ReadWrite	对文件读访问和写访问

枚举型 FileShare 的成员如表 11.7 所示。

表 11.7   枚举型 FileShare 的成员

成　　员	功　　能
None	拒绝共享当前文件
Read	允许其他读文件的操作
Write	允许其他写文件的操作
ReadWrite	允许其他读文件和写文件的操作
Delete	允许其他删除文件
Inheritable	使文件句柄可由子进程继承

例如，定义一个 FileStream 对象对文件进行操作：

```
Dim fs As FileStream = New FileStream("d:\vb\info.txt", FileMode.OpenOrCreate,
FileAccess.Read, FileShare.ReadWrite)
```

上面的语句用于打开或创建 d:\vb\info.txt 文件，对该文件的访问方式是读操作，共享方式是可读写。

11.3.4　StreamReader 类和 StreamWriter 类

在 Visual Basic.NET 中，引入了一种新的数据格式流——Stream 类，所有表示流的类都是从这个类中继承的。

StreamReader 类和 StreamWriter 类提供了使用特定编码（默认编码 UTF-8）读写字符流的功能，可以直接从文件读取字符顺序流或将字符顺序流写入文件中。

StreamReader 类可以从流或文件读取数据，读取数据的常用方法如表 11.8 所示。

表 11.8　　　　　　　　　　　　　　StreamReader 类常用方法

方　　法	功　　能
Read	读取输入流中的下一个字符并移动流或文件指针
ReadBlock	从当前流中读取最大 count 的字符并从 index 开始将该数据写入 buffer
ReadLine	从当前流中读取一行字符并将数据作为字符串返回
ReadToEnd	从流的当前位置到末尾读取流
Close	关闭打开的 StreamReader 对象并释放资源

例如，下述代码使用 StreamReader 流从文本文件中读取内容：

```
Dim sr As New StreamReader("d:\vb\info.txt")
Dim str As String
str = sr.ReadLine()
While str <> Nothing
    Console.WriteLine(str)
    str = sr.ReadLine()
End While
Console.ReadLine()
sr.Close()
```

以上的示例可以将文件的内容读取并显示出来。当到达文件末尾时，ReadLine()方法将返回 Nothing，那么程序就会停止读取文件。

StreamWriter 类可以将字符写入流或文件，其常用的方法如表 11.9 所示。

表 11.9　　　　　　　　　　　　　　StreamWriter 类常用方法

方　　法	功　　能
Write	向文件或流对象中写入字符并移动流或文件指针
WriteLine	向文件或流对象中写入一行，后跟行结束符
Close	关闭打开的 StreamWriter 对象并释放资源

在使用 StreamWriter 流对文件执行写操作时，首先需要建立一个 StreamWriter 对象：

```
Dim sw As New StreamWriter("d:\vb\info.txt")
```

上述代码为操作文件 d:\vb\info.txt 文件创建一个 StreamWriter 对象，如果对应的文件不存在，则会自动创建一个新文件；如果文件已存在且文件中已有内容，则会删除原有的内容。

如果需要向文件中追加内容，可以使用如下两种形式：

```
Dim sw As New StreamWriter("d:\vb\info.txt", True)
```

或

```
Dim sw As StreamWriter = File.AppendText("d:\vb\info.txt")
```

在默认情况下，StreamReader 和 StreamWriter 是将 UTF-8 编码的字符串读入和写入流，如果需要采用其他的编码形式，必须明确地指出，如下列代码：

```
Dim sr As New StreamReader("d:\vb\info.txt",
                System.Text.Encoding.GetEncoding("gb2312"))
```

11.3.5　BinaryReader 类和 BinaryWriter 类

BinaryReader 类和 BinaryWriter 类用于读取二进制流文件。

创建 BinaryReader 类的对象之后，就可以调用它的方法从流中读取数据。BinaryReader 类常用的方法如表 11.10 所示。

表 11.10　　　　　　　　　　　　BinaryReader 类常用方法

方　　法	功　　能
PeekChar	返回下一个可用字符，且不提升字节或字符的位置
ReadByte	从当前流中读取下一个字节，并使流的当前位置提升 1 个字节
ReadBytes(count)	从当前流中读取 count 个字节，且提升当前位置 count 个字节
ReadChar	从当前流中读取下一个字符，根据使用的 Encoding 和从流中读取的特定字符提升流的当前位置
ReadInt32	从当前流中读取 4 字节有符号整数，并使流的当前位置提升 4 个字节
Close	关闭打开的对象，释放资源

BinaryWriter 类可以将数据文件以二进制方式写入流或文件。BinaryWriter 类常用的方法如表 11.11 所示。

表 11.11　　　　　　　　　　　　BinaryWriter 类常用方法

方　　法	功　　能
Write	向流对象中写入各种不同类型的数据并移动流或文件指针
Flush	清理当前编写器的所有缓冲区，使所有缓冲数据写入基础设备
Seek	设置当前流中的位置
Close	关闭打开的对象并释放资源

例 11.4　新建一个二进制文件并将一个含有中文字符的字符串写入文件，读取该文件并显示文件中的内容。

```
Sub Main()
    Dim fs As New FileStream("d:\vb\info.bin", FileMode.Create)  '新建一个二进制文件
    Dim bw As New BinaryWriter(fs, System.Text.Encoding.GetEncoding("gb2312"))
    Dim c As String
    bw.Write("Visual Basic.NET 学习" )          '字符串写入文件并使用 GB2312 编码
    bw.Close()
    fs = New FileStream("d:\vb\info.bin", FileMode.Open, FileAccess.Read)
    Dim br As New BinaryReader(fs, System.Text.Encoding.GetEncoding("gb2312"))
    c = br.ReadString()                          '读取一个字符串到变量 c 中
    Console.WriteLine(c)
    Console.ReadLine()
    fs.Close()
End Sub
```

11.4　文件系统对象

文件系统对象（File System Object，FSO）模型提出了有别于传统的文件操作语句处理文件和文件夹的方法，将一些列操作文件和文件夹的动作通过调用对象本身的属性直接实现。

在 Scripting 类型库（Scrrun.Dll）中，包含了 Drive、Folder、File、FileSystem 和 TextStream5 个对象。FileSystem 是 FSO 模型中最主要的对象，它提供了一套完整的可用于创建、删除文件和文件夹，收集驱动器、文件夹、文件相关信息的方法。而 My.Computer.FileStream 对象提供了处理驱动器、文件和目录的属性及方法，使用该对象使得文件的读取和写入变得非常简单。

My.Computer.FileSystem 对象的常用属性是 CurrentDirectory（获取或设置当前目录）、Drives（获取或设置驱动器信息）、SpecialDirectories（访问如 Temp、MyDocuments 等特殊目录）。

My.Computer.FileSystem 对象常用的与文件有关的方法如表 11.12 所示。

表 11.12　　　　　　　　　　My.Computer.FileSystem 常用的与文件有关的方法

方　　法	功　　能
CopyFile	复制文件
DeleteFile	删除文件
FileExists	文件是否存在
GetFileInfo	返回指定路径的 FileInfo 对象
MoveFile	移动文件
RenameFile	重命名文件
OpenTextFileReader	打开 StreamReader
OpenTextFileWriter	打开 StreamWriter
ReadAllBytes	从二进制文件中读取，返回字节数组
ReadAllText	从文本文件中读取，返回字符串
WriteAllBytes	将数据写入二进制文件
WriteAllText	将数据写入文本文件

My.Computer.FileSystem 对象常用的与文件夹有关的方法如表 11.13 所示。

表 11.13　　　　　　　　　　My.Computer.FileSystem 常用的与文件夹有关的方法

方　　法	功　　能
CopyDirectory	复制目录
CreateDirectory	创建目录
DeleteDirectory	删除目录
DirectoryExists	判断目录是否存在
GetDirectory	一个目录中的子目录的路径名称，返回 String 集合
GetDirectoryInfo	返回指定路径的 DriveInfo 对象
GetFiles	一个目录中的文件的名称，返回 String 集合
GetParentPath	指定路径的父级绝对路径，返回 String 值
MoveDirectory	移动目录
DeleteDirectory	重命名目录

例 11.5　利用 My.Computer.FileSystem 对象对文件进行操作，创建一个文件夹（如果已经存在，则删除文件夹中的所有内容），并将 d:\vb\info.txt 文件复制到该文件夹中，另存为 myinfo.txt。打开此文件，写入当前日期时间并显示。

```
Sub Main()
    Dim path As String = "d:\vb\mystd"
    If My.Computer.FileSystem.DirectoryExists(path) Then
        My.Computer.FileSystem.DeleteDirectory(path, FileIO.DeleteDirectoryOption.
        DeleteAllContents)
    End If
    My.Computer.FileSystem.CreateDirectory(path)
    path = path + "\myinfo.txt"
    My.Computer.FileSystem.CopyFile("d:\vb\info.txt", path)
    My.Computer.FileSystem.WriteAllText(path, vbCrLf & Date.Now, True)
    Dim str As String = My.Computer.FileSystem.ReadAllText(path,
                    System.Text.Encoding.GetEncoding("gb2312"))
    Console.WriteLine(str)
    Console.ReadLine()
End Sub
```

11.5　综 合 应 用

本章介绍了 Visual Basic.NET 中和数据文件相关的基本内容，包括数据文件的类型以及对数据文件基本操作方式。这些操作方式包括使用 run-time 函数，使用.NET 的 System.IO 模型以及使用 FSO 模型。对于程序设计语言而言，文件处理也是最重要的功能之一。

例 11.6　编写一个简单的文本编辑程序，能够实现对文件的打开、修改和删除操作，操作界面如图 11-4 所示。

图 11-4　例 11.6 窗口界面

（1）新建一个 Visual Basic.NET 的"Windows 窗体应用程序"项目，将窗体文件名修改为"MyFile.vb"。

（2）在窗体上添加 1 个 Label 控件、1 个 TextBox 控件、1 个 RichTextBox 控件和 4 个 Button 控件，另外再加入 1 个 OpenFileDialog 控件和 1 个 SaveFileDialog 控件。根据表 11.14 设置控件的属性。

表 11.14　　　　　　　　　　　控件属性设置

控　　件	属　　性	属　性　值	控　　件	属　　性	属　性　值
Label1	Text	目标文件：	Button2	Name	btnSave
TextBox1	Name	txtPath		Text	保存
RichTextBox1	Name	FileTxt	Button3	Name	btnDelete

续表

控 件	属 性	属 性 值	控 件	属 性	属 性 值
Button1	Name	btnOpen		Text	删除
	Text	打开	Button4	Name	btnExit
				Text	退出

（3）切换到代码窗口，在窗体模块顶部加入语句

```
Imports System.IO
```

（4）分别为 4 个按钮控件加入 Click 事件处理过程，代码如下：

```
Private Sub btnOpen_Click(ByVal sender As System.Object, ByVal e As System.EventArgs)
Handles btnOpen.Click
        Dim path As String
        If OpenFileDialog1.ShowDialog = DialogResult.OK Then
            path = OpenFileDialog1.FileName
            txtPath.Text = path
            Dim sr As New StreamReader(path, System.Text.Encoding.GetEncoding("gb2312"))
            fileTxt.Text = sr.ReadToEnd()
            sr.Close()
        End If
    End Sub

    Private Sub btnSave_Click(ByVal sender As System.Object, ByVal e As System.EventArgs)
Handles btnSave.Click
        Dim path As String
        If SaveFileDialog1.ShowDialog = DialogResult.OK Then
            path = SaveFileDialog1.FileName
            txtPath.Text = path
            Dim sw As New StreamWriter(path, False,
                        System.Text.Encoding.GetEncoding("gb2312"))
            sw.Write(fileTxt.Text)
            sw.Close()
        End If
    End Sub

    Private Sub btnDelete_Click(ByVal sender As System.Object, ByVal e As System.EventArgs)
Handles btnDelete.Click
        Dim i As Short
        Dim path As String = txtPath.Text.Trim()
        If File.Exists(path) Then
            i = MsgBox("确实要删除文件? " & path, MsgBoxStyle.OkCancel)
            If i = MsgBoxResult.Ok Then
                File.Delete(path)
                MsgBox("删除成功! ")
                txtPath.Text = ""
                fileTxt.Text = ""
            End If
        End If
    End Sub

    Private Sub btnExit_Click(ByVal sender As System.Object, ByVal e As System.EventArgs)
Handles btnExit.Click
        End
    End Sub
```

习 题

1. 根据文件中数据的编码方式可以将文件分为_____两种类型。
   A. 顺序文件、随机文件 　　　　　　B. 文本文件、数据文件
   C. 文本文件、二进制文件 　　　　　D. 顺序文件、二进制文件

2. 在 VB.NET 中，能用于访问文件的方式是以下_____种（多选）。
   A. 使用 VB.NET 的 run-time 函数 　　B. 使用 My.File.FileSystem 对象
   C. 使用.NET 的 System.IO 模型 　　　D. 使用 FSO 模型

3. FileStream 类所在的命名空间是_____。
   A. System.IO 　　B. System.Data 　　C. System.File 　　D. System.Stream

4. System.IO 中用于读/写文本文件的类分别是_____和_____。

5. Directory 类中的_____方法用于获取当前目录下的所有目录名。

6. 简述文本文件和二进制文件的区别。

7. 编写程序在 d:\vb 文件夹下创建一个名为 student 的目录，并在该目录下新建一个名为 score.txt 的文本文件。在文本文件中输入以下信息，并将这些信息显示在一个 RichTextBox 控件中。

姓 名	学号	计算机	英语	数学
李红	201001001	83	76	69
王小刚	201001002	95	87	91
赵斌	201002001	63	69	58
张秋燕	201002002	78	61	82

8. 编写程序，将 2010 年 10 月份的日历按照日期、星期的格式（例如：10-01-2010 星期六）依次写入一个二进制文件中，中间以回车换行符分隔。然后将二进制文件中的内容读出到一个列表框上。

第 12 章
访问数据库

几乎所有的商业应用程序都需要对数据进行处理，数据库作为数据存储和管理的工具被广泛应用。应用程序通常需要与数据库软件交互，例如 Microsoft Access、Microsoft SQL Server、Oracle 等。Visual Basic 2010 提供了连接到数据库并对数据库中的数据进行操作的工具和组件，使用它们可以快速实现对数据库的连接、操作。

本章将介绍数据库的概念、SQL 语言的 SELECT 语句、Access 数据库中查询的实现、常用的数据访问组件、将数据绑定到控件的方法以及使用数据绑定技术实现对数据库访问的方法。

12.1　数据库的概念

数据库（DataBase）是按照数据结构来组织、存储和管理数据的仓库，随着信息技术和市场的发展，特别是 20 世纪 90 年代以后，数据管理不再仅仅是存储和管理数据，而转变成用户所需要的各种数据管理的方式。数据库有很多种类型，从最简单的存储有各种数据的表格到能够进行海量数据存储的大型数据库系统都在各个方面得到了广泛的应用。

数据库（DataBase，DB）是一个长期存储在计算机内的、有组织的、有共享的、统一管理的数据集合。它是一个按数据结构来存储和管理数据的计算机软件系统。数据库通常分为层次式数据库、网状数据库和关系数据库 3 种。这里只讨论使用关系结构模型的关系数据库。

关系式数据结构把一些复杂的数据结构归结为简单的二元关系（即二维表格形式）。例如某单位的职工关系就是一个二元关系。由关系数据结构组成的数据库系统被称为关系数据库系统。

在关系数据库中，对数据的操作几乎全部建立在一个或多个关系表格上，通过对这些关系表格的分类、合并、连接或选取等运算来实现数据的管理。Microsoft Access 就是这类数据库管理系统的典型代表。对于一个实际的应用问题（如学生课程成绩管理问题），有时需要多个关系才能实现。用 Access 建立起来的一个关系称为一个数据库（或称数据库文件），而把对应多个关系建立起来的多个数据库称为数据库系统。

下面介绍数据库、行、列等几个基本的概念。

数据库就是一组排列成易于处理或读取的相关信息。数据库中的实际数据存放成表格（table），类似于随机访问文件。表格中的数据由行（row）和列（column）元素组成，行中包含结构相同的信息块，类似于随机访问文件中的记录，记录则是一组数值（或称为字段的集合）。

图 12-1 显示了一个典型的关系数据库模型。该模型中包括 4 个表：表 Car、表 Color、表

MakeModel 和表 Make。每个表的第 1 行是字段名称。例如表 Color 的第 1 行表示该表有两个字段：
字段 ColorKey、字段 Color。表中从第 2 行开始每行就是一条记录信息。例如表 Color 的第 1 条记
录的 ColorKey 字段的值为 1，Color 字段的值为 Red。

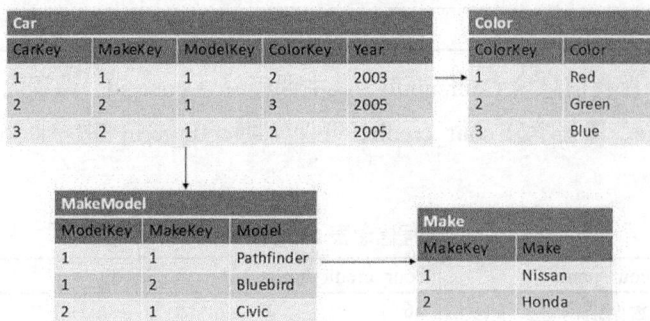

图 12-1　典型的关系数据库模型

说明：本章所介绍的对数据库的访问基于关系数据库。

12.1.1　Microsoft Access 对象

作为 Microsoft Office 组件之一的 Microsoft Access 是在 Windows 环境下非常流行的桌面型数
据库管理系统。使用 Microsoft Access 无需编写任何代码，只需通过直观的可视化操作就可以完
成大部分数据管理任务。在 Microsoft Access 数据库中包括许多组成数据库的基本要素。这些要
素包括存储信息的表、显示人机交互界面的窗体、有效检索数据的查询、信息输出载体的报表、
提高应用效率的宏、功能强大的模块工具等。它不仅可以通过 ODBC 与其他数据库相连，实现数
据交换和共享，还可以与 Word、Excel 等办公软件进行数据交换和共享，并且通过对象链接与嵌
入技术在数据库中嵌入和链接声音、图像等多媒体数据。

在 Microsoft Access 中，数据库文件的扩展名是.mdb，它包含表、查询、表单、报表、网页、
宏和模块等，这些也称为数据库对象。使用 Access 能方便快速地对数据库对象进行管理和操作。
下面以 Microsoft Access 为例，讨论数据库中的表和查询两个数据库对象。

说明：本书中所有关于 Microsoft Access 的案例截图均使用 Microsoft Access 2010 版本。

12.1.2　表

关系数据库通常包含多个表。数据库实际上是表的集合，数据库的数据或者信息都是存储在
表中的。表是对数据进行存储和操作的一种逻辑结构，每一个表都代表一个对用户有意义的对象。
例如，一个公司数据库中，会有雇员表、部门表、库存表、销售表、工资表等。常见的学生信息
表就是一种表，它是由行和列组成的。列包含了列的名字、数据类型以及列的其他属性；行包含
了列的记录或者数据。

在 Microsoft Access 中，列通常称为字段，行称为记录。数据表的每一个字段表示表中数
据的一个属性。表中的一个记录包括多个字段，这些字段构成表中数据信息的完整记录。

表 12.1 给出一个学生信息表 StudentInfo，其中学号 stud_id、姓名 stud_name、性别 stud_gender、
出生日期 stud_birthday、籍贯 stud_native_place、班级编号 clas_id 都是列，而行包含了这个表的
数据，即每个同学的基本情况。

表 12.1   学生信息表 StudentInfo

stud_id	stud_name	stud_gender	stud_birthday	stud_native_place	clas_id
1010101	张琳	女	1990/11/10	湖北	10101
1010102	黎民	男	1990/5/23	北京	10101
1010103	罗志刚	男	1991/3/4	广西	10101

表 12.2 给出一个课程信息表 CourseInfo，其中课程编号 cour_id、课程名称 cour_name、课程学时 cour_credit_hours、课程学分 cour_credit、开课学期 cour_term 都是列，而每行则是一门课程的信息记录。

表 12.2   课程信息表 CourseInfo

cour_id	cour_name	cour_credit_hours	cour_credit	cour_term
C101	数据结构	56	3.5	2
C102	计算机组成原理	64	4	2
C103	C 语言程序设计	56	3.5	2

表 12.3 给出一个学生成绩表 MarkInfo，其中学生学号 stud_id、课程编号 cour_id、课程成绩 mark、系别编号 depa_id 都是列，而每行则是一个学生一门课程的成绩记录。

表 12.3   学生成绩表 MarkInfo

stud_id	cour_id	mark	depa_id
1010101	C101	87	101
1010101	C102	76	101
1010102	C101	93	101
1010102	C102	91	101

表 12.4 给出一个系信息表 Department，其中系编号 depa_id、系名称 depa_name、系主任 depa_director、系班级个数 depa_clas_num、学院编号 coll_id 都是列，而每行则是一个系的信息记录。

表 12.4   系信息表 Department

depa_id	depa_name	depa_director	depa_class_num	coll_id
101	计算机科学与技术	梁红	4	1
102	计算机信息安全	王秋实	4	1
201	法学	吴亮	4	2

12.1.3 查询

数据库查询是数据库中比较重要的性能之一，数据库查询在数据库操作过程中经常会用到，它由一个或多个 SQL 语句组成，完成对表中数据的检索和更新。使用数据库查询，既可以检索和更新一个或多个表中的所有数据，又可以选择或更新一个或多个表中的某些特点数据。使用查询可以对表中的数据执行计算，可以合并不同表中的数据，甚至添加、更改或删除一个或多个表中的数据。

查询可以对数据结果或数据操作进行请求。用于从表中检索数据或进行计算的查询称为选择查询；用于添加、更改或删除数据的查询称为操作查询。

如果要查看、添加、更改或删除数据库中的数据，就需要使用查询。为了进一步理解查询的含义，下面先介绍 SQL 中的 Select 语句。

12.2　SQL 中的 SELECT 语句

SQL 是 Structured Query Language（结构化查询语言）的缩写，是用于数据库中的标准数据查询语言。它允许用户在高层数据结构上工作。它以记录集作为操纵对象，所有 SQL 语句接收记录集作为输入，回送出的记录集作为输出。在多数情况下，在其他编程语言中需要用一大段程序才可实现一个单独事件，而其在 SQL 上只需要一个语句就可以被表达出来。这也意味着用 SQL 可以写出非常复杂的语句。

SQL 由 DDL、DML、DCL 3 种语句组成。

（1）DDL：Data Definition Language（数据定义语言），用于定义和管理 SQL 数据库中的所有对象的语言，包括 CREATE、DROP、ALTER 等。

（2）DML：Data Manipulation Language（数据操作语言），SQL 中处理数据的操作统称为数据操作语言，包括 SELECT、INSERT、UPDATE、DELETE 等操作。

（3）DCL：Data Control Language（数据控制语言），用来授予或回收用户访问数据库的某种权限，如 GRANT（授权）、REVOKE（撤销）等。

12.2.1　SELECT 语句格式

SELECT 语句用于查询数据库并检索匹配指定条件的选择数据。一个 SELECT 语句包含要从数据库中获得的一组数据的完整描述，其中包括：

① 哪些表包含数据；

② 不同数据源中的数据怎样关联；

③ 数据必须符合哪些条件才能被选中；

④ 是否对结果进行排序以及怎样对结果进行排序。

SELECT 语句有多个子句，每个子句执行一个 SQL 语句的功能，其中 FROM 是唯一必需的子句。本书只介绍常用的 SELECT 语句子句。下面介绍 SELECT 语句并举例。

说明：在本节中的所有 SQL 查询语句涉及的表均已在 12.1 节进行了介绍。相关表的字段名称和含义请参看 12.1 节。

以下是 SELECT 语句的格式：

```
SELECT [ALL | DISTINCT] select-list
FROM table-name|view-name [,…]
[WHERE search-condition]
[ORDER BY expression [ASC | DESC] [,…]]
```

在 SELECT 语句中，子句可以省略，但在列出时必须按照以上顺序。下面对 SELECT 语句的各个子句进行详细介绍。

简单的 SQL 查询只包括 SELECT 列表、FROM 子句和 WHERE 子句，它们分别说明所查询列、查询操作的表或视图以及搜索条件等。

12.2.2　SELECT 列表语句

SELECT 列表语句（select_list）指定所选择的列，它可以由一组列名列表、星号、表达式、变量（包括局部变量和全局变量）等构成。

最简单的 SELECT 语句如下所示：

```
SELECT * FROM StudentInfo;
```

这个语句表示"从 StudentInfo 表中提取出所有记录中的所有字段"。其中*表示"每个字段"。StudentInfo 表示表名。

如果只想提取学生学号、姓名、所属班级编号，就可以用一组字段名来代替*，如下所示：

```
SELECT stud_id, stud_name, clas_id FROM StudentInfo;
```

● 删除重复行

有些情况下，应用不需要把有重复值的信息显示出来。例如需要显示所有学生的出生地。很多学生的出生地是相同的，相同的出生地只需要显示一次，无需把重复的出生地显示出来。这时，就需要将重复的行删去，对同一个出生地，列出一次即可。

SELECT 语句提供了 ALL|DISTINCT 选项用于确定是否需要显示重复的行。使用 ALL 表示显示所有行；使用 DISTINCT 表示删除重复的行，缺省时为 ALL。使用 DISTINCT 选项时，对于所有数据重复的 SELECT 列表值只显示一次。

例如：要查询学生信息表中学生出生地，对于重复的出生地，只显示一次。查询语句如下所示：

```
SELECT DISTINCT stud_native_place FROM StudentInfo;
```

12.2.3　FROM 子句

FROM 子句指定 SELECT 语句查询及与查询相关的表或视图。在 FROM 子句中最多可指定 16 个表或视图，它们相互之间用逗号分隔，如果这些表或视图属于不同的数据库，可用"数据库.所有者名称.对象"格式限定表或视图对象。

在 FROM 子句中，可为每个表或视图指定一个别名，别名紧跟在对象名称之后，之间用空格分隔，然后可以使用别名引用表中各列。具体的应用在介绍 WHERE 子句时进行举例。

12.2.4　WHERE 子句

用 WHERE 子句限定搜索条件，SELECT 语句中使用 WHERE 子句指定查询条件。

例 12.1　查询 StudentInfo 表中班级编号为 10102 的学生的学号及姓名，如下所示：

```
SELECT stud_id, stud_name
FROM StudentInfo
WHERE clas_id="10102";
```

● 别名的指定和引用

在 FROM 子句中介绍了别名的指定方式，这里以 WHERE 子句为例，介绍别名的引用方式。先看下面一个例子。

例 12.2　从学生信息表 StudentInfo、课程信息表 CourseInfo、学生成绩表 MarkInfo 中查找学生的课程成绩。根据 3 个表的定义，需要给出两个限定搜索条件，分别是：

```
StudentInfo.stud_id= MarkInfo.stud_id 和 CourseInfo.cour_id= MarkInfo.cour_id
```

查询语句如下：

```
SELECT stud_name, cour_name, mark
FROM StudentInfo, CourseInfo, MarkInfo
```

```
WHERE StudentInfo.stud_id= MarkInfo.stud_id
    and CourseInfo.cour_id= MarkInfo.cour_id;
```

由于 3 个表的表名均较长，在 WHERE 子句的限定条件中同一个表名还被多次引用，使得WHERE 子句写起来较长。可以在 FROM 子句中定义表的别名，在 WHERE 子句中直接使用别名来引用表名，如下所示：

```
SELECT stud_name, cour_name, mark
FROM StudentInfo si,CourseInfo ci,MarkInfo mi
WHERE si.stud_id=mi.stud_id and ci.cour_id=mi.cour_id;
```

上述例子中，限定搜索条件使用了两个条件，两个条件之间用了 AND 条件运算符，表示要同时满足两个条件。WHERE 语句中还可包含其他的条件运算符，如表 12.5 所示。

表 12.5　　　　　　　　　　　　　　　　条件运算符

运算符分类	运 算 符	含 义
比较运算符	>、>=、=、<=、<、<>	大小比较
逻辑运算符	AND	用于多条件的逻辑连接
	OR	
	NOT	
范围运算符	BETWEEN…AND…	判断表达式的值是否在指定范围内
	NOT BETWEEN…AND…	
列表运算符	IN	判断表达式的值是否为列表中的指定项
	NOT IN	
模式匹配符	LIKE	判断列值是否与指定的字符通配格式相符合
	NOT LIKE	
空值判断符	IS NULL	判断表达式是否为空
	NOT IS NULL	

1. 比较运算符 >、>=、=、<=、<、<>

比较运算符号进行大小的比较和限定。

例如：要从学生成绩表 MarkInfo 中查询成绩 mark 大于 60 的所有字段信息。

```
SELECT * FROM MarkInfo WHERE mark>60;
```

2. 逻辑运算符 AND、OR、NOT

逻辑运算符 AND、OR、NOT 通常用于对条件表达式进行连接。其中，AND 和 OR 是双目运算，NOT 是单目运算。AND 表示在 AND 运算符两边的限定条件都必须满足才能被选中；OR 表示在 OR 运算符两边的限定条件满足任何一个均可被选中；NOT 表示后面紧跟的表达式条件不满足时才能被选中。逻辑运算符 AND 和 OR 通常用于连接多个限定条件。

例 12.3　在学生信息表 StudentInfo 中选取性别 stud_gender 为女，班级 clas_id 为 20102 的学生，获取这些学生的姓名 stud_name、性别 stud_gender 和出生地 stud_native_place。

这个例子中，由于学生性别为女和班级为 20102 两个限定条件都必须满足，因此需要使用AND 逻辑运算符。查询语句如下：

```
SELECT stud_name,stud_gender,stud_native_place
FROM StudentInfo
WHERE stud_gender='女' AND clas_id='20102';
```

例 12.4　在学生信息表 StudentInfo 中选择班级 clas_id 为 10101 或者出生地 stud_native_place 为湖北的学生，获取这些学生的姓名 stud_name、出生地 stud_native_place 以及班级 clas_id 信息。

在这个例子中，选择的两个限定条件满足任何一个就可以，因此需要使用 OR 逻辑运算符。查询语句如下：

```
SELECT stud_name,stud_native_place,clas_id
FROM StudentInfo
WHERE clas_id='10101' OR stud_native_place='湖北';
```

例 12.5 在学生信息表 StudentInfo 中选择性别 stud_gender 为男且出生地 stud_native_place 非北京的学生，获取这些学生的学号 stud_id、姓名 stud_name 和出生地 stud_native_place 信息。

在这个例子中，出生地非北京，就可以使用 NOT 逻辑运算符。查询语句如下：

```
SELECT stud_id,stud_name,stud_native_place
FROM StudentInfo
WHERE stud_gender='男' AND (NOT stud_native_place='北京')
```

3. 范围运算符 [NOT] BETWEEN…AND…

使用范围运算符 BETWEEN…AND…的 WHERE 子句的格式为：

```
WHERE column  BETWEEN value1 AND value2
```

范围运算符用于选择字段或表达式的数值位于 BETWEEN 和 AND 关键字指定的两个数值 value1 和 value2 之间（包括 value1 和 value2）。

例 12.6 从学生成绩表 MarkInfo 中查询成绩 mark 大于等于 80 小于等于 90 的所有字段信息。

```
SELECT * FROM MarkInfo WHERE mark BETWEEN 80 AND 90;
```

这条语句可以不用 BETWEEN 运算符，而使用混合条件来替代，例如：

```
SELECT * FROM MarkInfo
WHERE mark>= 80 AND mark<= 90;
```

在 BETWEEN 前使用 NOT 来选择字段或表达式的数值不位于 BETWEEN 和 AND 关键字指定的两个数值 value1 和 value2 之间（包括 value1 和 value2）。

例 12.7 要从学生成绩表 MarkInfo 中查询成绩 mark 小于 60 或大于 80 的所有字段信息。

```
SELECT * FROM MarkInfo WHERE mark NOT BETWEEN 60 AND 80;
```

4. 列表运算符 [NOT]IN

使用列表运算符 IN 的 WHERE 子句的格式为：

```
WHERE column  IN (list-of-values);
```

使用 IN 条件运算符将字段或表达式的值中符合列表 list-of-values 中的值的记录选择出来。

例 12.8 要从学生信息表 StudentInfo 中选择出生地 stud_native_place 为"北京"、"广西"、"山西"和"湖北"的学生，获取这些学生的学号 stud_id、姓名 stud_name、出生地 stud_native_place 以及班级 clas_id 信息。

```
SELECT stud_id,stud_name,stud_native_place,clas_id
FROM StudentInfo
WHERE stud_native_place IN ('北京', '广西', '山西', '湖北');
```

IN 条件运算符可以使用混合条件来替代，例如使用等号运算符和使用 OR 运算符。上述例子可以用如下查询语句实现：

```
SELECT stud_id,stud_name,stud_native_place,clas_id
FROM StudentInfo
WHERE stud_native_place='北京' OR stud_native_place='广西'
```

```
OR stud_native_place= '山西' OR stud_native_place='湖北';
```

显然使用 IN 运算符时语句会更加简洁易读，特别是在选择项为多个的时候。

在 IN 前使用 NOT 来用于选择字段或表达式的数值不位于列表项的记录信息。

例 12.9 要从学生信息表 StudentInfo 中选择出生地 stud_native_place 不为"北京"、"安徽"、"湖北"的学生，获取这些学生的学号 stud_id、姓名 stud_name、出生地 stud_native_place 以及班级 clas_id 信息。

```
SELECT stud_id,stud_name,stud_native_place,clas_id
FROM StudentInfo
WHERE stud_native_place NOT IN ('北京', '安徽','湖北');
```

5. 模式匹配符 [NOT] LIKE

模式匹配符[NOT] LIKE 常用于模糊条件查询，它判断列值是否与指定的字符串格式相匹配。可使用的通配字符有以下几种。

（1）星号（*）：可匹配任意长度的字符。

（2）百分号（%）：可匹配任意长度的字符。

（3）字符（?）：匹配单个字符。

（4）下画线（_）：匹配单个字符。注意：字符 _ 不能在包含"?"字符的表达式中使用，也不能在包含"*"通配符的表达式中使用，但可以在同时包含"%"通配符的表达式中使用通配符"_"。

（5）方括号（[]）：指定一个字符、字符串或范围，要求所匹配对象为它们中的任一个字符。

例 12.10 要在 StudentInfo 中查找学生姓名 stud_name 以"张"开始的学生记录，获取学生的学号 stud_id、学生的姓名 stud_name 以及学生的班级 clas_id 信息。

```
SELECT stud_id, stud_name, clas_id
FROM StudentInfo
WHERE stud_name LIKE "张*";
```

例 12.11 要在 StudentInfo 中查找学生姓名 stud_name 以"张"开始、字符个数为 3 的学生记录，获取学生的学号 stud_id、学生的姓名 stud_name 以及学生的班级 clas_id 信息。

```
SELECT stud_id, stud_name, clas_id
FROM StudentInfo
WHERE stud_name LIKE "张??";
```

例 12.12 要在 StudentInfo 中查找学生姓名 stud_name 以"张"、"王"或"魏"开始的学生记录，获取学生的学号 stud_id、学生的姓名 stud_name 以及学生的班级 clas_id 信息。

```
SELECT stud_id, stud_name, clas_id
FROM StudentInfo
WHERE stud_name LIKE "[张,王,魏] *";
```

6. 空值判断符[NOT]IS NULL

空值判断符 IS NULL 用于选择字段为空的记录。

例 12.13 在学生成绩表 MarkInfo 中查找目前没有录入成绩的记录（即 mark 值为空），对这些记录，进一步查找学生信息表 StudentInfo 和课程信息表 CourseInfo。获取这些学生的学号 stud_id、姓名 stud_name 以及没有录入成绩的课程名称 cour_name 信息。

```
SELECT mi.stud_id,stud_name,cour_name
FROM MarkInfo mi,StudentInfo si,CourseInfo ci
```

```
WHERE mi.mark IS NULL AND mi.stud_id=si.stud_id
AND mi.cour_id=ci.cour_id;
```

在 IS NULL 前面加上 NOT，表示选择字段不为空的记录。

12.2.5 ORDER BY 子句

当需要对查询获得的结果按一列或多列进行排序时，需要使用 ORDER BY 子句。它是一个可选的子句，允许根据要排序的列的排序方式（升序或降序）来显示查询的结果。

ORDER BY 子句的语法为：

```
ORDER BY expression [ASC |DESC] [,…]
```

对每一个要排序的列，可以使用 ASC 或 DESC 来指明该列是进行升序排列还是降序排列。ASC 的含义是升序（Ascending Order），它是缺省值；DESC 的含义是降序（Descending Order）。当对列的排序方式不做专门指明的时候，使用 ASC 升序排序。

例 12.14 在 MarkInfo 表中查询课程名 cour_name 为大学英语的课程的学习成绩。要求列出学生学号 stud_id、学生姓名 stud_name、学习成绩 mark 以及课程名称 cour_name。结果排序方式为：学习成绩 mark 由高到低。

```
SELECT mi.stud_id, stud_name, mark,cour_name
FROM MarkInfo AS mi, StudentInfo AS si, CourseInfo AS ci
WHERE ci.cour_name="大学英语" AND ci.cour_id=mi.cour_id
        AND mi.stud_id=si.stud_id
ORDER BY mark DESC;
```

如果要对多列进行排序，那么在列与列之间以逗号隔开，每个要排序的列以 ASC 或 DESC 指定对该列是以升序还是降序的方式排序。如果要排序的列省略了排序方式，则以升序排序。

例 12.15 对于上面例子的查询结果，要求结果排序方式为：学习成绩 mark 由低到高，学生学号 stud_id 由高到低。

```
SELECT mi.stud_id, stud_name, mark,cour_name
FROM MarkInfo AS mi, StudentInfo AS si, CourseInfo AS ci
WHERE ci.cour_name="大学英语" AND ci.cour_id=mi.cour_id
AND mi.stud_id=si.stud_id
ORDER BY mark ,mi.stud_id DESC;
```

本节介绍了 SQL 的 SELECT 语句的常用子句语法，并进行了举例。除了上述介绍的 SELECT 语句子句，还有 GROUP BY 子句、HAVING 子句等子句，进一步的学习请参看数据库方面的参考书。

12.3 Access 中的查询

Microsoft Access 的数据库文件的扩展名是.mdb，它包含表、查询、表单、报表、网页、宏和模块等数据库对象。Microsoft Access 提供可视化的界面以及向导来管理和操作数据库对象。

在上一节中介绍了使用 SQL 的 SELECT 语句实现查询。当使用 Microsoft Access 时，它提供向导和工具，使得即使不了解 SQL 也能编写查询语句。即使是 SQL 程序员，使用这些向导和工具也是很有帮助的。同时，Microsoft Access 也允许用户查看和修改由工具创建的 SQL 语句。本节就介绍使用 Microsoft Access 的向导和工具建立查询的方法。

下面以 Microsoft Access 2010 为例，按步骤来介绍创建一个查询的方法。

12.3.1　利用设计视图创建查询

第 1 步：打开 Microsoft Access 文件。启动 Microsoft Access，选择"文件"→"打开"。在标题栏为"打开"的对话框中，选择要打开的数据库文件。本节中使用文件"学生管理数据库.mdb"作为例子。

第 2 步：查看数据库对象。打开数据库后，在左边导航栏中可以看到数据库对象：表、查询、窗体、报表。每一个数据库对象所在的行后面都有向下的箭头，表示该对象可以单击打开，单击打开后箭头变为向上，表示可以单击收拢。

单击打开数据库对象"表"后，在"所有 Access 对象"下面会看到当前数据库所含有的所有表名。本数据库包含 6 个表：班级情况表 ClassInfo、学院信息表 CollegeInfo、课程信息表 CourseInfo、系信息表 Department、成绩表 MarkInfo、学生信息表 StudentInfo 。其中，课程信息表 CourseInfo、系信息表 Department、成绩表 MarkInfo 以及学生信息表 StudentInfo 的字段内容请参看 12.1 节。

第 3 步：查看数据库对象"查询"。单击左边导航栏的查询，可以看到当前已经创建的查询。

第 4 步：选择创建查询选项。要创建一个新的查询，需要单击"创建"选项卡的"查询"组的"查询向导"或"查询设计"。

单击"查询向导"后，弹出"新建查询"窗口，该窗口提供 4 种查询向导供选择："简单查询向导"、"交叉表查询向导"、"查找重复项查询向导"以及"查找不匹配项查询向导"。使用"查询向导"创建查询，只需按照弹出的窗口一步步往下做，即可生成查询，方法简单易学，本书中不作进一步讲述。

单击"查询设计"后，在弹出的"显示表"窗口中，有 3 个选择项：选择项"表"用于显示本数据库的所有表；选择项"查询"用于显示本数据库中已经创建的查询；选择项"两者都有"用于显示所有的表和查询。

下面针对使用"查询设计"方法实现查询语句进一步讲述。

第 5 步：添加表。在弹出的"显示表"窗口中，根据要查询的内容所在的表，在选择项"表"中选中需要的表，单击"添加"按钮，将表添加到查询设计窗口。如果有多个表，就依次将多个表添加入查询设计窗口。添加完毕后，单击"关闭"，关闭"显示表"窗口。

例如：在学生信息表 StudentInfo 中选取性别 stud_gender 为男，班级 clas_id 为 10101 的学生，获取这些学生的学号 stud_id、姓名 stud_name、性别 stud_gender 以及出生地 stud_native_place，并按照学号由高到低进行排序。

该查询需求只需要使用表 StudentInfo，因此，只需将该表添加到查询设计窗口。该查询设计窗口的标题显示该查询的名字，此时为"查询 1"，如图 12-2 所示。

第 6 步：添加字段并设置字段的显示、排序及限定条件。在查询设计窗口下方，可以设置表中的字段进行显示、排序，并加入限定条件。

在"字段"行有一下拉按钮，单击可看到，所有存在于查询设计窗口中的表的字段均被列出。其中"表名.*"表示该表的所有字段。

在学生信息表 StudentInfo 中选取性别 stud_gender 为男，班级 clas_id 为 10101 的学生，获取这些学生的学号 stud_id、姓名 stud_name、性别 stud_gender 以及出生地 stud_native_place，并按照学号由高到低进行排序。

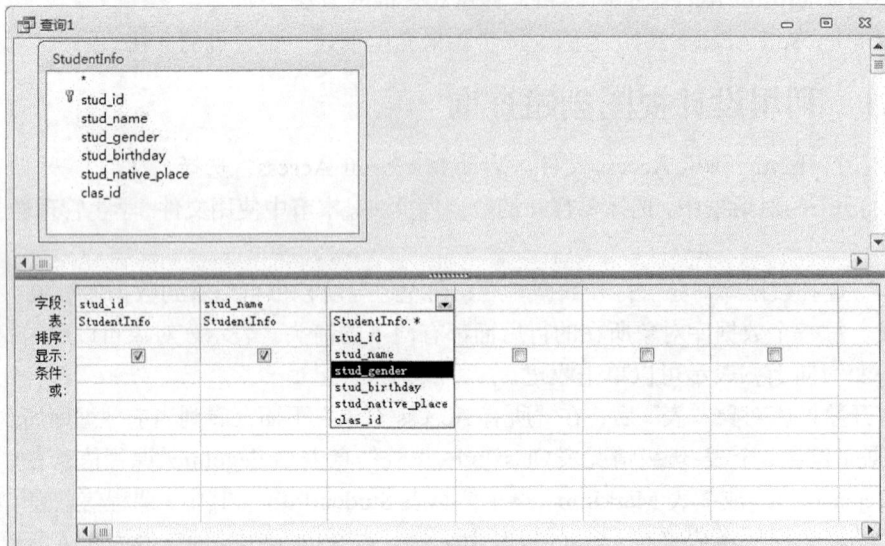

图 12-2　查询设计窗口

　　这里以第 5 步的例子来解释。在该例子中，需要显示的字段为学号 stud_id、姓名 stud_name、性别 stud_gender 以及出生地 stud_native_place。需要排序的字段为 stud_id，该字段以降序排列。需要设定的限定条件为性别 stud_gender 为男，班级 clas_id 为 10101。

　　因此，在"字段"行，分别加入 stud_id、stud_name 以及 stud_native_place，clas_id 在"排序"行。对 stud_id 字段选择"降序"表示该字段进行降序排序。在"显示"行，对要显示的 stud_id 字段、stud_name 字段、stud_gender 字段以及 stud_native_place 字段打勾，表示要显示。在"条件"行，对 stud_gender 字段输入限定值"男"，对 class_id 字段输入限定值"10101"。

　　第 7 步：保存创建的查询。设置完毕后，在查询设计窗口标题栏，右击鼠标，选择"保存"，对该查询更名保存。这里对该例子更名保存为"查询设计例子"。

　　字段设置及保存的界面如图 12-3 所示。

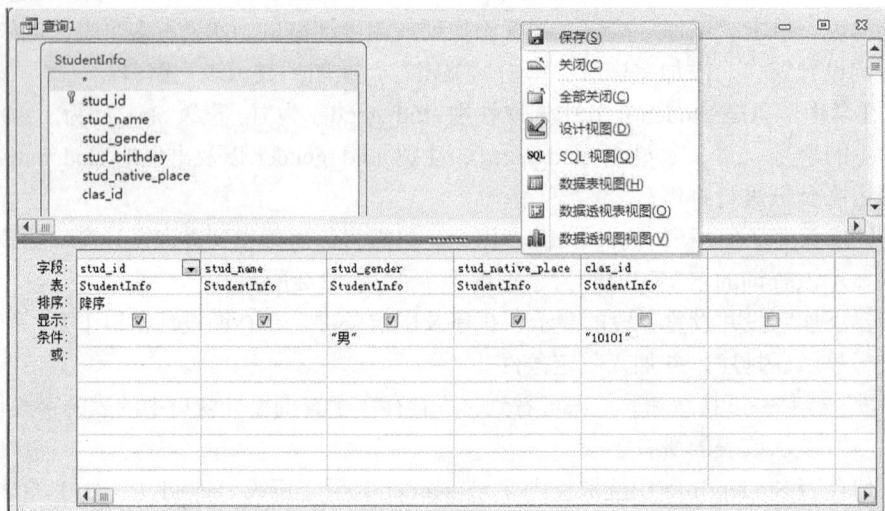

图 12-3　查询设计窗口中对字段的设置及保存

第 8 步：运行。单击工具栏上的 "!" 运行图标，该查询语句的执行结果就会显示，如图 12-4 所示。可以看到，在该窗口标题栏显示的名字 "查询设计例子" 已经是保存时修改的名字了。

当使用设计视图创建查询后，该查询的 SQL 语句就会直接生成。用户可以在 SQL 视图中查看该查询的 SQL 语句。

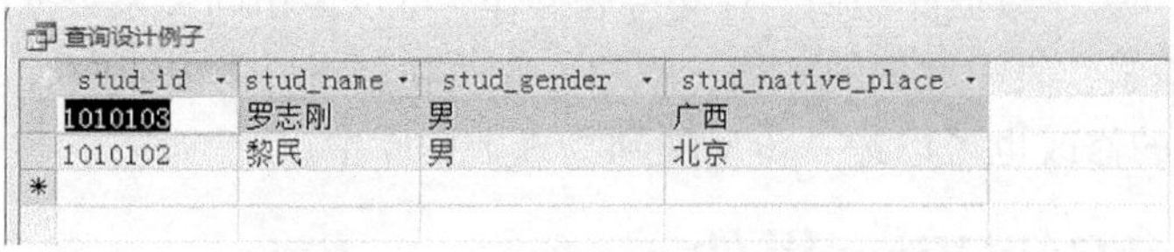

图 12-4 查询语句的运行结果窗口

12.3.2 使用 SQL 语句创建查询

对于熟悉 SQL 语句的开发人员而言，直接写 SQL 语句既快速又方便。在 Microsoft Access 中，也可以直接写 SQL 语句创建查询。

第 1 步：选择 "SQL 视图" 功能项。需要单击 "创建" 选项卡的 "查询设计"，关闭弹出的 "显示表" 窗口。在设计窗口右击鼠标，选择 "SQL 视图" 选项，即可进入 SQL 视图窗口。

第 2 步：输入 SQL 语句。在 SQL 视图窗口，直接输入 SQL 语句，以分号结束。

第 3 步：保存和运行。保存和运行的方法与上一节中介绍的方法相同。

当使用 SQL 语句创建查询后，该查询的设计视图也会直接生成。用户可以选择设计视图进行查看。

12.4　数据访问组件

在 Visual Basic 2010 中，主要有 5 种数据访问组件用于从数据库中检索和查看数据：DataSet、DataGridView、BindingSource、BindingNavigator 和 TableAdapter，这些组件又被称为 Data Components。其中，前 4 种组件都位于 "数据" 选项卡的工具箱中，而 TableAdapter 组件是根据添加数据访问组件时设置的路径自动生成的。下面依次介绍这些内容。

12.4.1　DataSet 组件

DataSet 也称为数据集，是创建在内存中的数据库。也就是说它是离线的，并没有同数据库建立即时的连线。DataSet 中可以包含任意数量的数据表，以及所有表的约束、索引和关系，相当于在内存中的一个小型关系数据库。DataSet 中包含的多个数据表，每一个一般都对应于数据库中的表或视图。

数据集组成了一个非连接的数据库数据视图。也就是说，它在内存中并不和包含对应表或视图的数据库维持一个活动连接。这种非连接的结构体系使得只有在读写数据库时才需要使用数据库服务器资源，因而提供了更好的可伸缩性。由于数据集可以保存多个独立的表并能维护有关表之间的关系的信息，因此它可以保存比记录集丰富得多的数据结构，包括自关联的表和具有多对多关系的表。

一个 DataSet 对象包括一组 DataTable 对象和 DataRelation 对象，其中每个 DataTable 对象由

DataColumn、DataRow 和 DataRelation 对象组成。

另外，DataSet 对象还有几个集合对象，例如：包含 DataTable 对象的集合 Tables 和包含 DataRelation 对象的集合 Relations。其中，DataTable 对象包含数据行的集合 Rows 和数据列的集合 Columns，因此可以直接使用这些对象访问数据集中的数据。

DataSet 的结构和关系数据库类似，且支持表操作，可以像访问关系数据库一样访问它，包括表的添加、删除、检索，表中数据的添加、删除、修改和更新，向前或向后滚动浏览数据等。对 DataSet 中的数据做的修改也可以进一步反映到物理数据库中。

12.4.2 DataGridView 组件

应用程序往往需要对数据库中的内容进行检索，并要求检索的结果以表格的形式显示。使用 DataGridView 组件可以方便快速地对检索出的多条记录结果进行显示。DataGridView 组件是一个容器，使用它来绑定数据源中的数据并将数据以表格的形式显示出来。该表格的第一行是检索生成的字段名称，之后的每一行是一条检索出来的记录信息。使用它还可以定制组件的外观属性，例如每一列的列宽，单元格的大小、颜色、顺序等。

使用 DataGridView 组件，可以显示和编辑来自多种不同类型的数据源的表格数据。将数据绑定到 DataGridView 组件非常简单和直观，在大多数情况下，只需设置 DataSource 属性即可。在绑定到包含多个列表或表的数据源时，只需将 DataMember 属性设置为指定要绑定的列表或表的字符串即可。

DataGridView 控件具有好的可配置性和可扩展性，它提供有大量的属性、方法和事件，可以用来对该控件的外观和行为进行自定义。当需要在 Windows 窗体应用程序中显示表格数据时，首先考虑使用 DataGridView 控件，然后再考虑使用其他控件。若要以小型网格显示只读值，或者若要使用户能够编辑具有数百万条记录的表，DataGridView 控件能提供可以方便地进行编程以及有效地利用内存的解决方案。

12.4.3 BindingSource 组件

当需要将 Windows 窗体控件绑定到数据源时，需要使用 BindingSource 组件。BindingSource 组件提供了若干用于将控件绑定到数据的功能。通过这些功能，开发人员几乎不用编写代码就能实现大部分的数据绑定方案。

BindingSource 组件为访问多种不同类型的数据源提供了一致性的接口，从而实现了这一功能。这意味着可以将同一个绑定过程用于任何类型的数据。例如，可以将 DataSource 属性附加到 DataSet，也可以将该属性附加到某个业务对象，在这两种情况下，都可以使用同一组属性、方法和事件对数据源进行操作。

BindingSource 组件提供的一致性接口极大地简化了数据到控件的绑定过程。对于提供更改通知的数据源类型，BindingSource 组件自动在控件与数据源之间传递更改；对于不提供更改通知的数据源类型，该组件提供的事件可用于引发更改通知。

BindingSource 组件既可以作为将控件绑定到数据的中间层，也可以作为一个数据源，将其他控件绑定到该数据源。在将命令传递到数据列表时，该组件为窗体提供抽象的数据连接，起着中间层的作用。例如当使用应用程序界面上的 DataGridView 控件对某列进行排序时，DataGridView 控件首先会与 BindingSource 控件通信，然后再通过 BindingSource 控件与数据源通信。这时 BindingSource 控件就起着中间层的作用。除此之外，BindingSource 组件也可以直接作为数据源。

当直接向该组件添加数据时，它就起着数据源的作用。

12.4.4　BindingNavigator 组件

应用程序中，针对列表数据源，有时需要一页展示一条数据记录，多个数据记录采用向前或向后的浏览方式，这时就可以使用 BindingNavigator 组件。

BindingNavigator 组件提供了一个标准的用户界面组件，如图 12-5 所示，利用该组件可以浏览数据源中的记录。通常将 BindingNavigator 与 BindingSource 组件一起使用，以浏览记录并与记录进行交互。当单击 BindingNavigator 组件中的下一条记录的按钮时（即向右的箭头），就会将对下一条记录的请求发送给 BindingSource 组件，然后 BindingSource 组件再将请求发送给数据源。

图 12-5　BindingNavigator 组件

BindingNavigator 组件由 ToolStrip 和一系列 ToolStripItem 对象组成，完成大多数常见的与数据相关的操作，例如：添加数据、删除数据和定位数据。默认情况下，BindingNavigator 控件包含这些标准按钮。

12.4.5　TableAdapter 组件

TableAdapter 组件提供应用程序和数据库之间的通信。更具体地说，TableAdapter 连接到数据库，执行查询或存储过程，并返回用返回数据填充的新数据表或是用返回数据填充现有的 DataTable。TableAdapter 还用于将更新数据从应用程序发送回数据库。TableAdapter 通常包含 Fill 和 Update 方法，用于获取和更新数据库中的数据。 可以在 TableAdapter 上根据需要拥有任意多的查询，让 TableAdapter 组件去插入、更新或删除数据。

TableAdapter 组件未驻留在工具箱中，它可以自动生成。 例如使用 "数据集设计器"在强类型数据集中创建它，或者使用数据源配置向导，在创建新数据集期间创建它。 还可以使用 TableAdapter 配置向导 或通过将数据库对象从"服务器资源管理器"拖动到 "数据集设计器"上，在现有数据集中创建 TableAdapter。

本节介绍的 5 种数据访问组件将在后面的应用中使用。

12.5　数据绑定

应用程序中往往需要将数据库中检索出来的记录信息或者数据库中的表的信息以列表的形式显示出来。通常，将检索出来用于显示和进一步处理的数据信息称为数据源。要以列表的方式显示，可以采用 DataGridView 组件。要能显示查询的记录结果，就需要将 DataGridView 组件和数据源进行关联，这就需要使用 "数据绑定" 技术来实现。

"数据绑定"是一种机制，它用来将用户界面项目（也就是控件）绑定至某一个数据源，以便通过用户界面项目显示和编辑数据。VB.NET 依托.NET FrameWork SDK 中的类库提供数据绑定技术,将打开的数据表中的某个或者某些字段绑定到 WinForm 组件(例如, TextBox 组件、ComBox 组件、Label 组件等) 中的某些属性上，从而提供这些组件显示出数据表中的记录信息。

数据绑定为应用程序提供了一种简单的、一致的数据表示和交互方法。元素能够绑定到来自各种数据源的数据。绑定的数据既可以是单个的数据项，也可以是数据项集合，并可以在数据之上生成排序、筛选和分组视图。数据绑定能提供灵活的数据用户界面表示形式，并能将业务逻辑与用户界面完全分离。

数据绑定是在应用程序用户界面 UI 与业务逻辑之间建立连接的过程。如果绑定具有正确设置并且数据提供正确通知，则当数据更改其值时，绑定到数据的元素会自动反映更改。数据绑定可能还意味着如果元素中数据的外部表现形式发生更改，则基础数据可以自动更新以反映更改。例如，如果用户编辑 TextBox 元素中的值，则基础数据值会自动更新以反映该更改。

12.6 节以具体的例子介绍通过数据绑定的方式来访问数据库，实现数据记录的检索浏览功能。

12.6　综　合　应　用

在本章前面的内容中，介绍了数据库的基本概念和 SQL 查询语句。本节中重点介绍使用数据绑定技术实现对数据库的访问的方法。

当应用需要将数据库中的表以列表的形式显示在用户界面上时，就需要使用数据绑定来实现对数据库的访问功能。WinForm 组件的 DataGridView 控件可以很好的实现这一功能。

例 12.16　使用 Visual Studio 2010 中的数据访问向导来创建必需的数据组件，将数据绑定到 DataGridView 控件上。本例中以 StudentManagementDB.mdb 示例数据库作为数据源。在窗体上使用 DataGridView 控件显示 StudentManagementDB.mdb 数据库中的查询语句 StudentQuery 执行后检索的记录信息。

StudentQuery 查询语句从学生信息表 StudentInfo 中检索学生 id 号、姓名、性别、生日、出生地信息，该查询的 SQL 语句如下：

SELECT stud_id, stud_name, stud_gender, stud_birthday, stud_native_place FROM StudentInfo;

下面逐步介绍该例实现的步骤。

第 1 步：创建新项目。创建一个名为 Student Management DataGridView 的 Windows 窗体应用程序新项目。

第 2 步：将 DataGridView 控件加入窗体。单击工具箱中的数据选项卡，将 DataGridView 控件从工具箱拖放到窗体，显示 DataGridView 任务对话框。

第 3 步：进入添加数据源功能界面。单击选择数据源组合框中的下拉箭头，然后单击所显示的列表底部的"添加项目数据源"链接，显示"数据源配置向导"对话框。

第 4 步：选择数据库作为数据源。在数据源配置向导对话框中，选择应用程序获取数据的数据源。该对话框包含有 4 种数据源选项：数据库、服务、对象、SharePoint。本例中需要使用数据库，要选择数据库选项。选中"数据库"图标后，可以根据需要连接到应用程序需要的数据库，如：SQL Server、Oracle、Access 等。选择数据库选项后，单击"下一步"按钮。

第 5 步：选择数据集作为数据库模型。在"选择数据库模型"界面中，提供两个数据库模型：数据集和实体数据模型。选择的数据库模型可确定应用程序代码所使用的数据对象的类型。当选择数据集时，将向项目中添加一个数据集 DataSet 文件。这里选择数据集，自动为本项目生成需要的 DataSet。

第 6 步：建立数据连接。在"选择您的数据库连接"对话框中，选择已有的连接或者新建立一个连接。该对话框中有一个已经存在的连接 StudentManagementDB.mdb，可以直接选用它。

如果要新建连接，则单击"新建连接"，弹出的"添加连接"对话框。在该对话框，选择数据源。

缺省的数据源是 Microsoft Access 数据库文件，如果需要使用其他的数据源，单击"更改"按钮，弹出"更改数据源"对话框。在该对话框中，可以选择 ODBC 数据源、SQL Server 数据库、Oracle 数据库等多种数据源。根据应用程序需求，选择所需的数据源。

选择 Microsoft Access 数据库文件作为数据源之后，进一步选择数据库文件。单击"添加连接"对话框中的"浏览"按钮，选择文件夹及文件。如果需要（例如数据库是 SQL Server 或 Oracle 数据库），可以在该对话框输入登录到数据库的用户名和密码。

单击"测试连接"按钮，弹出"测试连接成功"窗口，提示测试连接成功。

测试连接成功后，单击"确定"按钮，在"选择您的数据连接"对话框中可以看到刚创建的连接。

单击"下一步"按钮，弹出提示对话框，告知选定的连接所使用的本地数据文件不在当前项目中。问是否需要将该文件复制到项目中，并修改连接，单击"是"按钮。

第 7 步：保存连接字符串。在"将连接字符串保存到应用程序配置文件"对话框中，可看到当前连接字符串的名字为 StudentManagementDBConnectionString，该名字可以根据需要修改。本示例中保持该名字不变。选择"下一步"。

第 8 步：选择数据库对象。在"选择数据库对象"窗口，根据应用程序的需求，选择所需数据。可以直接选择数据库中表、视图以及存储过程运行时所生成的数据、函数运行时所生成的数据。

本示例中使用 StudentQuery 查询。该查询语句从学生信息表 StudentInfo 中检索学生 id 号、姓名、性别、生日、出生地信息。

展开该数据库对象列表的视图节点，选中 StudentQuery 复选框。再单击"完成"按钮。

完成后，在设计窗口可以看到控件 DataGridView1 含有查询语句 StudentQuery 执行后检索列的名称：stud_id、stud_name、stud_gender、stud_birthday 以及 stud_native_place。如果控件 DataGridView1 不够宽，不足以显示所有列信息，将该控件的 AutoSizeColumsMode 的属性设置为 Fill 值。此时，DataGridView 控件将自动调整其列的大小。

在设计窗口中，还可以看到，通过前述步骤，系统自动为应用创建了名为 StudentManagementDBDataSet 的 DataSet 组件、名为 StudentQueryBindingSource 的 BindingSource 组件以及名为 StudentQueryTableAdapter 的 TableAdapter 组件。这些创建的组件均可以单击查看。

第 9 步：单击查看创建的 DataSet 组件。在 Form1 设计窗口中，单击 StudentManagementDBDataSet，该组件右上角出现一个向右的三角形，单击该三角形，选择在数据集设计器中编辑。在 Visual Studio 2010 里，就打开了一个 StudentManagementDBDataSet.xsd 数据集设计器，在该设计器里，可以编辑每列的属性，例如 AllowDBNull 属性设置是否允许该数据项为空，AutoIncrement 属性设置该列是否为升序排列。还可以在数据集设计器中通过添加或编辑组成该数据集的 TableAdapter、数据表、TableAdapter 查询和关系来修改其架构。

第 10 步：单击查看创建的 BindingSource 组件。在 Form1 设计窗口中，单击 StudentQueryBindingSource，该组件右上角出现一个向右的三角形，进一步单击，可以添加查询或预览数据。

第 11 步：单击查看创建的 TableAdapter 组件。在 Form1 设计窗口中，单击 StudentQueryTableAdapte，该组件右上角出现一个向右的三角形，进一步单击，可以选择在数据集设计器中编辑查询、添加查询、预览数据。

第 12 步：运行项目，查看结果。单击 Form1 设计视图工具栏上的启用调试按钮（或按"F5"），运行项目，查看结果。可以看到如图 12-6 显示的列表。该列表是使用的 SQL 查询语句 StudentQuery 查询后的结果。DataGridView 控制还支持对每个属性列进行排序。例如：需要对学生的出生地按拼音升序进行排序，则单击列名 stud_native_place，列表记录自动按照出生地的拼音升序排列，同时在列名 stud_native_place 后面可以看到一个向上的三角形。再次单击则对该列进行拼音降序排列。

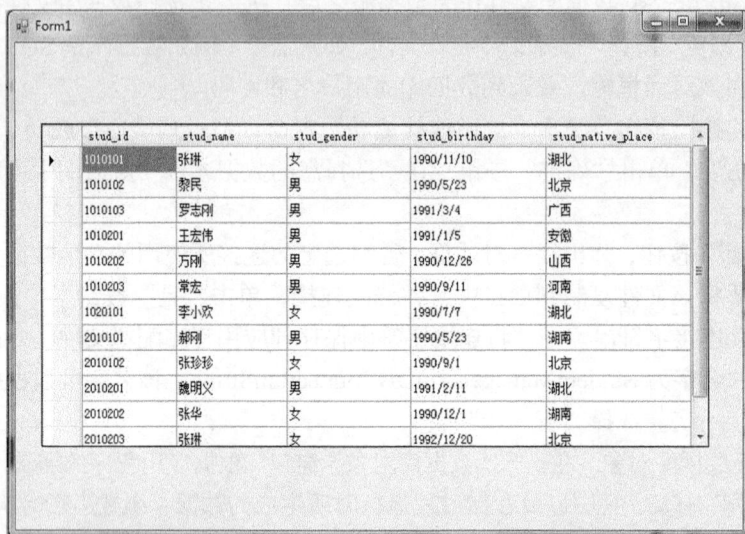

图 12-6　使用 DataGridView 控件查看数据记录界面图

本示例介绍了创建数据绑定应用程序的最快捷的方式。该例子对窗体添加 DataGridView 控件，利用向导创建数据源，对数据源首先进行类型识别，指定数据库并进一步创建数据连接字符串，然后进一步选择数据库中表、视图等数据。完成后，系统自动创建 DataSet 组件、BindingSource 组件以及 TableAdapter 组件。

本例子中，数据源是指包含所有数据的 DataSet。该数据源利用 BindingSource 组件与 DataGridView 控件进行通信。当加载窗体时，TableAdapter 组件提供的数据会填充 DataSet。

上一个的例子中绑定的是整个数据列表，含有多个数据记录项，这样的数据绑定称为复杂的数据绑定，它使用的用户界面控件是以列表为基础的控件，例如 DataGridView、组合框 ComboBox、列表框 ListBox 等控件。在某些应用中，需要使用控件单独显示一条数据记录的某列信息，多条记录值的显示通过换页浏览的方式来实现。这就需要把数据记录的各个部分分别绑定到文本框等简单控件中。所谓简单控件，指的是一次只能显示一个数据项的控件，例如文本框 TextBox、复选框 CheckBox 或者单选按钮 RadioButton 等。利用简单控件进行数据绑定称为简单的数据绑定。

下面的例子介绍使用文本框 TextBox 控件，将每个文本框绑定到 BindingSource 中的某个字段上，然后使用 BindingNavigator 控件来浏览数据集 DataSet 中的记录。

例 12.17　使用文本框 TextBox 控件，逐条显示 StudentManagementDB.mdb 数据库中的 StudentInfo 表中学生的学号、姓名、性别和生日信息。要求能够浏览 StudentInfo 表中所有记录的这 4 项信息。

下面分步骤介绍实现方式。

第 1 步：创建新项目。新建一个名为 Student Management BindingNavigator 的 Windows 窗体应用程序新项目。

第 2 步：向窗体添加 4 个 Label 控件和 4 个 TextBox 控件。对这些 Label 控件和 TextBox 进行对齐排列，如图 12-7 所示。这 4 个 TextBox 控件依次命名为 TextBox1、TextBox2、TextBox3 和 TextBox4。

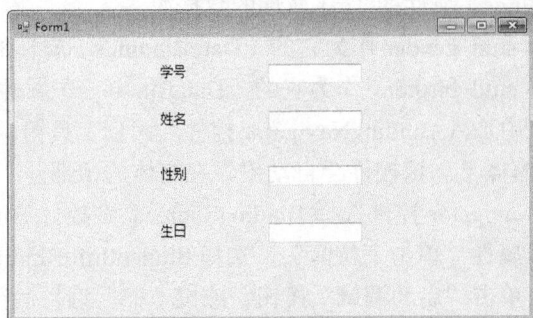

图 12-7　设计界面

第 3 步：为文本框的（DataBindings）的 Text 属性增加数据源。单击窗体中的第一个文本框，在属性窗口中，找到（DataBindings）属性，单击该属性左边的斜三角形，展开该属性，选择 Text 属性。最后单击 Text 属性的下拉箭头。

在显示的内容中，选择"添加项目数据源"链接，会弹出上一节例子中介绍过的"数据源配置向导"对话框。

第 4 步：选择数据源类型。在"选择数据源类型"对话框选择"数据库"，单击"下一步"按钮。

第 5 步：选择数据库模型。在"选择数据库模型"对话框选择"数据集"，单击"下一步"按钮。

第 6 步：创建数据连接。在"选择您的数据连接"对话框单击"新建连接"。在弹出的"添加连接"窗口使用默认的数据源"MicroSoft Access 数据库文件（OLE DB）"。通过"浏览"按钮，选择文件 StudentManagementDB.mdb 所在的文件夹及该文件，将该文件全路径加入到数据库文件名中。最后单击"测试连接"按钮，显示"测试连接成功"后，两次单击"确定"按钮。完成数据连接的创建。

第 7 步：保存连接字符串。在"选择您的数据连接"对话框中，单击"下一步"按钮，弹出询问是否需要添加数据文件至项目中的提示对话框，选择"是"，弹出"将连接字符串保存到配置文件中"对话框。使用已经定义好的 StudentManagementDBConnectionString 作为连接字符串的名字，选择"下一步"。

第 8 步：选择数据库对象。在"选择数据库对象"对话框中，展开"表"节点，显示所有的表信息，然后展开 StudentInfo 表节点，选中该表中的字段 stud_id、stud_name、stud_gender 和 stud_birthday 前的复选框。完成操作后，单击"完成"按钮。这样，文本框的 DataBindings 属性的 Text 属性就可以从表 StudentInfo 的这 4 个字段中选取合适的字段作为该属性的数据源。

第 9 步：为文本框 TextBox1 的 DataBindings 属性的 Text 属性选择数据源。在 TextBox1 属性窗口的（DataBindings）属性的 Text 属性中，单击右边的下拉箭头，单击左边的斜三角形展开"其他的数据源"，再依次单击各自的斜三角展开"项目数据源"，数据集 StudentManagementDBDataSet 以及表 StudentInfo，在显示的 4 个字段中，选择 stud_id 作为 TextBox1 的（DataBindings）属性的 Text 属性的数据源。

第 10 步：依次为其他 3 个文本框的 DataBindings 属性的 Text 属性选择合适的数据源。单击 TextBox2 文本框，在属性窗口的（DataBindings）属性的 Text 属性中，同上一步所描述的方法，单击右边的下拉箭头，依次展开树形节点的各个节点，在显示的 4 个字段中，选择 stud_name 作为 TextBox2 的（DataBindings）属性的 Text 属性的数据源。

同法为 TextBox3 选择 stud_gender 作为它的（DataBindings）属性的 Text 属性的数据源。

同法为 TextBox4 选择 stud_birthday 作为它的（DataBindings）属性的 Text 属性的数据源。

第 11 步：在设计窗口中加入 BindingNavigator 控件。回到工具箱，将 BindingNavigator 控件从"数据"选项卡拖放到窗体上。该控件会自动停靠在窗体的顶部。

第 12 步：为 BindingNavigator 控件选择 BindingSource。在控件 BindingNavigator1 的属性窗口，定位至 BindingSource 属性，单击下拉箭头，选择 StudentInfoBindingSource。

第 13 步：运行项目。单击"启动调试"按钮，或按"F5"键，运行项目，如图 12-8 所示。

在该窗体中，一次只显示一个学生记录的学号、姓名、性别、生日信息。可以通过浏览按钮进行上一条记录的查看和下一条记录的查看，也可以直接浏览第一条记录或最后一条记录。

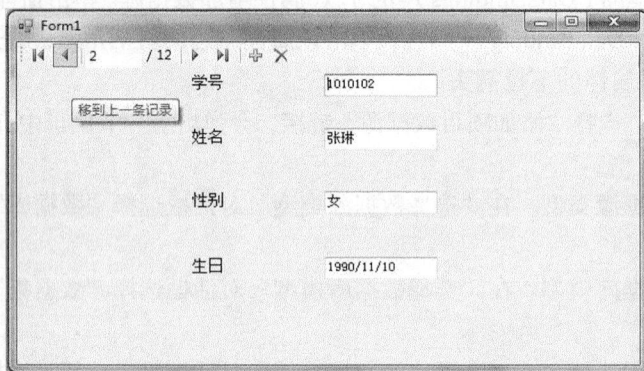

图 12-8　使用 Textbox 控件和 BindingNavigator 控件查看数据记录界面图

在本例中，首先在窗体上添加了 4 个 Label 控件和 4 个 TextBox 控件，然后通过设置 TextBox 控件的 DataBindings 属性的 Text 属性来实现数据绑定。在设置 DataBindings 属性的 Text 属性时，先添加数据源，然后指定使用具体的数据字段作为绑定的数据源。

添加数据源的方法和例 12.16 中的方式是类似的，仍旧使用"数据源配置向导"对话框。在最后一步选择数据库对象的时候，最好将本窗体中所有要绑定的数据字段都选中，这样对于所有的 TextBox 控件，就只需要添加一次数据源，每个 TextBox 再根据实际要绑定的内容直接从数据源的数据库对象中选取需要的数据字段。

使用"数据源配置向导"之后，会自动生成 TableAdapter 组件、1 个 DataSet 组件和 1 个 BindingSource 组件。

本例中，由于窗体界面一次只能显示一条检索出的记录信息，为了能够浏览所有检索出的记录信息，就需要使用 BindingNavigator 控件。在窗体上添加了 BindingNavigator 控件后，还需要设置它的 BindingSource 属性为"数据源配置向导"生成的 BindingSource。

本节中的两个例子均无需开发人员写任何代码，就通过数据绑定的方式访问了数据库中的内容，使得在用户界面中能对数据进行展现。

通常，应用程序不仅要展现数据，还需要实现数据的增加、删除、查询、修改功能。这些功能可以进一步用代码来实现。基于篇幅所限，本书不作进一步介绍。

习　　题

1．简述 SQL 中常用的 SELECT 语句的基本格式。

2．根据 12.1 节所示的 StudentInfo 表、MarkInfo 表、CourseInfo 表以及 Department 表的定义，完成如下 SQL 检索语句。

（1）检索学生性别为男，出生地不是北京的记录。

（2）检索英语成绩位于 60 分至 80 分之间（包括 60 分和 80 分）的学生信息，显示学生的学号、姓名、性别、班级、科目以及成绩信息。

（3）显示"计算机科学与技术"系的所有同学的学号、姓名、性别及生日。

（4）检索所有同学的"大学计算机基础"课程的成绩，显示学号、姓名及成绩，对成绩按照由高到低排序。

（5）检索姓"张"的女生的记录信息，要求显示学号、姓名、性别和班级。

（6）按学号的升序（即由小到大）、出生日期降序（即年龄由小到大）显示学生信息，要求显示学号、姓名、生日以及出生地。

3．简单描述什么是数据绑定技术。

4．使用"数据源配置向导"，用 DataGridView 控件显示一个 Access 数据库中表的记录信息。

5．对 Access 数据库中的表，使用 TextBox 文本框控件，逐条显示表中的所有字段信息，并使用 BindingNavigator 控件实现对记录的导航功能。

第13章
调试和错误处理

对于程序员来说，在代码的编写过程中，难免会出现这样或那样的错误，如何提高程序员的调试水平，从而编写高质量的代码是一门很重要的学问。Visual Basic.NET 2010 提供了强大的错误检测和调试处理功能，可以帮助程序员轻松解决程序编写和运行过程中出现的错误。本章首先向读者介绍调试应用程序时可能发生的错误类型；接着对程序的两种异常处理做了详细的讲述；最后介绍如何使用.NET 环境中强大的调试工具来调试程序中的错误。读者在学习完本章后，主要应该掌握在程序中如何应用结构化的异常处理，并学会使用 VB.NET 工具提供的强大调试功能来解决程序中出现的错误和异常。

13.1　主要错误类型

程序中的错误可分为语法错误、逻辑错误或运行错误 3 种类型，系统会在语法错误的下面加上波浪线，比较容易查找和排除，而逻辑错误或运行错误排除则比较困难。当程序中出现了逻辑错误或运行错误而又难以解决时，就应该借助于程序调试工具对程序进行调试。所谓程序调试就是在应用程序中查找并修改错误的过程。通过程序的调试，可以纠正程序中的错误。为了更正程序中发生的不同错误，VB.NET 提供了多种调试工具，如设置断点、插入观察变量、逐行执行和过程跟踪、各种调试窗口等。

13.1.1　语法错误

语法错误是最常见的错误类型。当用编程语言规则不允许的方式编写代码时，会发生该错误。通常情况下，语法错误是由编译器或解释器发现的。当编译器或解释器遇到语法错误时，会显示一条错误消息，通知用户出现了问题。在 Visual Basic.NET 中，在输入代码时就可解决这样的错误。例如，输错或拼错单词时，一条蓝色的波浪线会出现在拼错的单词下面。该蓝色的波浪线作为可视的线索，指出该地方出问题了。另外，如果拼错关键字，忽略必要的标点或在设计时使用 Next 语句，而没有相应的 For 语句，Visual Basic.NET 会在编译应用程序时检测到这些错误。因此，语法错误也称为编译错误。下面来看这样一个例子，如图 13-1 所示。

上面的代码创建了 3 个整形变量 i，j，le，然后给它们赋值为"0"，这时编辑器在下面出现了蓝色波浪线，提示程序这里出了问题，"错误纠正选项"中显示了出错的原因。程序员中只要用鼠标单击"将变量声明替换为在每一行声明和初始化的各个变量。"，系统将自动纠错。

Visual Basic 源代码编辑器提供的智能感知功能大大减少了程序员编码时出现的语法错误，智能感知功能提高了以下功能。

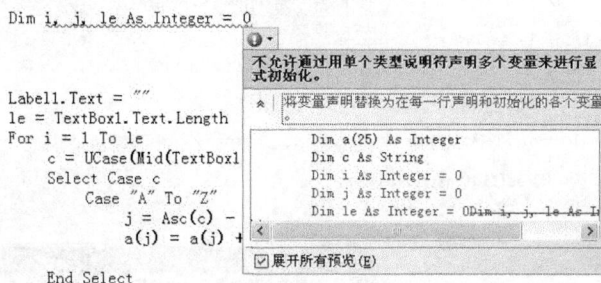

图 13-1　语法错误

（1）完成各种关键字。

例如，如果输入 goto 和一个空格后，智能感知将在一个下拉菜单中显示已定义标签的列表。所支持的其他关键字包括 Exit、Implements、Option 和 Declare。

（2）完成 Enum 和 Boolean。

当一条语句将引用某个枚举的成员时，智能感知将显示此 Enum 的成员的列表。当一条语句将引用某个 Boolean 时，智能感知将显示一个"真/假"下拉菜单。

（3）语法提示。

语法提示显示正在输入的语句的语法，如图 13-2 所示。

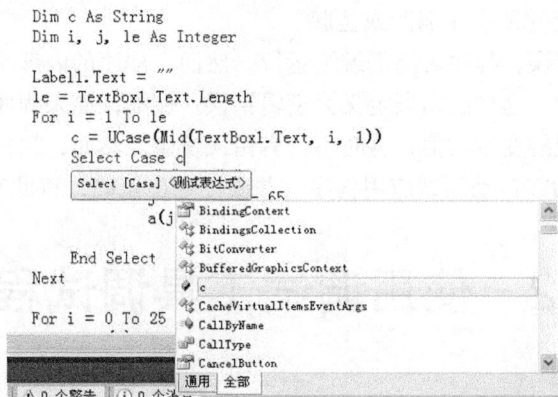

图 13-2　语法提示显示

13.1.2　运行期间错误

运行期间错误是代码执行时发生的错误。这些错误可能是由于程序员忘记初始化变量或只声明了变量而忘记给对象分配内存而发生的。例如，当用 0 除任何变量或数字时，发生运行期间错误。考虑下面的语句：

```
Dim a(25) As Integer
Dim c As String
Dim i, j, le As Integer
le = 12 / i
```

尽管语句 le = 12 / i 在语法上是正确的，但该除法是无法操作的，试图执行该代码时，Visual Basic.NET 会产生一个溢出的错误消息，如图 13-3 所示。

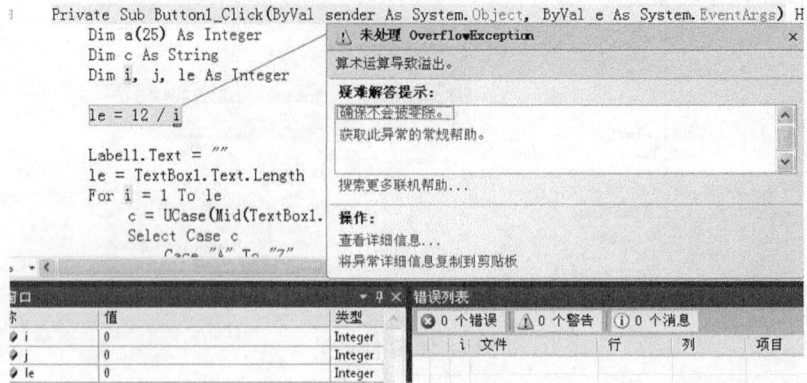

```
Private Sub Button1_Click(ByVal sender As System.Object, ByVal e As System.EventArgs) H
    Dim a(25) As Integer
    Dim c As String
    Dim i, j, le As Integer

    le = 12 / i

    Label1.Text = ""
    le = TextBox1.Text.Length
    For i = 1 To le
        c = UCase(Mid(TextBox1.
        Select Case c
        Case "b" To "z"
```

13-3   程序运行时的错误信息

13.1.3 语义或逻辑错误

可能会遇到这样一种情况，在代码中使用的语法是正确的，但程序不能按要求进行输出。这种情况可能是由于代码中存在语义错误。当代码的意思与打算表达的意思不一样时，会发生语义错误。

编译器或解释器不能捕捉语义错误。这是因为编译器或解释器处理代码的结构，而不处理代码的含义。语义错误可能导致程序突然中断。在中断之前，程序可能显示，也可能不显示错误消息。另外，语义错误可能导致程序崩溃或挂起。

有时即使存在语义错误，程序可能仍继续运行。然而，程序的内部状态与预期的不一样。当程序产生非预期的输出时，这样的错误定义为逻辑错误。例如，如果程序在处理 While 循环时，忘记了改变用于循环计数的变量的值，这时不会有错误发生。然而，执行该程序时，它会陷入无限循环中。可以通过手动或自动测试应用程序，并验证输出正确，以此来检测逻辑错误。

13.2 使用调试工具调试程序

13.2.1 设置和删除断点

断点是应用程序暂时停止执行的位置，也是让应用程序进入中断模式的地方。在程序设计中，可以在中断模式和设计模式下设置和删除断点。在调试程序时，按照程序的功能，可在怀疑有错误的语句处设置断点，这样，有利于测试程序的功能和发现程序的逻辑错误。设置断点的方法主要有以下几种。

（1）在代码窗口中，单击要设置断点的那一行代码，然后按"F9"键。

（2）在代码窗口中，在要设置断点的那一行代码行上，右击鼠标并选择"插入断点"命令。

（3）在代码窗口中，在要设置断点的那一行代码行的左边界上的竖条上单击。

被设置成断点的代码行显示为红色，并在其左边显示一个红点，如图 13-4 所示。若要删除一个断点，只需重复上面步骤即可。

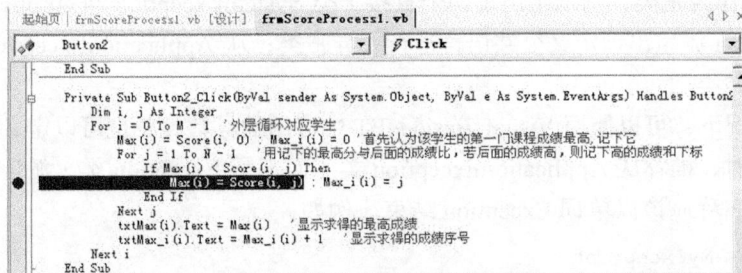

图 13-4　设置断点

13.2.2　跟踪程序的执行

在 VB.NET 中，提供了"逐语句"、"逐过程"、"跳出"等几种跟踪程序执行的方式。

（1）逐语句执行："逐语句"执行方式是一次执行一条语句，这种方式又称为单步执行。每执行一条语句之后，程序设计人员可以使用"即时"窗口、"局部变量"窗口或"巡视"窗口，来查看语句的执行结果，借此分析程序中存在的问题。

（2）逐过程执行："逐过程"执行与逐语句执行类似，差别在于当前语句如果包含过程调用，"逐语句"将进入被调用过程，而"逐过程"则把整个被调用过程当作一条语句来执行。

（3）跳出："跳出"命令是连续执行当前过程的剩余语句部分，并在调用该过程的下一个语句行处中断执行。

以上 3 种命令均可以通过执行【调试】菜单中的相应菜单命令或单击【调试】工具栏上的相应按钮来实现。

13.3　异　常　处　理

Visual Basic.NET 中的 Exception 类是所有异常的基类。当发生错误时，系统或当前正在执行的应用程序通过引发包含关于该错误的信息的异常来报告错误。异常发生后，将由该应用程序或默认异常处理程序进行处理。

Exception 类属于 System 命名空间，提供了多种特性，使程序员能够识别异常发生的位置、异常的类型和异常的原因。在本章的后面将介绍如何使用这些特性，表 13.1 描述了 Exception 类的常用属性。

表 13.1　　　　　　　　　　　　　　Exception 类的常用属性

名　　称	描　　述
HelpLink	获取或设置指向此异常所关联的帮助文件的链接
InnerException	获取导致当前异常的 Exception 实例
Message	获取描述当前异常的消息
Source	获取或设置导致错误的应用程序或对象的名称
StackTrace	用来确定代码中错误发生位置的堆栈跟踪。 堆栈跟踪列出所有调用的方法和源文件中这些调用所在的行号

Exception 类作为基类，它派生出了两个直接子类 SystemException 与 ApplicationException。从 SystemException 派生出预定义公共语言运行库异常类；从 ApplicationException 派生出用户定义的应用程序异常类。

在大多数情况下，可以使用 Visual Basic.NET 中可用的异常类，也可以定义自己的异常类。定义新的异常类时，推荐从 ApplicationException 类（而不是 Exception 类）派生类。另外，用户定义的异常类的名称应该以单词 Exception 结束。例如：

```
Public Class MyException
      Inherits ApplicationException
      Public Sub New()
            MyBase.New()
      End Sub
      Public Sub New(ByVal expStr As String)
            MyBase.New("MyException: " + expStr)
      End Sub
      Public Sub display()
            MsgBox(Me.Message, MsgBoxStyle.Critical, "MyException")
      End Sub
End Class
```

定义了自己的异常类后，可以使用 Throw 语句引发该异常类的异常。

处理异常可以使应用程序不会突然中断。与仅支持非结构化异常处理的 Visual Basic 6.0 不同，Visual Basic.NET 不仅支持非结构化异常处理，还支持结构化异常处理。

13.3.1　结构化异常处理

结构化异常处理是面向对象的处理异常方法，这是因为遇到异常时，实际的异常信息存储于对象中。Visual Basic.NET 允许结构化异常处理，这有助于创建带有强壮错误处理程序的程序，其中包括代码能够在程序的执行期间检测错误，并做出相应的响应方式的设计代码。

公共语言运行库提供了一种异常处理模型，该模型基于对象形式的异常表示形式，并且将程序代码和异常处理代码分到 Try 块和 Catch 块中。可以有一个或多个 Catch 块，每个块都设计为处理一种特定类型的异常，或者将一个块设计为捕捉比其他块更具体的异常。

如果应用程序将处理在执行应用程序代码块期间发生的异常，则代码必须放置在 Try 语句中。Try 语句中的应用程序代码是 Try 块。处理由 Try 块引发的异常的应用程序代码放在 Catch 语句中，称为 Catch 块。0 个或多个 Catch 块与一个 Try 块相关联，每个 Catch 块均包含一个确定该块处理的异常类型的类型筛选器。

在 Try 块中出现异常时，系统按所关联 Catch 块在应用程序代码中出现的顺序搜索它们，直到定位到处理该异常的 Catch 块为止。如果某 Catch 块的类型筛选器指定 T 或任何派生出 T 的类型，则该 Catch 块处理 T 类型的异常。系统在找到第一个处理该异常的 Catch 块后即停止搜索。因此，正如本节后面的示例所演示的那样，在应用程序代码中处理某类型的 Catch 块必须在处理其基类型的 Catch 块之前指定。处理 System.Exception 的 Catch 块最后指定。

如果当前 Try 块所关联的所有 Catch 块均不处理该异常，且当前 Try 块嵌套在当前调用的其他 Try 块中，则搜索与下一个封闭 Try 块相关联的 Catch 块；如果没有找到用于该异常的 Catch 块，则系统搜索当前调用中前面的嵌套级别；如果在当前调用中没有找到用于该异常的 Catch 块，则将该异常沿调用堆栈向上传递，搜索上一个堆栈帧来查找处理该异常的 Catch 块。继续搜索调用堆栈，直到该异常得到处理或调用堆栈中没有更多的帧为止。如果到达调用堆栈顶部却没有找到处理该异常的 Catch 块，则由默认的异常处理程序处理该异常，然后应用程序终止。

编写 Catch 块捕捉异常时，应该按照从特殊到一般的顺序来处理异常，即先捕捉 Exception 类的子类中的异常，然后处理 Exception 类异常。

如下面的代码，先处理 ArithmeticException，再处理 Exception：

```
Dim x As Integer = 0
Try
        Dim y As Integer = 100 / x
Catch e As ArithmeticException
        MsgBox("ArithmeticException Handler: " + e.ToString())
Catch e As Exception
        MsgBox("Generic Exception Handler: " + e.ToString())
Finally
        '总是要处理的代码
End Try
```

除了 Try…Catch…Finally 语句之外，Visual Basic.NET 还提供了 Throw 语句。可能会遇到这样的情形，当检测到无效的条件时，需要由上层的软件来处理，这时候可以产生异常，由上层软件进行捕捉处理。在这种的情况下，可以使用 Throw 语句。Throw 语句的语法如下：

```
Throw ExceptionObject
```

在上面的语法中，ExceptionObject 是 Throw 语句的强制参数，ExceptionObject 参数是继承自 Exception 类的类的对象。考虑下面的代码：

```
Throw New Exception("这个异常要由上层软件处理！")
```

前面提到过，还可以引发用户定义的异常类的异常。为了引发 MyException 类的异常，可以使用下面语句中的任意一条：

```
Throw New MyException
Throw New MyException("这是一个自定义的异常类")
```

然而，为了在应用程序中使用上面任意一条语句，需要引入 MyException 类定义于其中的名字空间。

13.3.2　非结构化异常处理

非结构化异常处理涉及 On Error 语句的使用。在程序中产生异常时，程序的控制移动到 On Error 语句指定的参数上。在一组语句（如过程）的开始部分使用 On Error 语句。下面是 OnError 语句的 4 种形式：

（1）On Error GoTo <Line>

（2）On Error Resume Next

（3）On Error GoTo 0

（4）On Error GoTo −1

在 Visual Basic.NET 程序中发生的错误可以通过 Err 对象来获取其错误代码及其他的错误信息。

1. On Error GoTo <Line> 语句

使用 On Error GoTo <Line> 语句指定错误处理代码，其中<Line>参数指出错误处理代码的开始。当在带有 On Error GoTo <Line>语句的代码中遇到错误时，控制移动到<Line>参数指定的行号。因此，使用 On Error GoTo <Line>语句时，必须在指定为参数的行之后，放置错误处理代码，当遇到运行期间错误时，控制移动到<Line>参数指定的行号。考虑下面的例子：

```
Public Function OpenDb(ByVal cnnStr As String) As OleDbConnection
        On Error GoTo OpenDbErr
        Dim cnn As New OleDbConnection(cnnStr)
        cnn.Open()
        Return cnn
OpenDbErr:
        Return Nothing
End Function
```

在这个例子中，错误处理程序的名称是 OpenDbErr。如果 OpenDb 函数在执行过程中的任何代码产生错误，则立即执行带有 OpenDbErr 标签的代码，返回一个 Nothing 对象。

2. On Error Resume Next 语句

顾名思义，使用 On Error Resume Next 语句处理错误时，遇到错误，控制应该忽略当前执行的语句而移动到遇到错误语句之后的语句继续执行。当想在执行过程中忽略错误而继续运行其后的语句时，可以用 Resume Next 语句把控制转到发生错误的代码行继续执行下一句代码。考虑下面的代码：

```
'将一个字符串数组转换成整型数据
Public Function ConvertToNumber(ByVal a() As String) As Integer()
        On Error Resume Next
        Dim c() As Integer
        ReDim c(a.Length-1)
        For i As Integer = 0 To a.Length - 1
                c(i) = CInt(a(i))
        Next
        Return c
End Function
```

上面的代码将一个字符串型数组转换成整型数据，当出现转换错误时，继续转换下一个元素，直到所有的数据元素都处理完成。

3. On Error GoTo 0 语句

可能会遇到这样的情形，不想执行代码中前面已经设置好的任何错误处理程序，这时可以启用 On Error GoTo 0 语句。当设置好 On Error GoTo 0 语句后，前面的错误处理语句就会失效。On Error GoTo 0 语句用于使当前过程中的所有错误处理程序失效，如果不使用 On Error GoTo 0 语句，则当前过程执行完成时，其中的错误处理程序失效。考虑下面的代码：

```
Public Sub OnErrorDemo()
        On Error GoTo ErrorHandler
        Dim x As Integer = 32
        Dim y As Integer = 0
        Dim z As Integer
        z = x / y
        On Error GoTo 0        '关闭前面的错误处理程序
        On Error Resume Next
        z = x / y
        If Err.Number = 6 Then
                Dim Msg As String
                Msg = "除数不能为!"
                MsgBox(Msg, , "除零错误")
```

```
                Err.Clear()
            End If
            Exit Sub
    ErrorHandler:
        Select Case Err.Number
                Case 6
                        MsgBox("除法溢出!")
                        '  在此增加错误处理的代码
                Case Else
                        '  在此增加其他错误处理的代码
        End Select
        Resume Next   '返回到错误代码的下一行执行
    End Sub
```

上面的代码在执行第一次除 0 错误时调用 ErrorHandler 错误处理程序，显示"除法溢出！"的消息，然后通过 Resume Next 语句返回到错误语句的下一行继续处理，这时执行的是 On Error GoTo 0 语句，它禁止前面设置的错误处理代码，接着设置错误处理代码语句为 On Error Resume Next，表示遇到错误时执行下一条语句。当再次碰到除 0 错误时不会去执行 ErrorHandler 段代码，而是忽略掉当前语句的错误，继续后面代码执行。

4. On Error GoTo −1 语句

On Error GoTo−1 语句用于禁用当前过程中的异常。它不指定行号为−1 的行作为错误处理代码的开始位置（即使过程中含有行号为−1 的行）。在没有 On Error GoTo −1 语句的情况下，当过程退出时，就自动禁用异常。若要防止错误处理代码在没有错误的情况下运行，需将 Exit Sub、Exit Function 或 Exit Property 语句放在紧靠错误处理例程之前。

13.4 综 合 应 用

创建一应用程序，Form1 为"父窗体"，Form2 为"子窗体"，在 Form1 中添加一个 MainMenu1 菜单控件（如图 13-5 所示），设置控件属性如表 13.2 所示。

表 13.2   设置控件属性

控件属性	值
Form1.IsMdiContainer	True
MenuItem1.Text	文件（&F）
MenuItem3.Text	新建（&O）
MenuItem4.Text	关闭（&C）
MenuItem5.Text	编辑（&E）
MenuItem6.Text	拷贝（&C）
MenuItem7.Text	粘贴（&P）
MenuItem2.Text	窗口（&W）
MenuItem8.Text	层叠（&C）
MenuItem9.Text	平铺（&T）
Form2.IsMdiContainer	False
Form2.Text	RichTextBox1

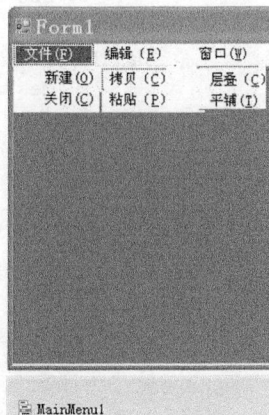

图 13-5 界面设计

添加代码如下：

```
    Private Sub MenuItem3_Click(ByVal sender As System.Object, ByVal e As System.EventArgs)
Handles MenuItem3.Click
        Dim NewMDIChild As New Form2()
        '设置父窗体的子窗口
        NewMDIChild.MdiParent = Me
        NewMDIChild.Show()              '显示新的窗体
    End Sub
    Private Sub MenuItem6_Click(ByVal sender As System.Object, ByVal e As System.EventArgs)
Handles MenuItem6.Click
        Dim activeChild As Form = Me.ActiveMdiChild     ' 确定活动的子窗体
        ' 如果有一个活动的子窗体, 找到该活动的控件, 在本例中, 应该是一个 RichTextBox
        If (Not activeChild Is Nothing) Then
            Try
                Dim theBox As RichTextBox = _
                CType(activeChild.ActiveControl, RichTextBox)
                If (Not theBox Is Nothing) Then
                    Clipboard.SetDataObject(theBox.SelectedText) '将选定的文本送至剪贴板
                End If
            Catch
                MessageBox.Show("You need to select a RichTextBox.")
            End Try
        End If
    End Sub
    Private Sub MenuItem7_Click(ByVal sender As System.Object, ByVal e As System.EventArgs)
Handles MenuItem7.Click
        Dim activeChild As Form = Me.ActiveMdiChild     '确定活动的子窗体
        If (Not activeChild Is Nothing) Then
            Try
                Dim theBox As RichTextBox = CType(activeChild.ActiveControl, RichTextBox)
                If (Not theBox Is Nothing) Then
                    '创建 DataObject 接口的一个新实例
                    Dim data As IDataObject = Clipboard.GetDataObject()
                    '如果数据是文本, 就把 RichTextBox 中的文本送到剪贴板
                    If (data.GetDataPresent(DataFormats.Text)) Then
                        theBox.SelectedText = data.GetData(DataFormats.Text).ToString()
                    End If
                End If
            Catch
                MessageBox.Show("You need to select a RichTextBox.")
            End Try
        End If
    End Sub
    Private Sub MenuItem8_Click(ByVal sender As System.Object, ByVal e As System.EventArgs)
Handles MenuItem8.Click
    Me.LayoutMdi(System.Windows.Forms.MdiLayout.Cascade)
    End Sub
    Private Sub MenuItem9_Click(ByVal sender As System.Object, ByVal e As System.EventArgs)
Handles MenuItem9.Click Me.LayoutMdi(System.Windows.Forms.MdiLayout.TileHorizontal)
    End Sub
```

运行程序。按"F5"键，单击"文件"菜单→"新建"命令，创建两个子窗体，单击"窗口"

菜单→"层叠"命令，结果如图 13-6 所示。

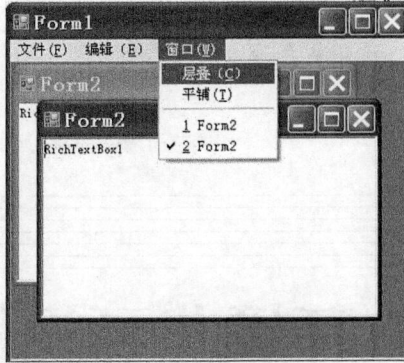

图 13-6　层叠子窗体

第二部分 实 验

VB.NET 环境与可视化编程基础

一、实验目的

1. 了解 Visual Basic.NET 集成开发环境。
2. 掌握启动与退出 Visual Basic.NET 的方法。
3. 掌握建立、编辑和运行一个简单的 Visual Basic.NET 应用程序的全过程。
4. 掌握基本控件（窗体、文本框、标签、命令按钮）的应用。

二、实验内容

1. **本实验以 Microsoft Visual Studio 2010（简称 VS2010）作为开发软件。**

（1）启动 VS 2010，新建项目。

启动 Microsoft Visual Studio 2010 软件，其软件会开启"起始页"，如图 A-1 所示。

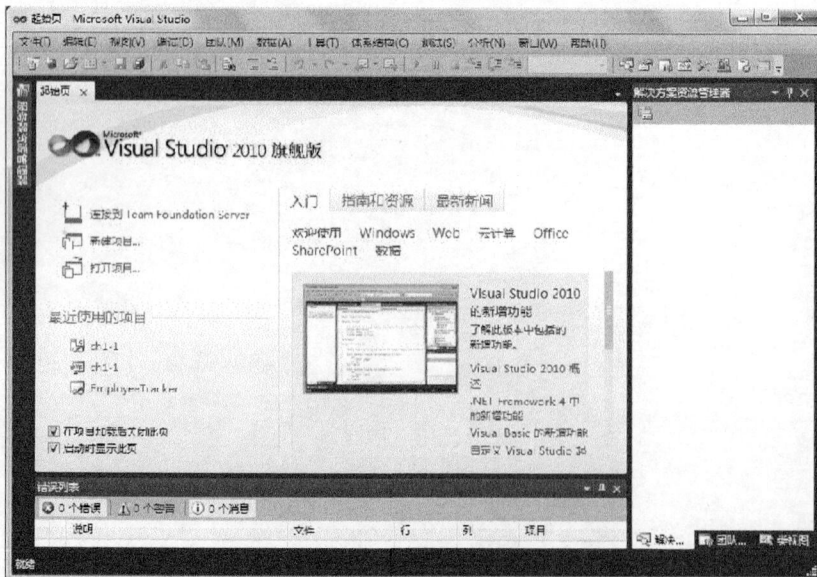

图 A-1 Visual Studio 2010 起始页

在左侧选择"新建项目",进入如图 A-2 所示"新建项目"对话框。在该对话框下方输入项目名称"SyA"后,双击对话框中的"Windows 窗体应用程序"即可进入 Microsoft Visual Studio 2010 集成开发环境,如图 A-3 所示。

（2）认识集成开发环境。

集成开发环境由标题栏、菜单栏、工具栏、主窗体、工具箱、解决方案资源管理器、属性窗口、代码窗口等组成。打开或关闭常用窗口和工具箱都能在工具栏上找到相应的图标快捷按钮。

图 A-2　"新建项目"对话框

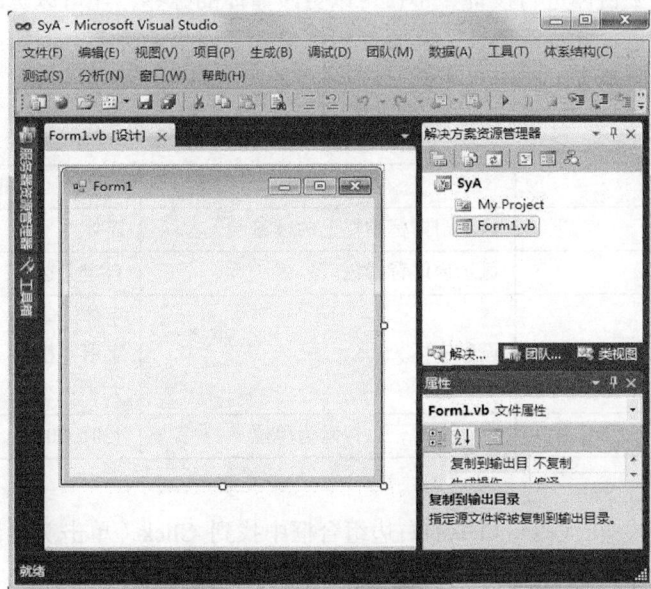

图 A-3　集成开发环境

（3）保存窗体,退出 VS 2010。

单击"文件"菜单下的"Form1.vb 另存为",在弹出的"另存文件为"对话框中选择正确路径,例如"E:\VB.NE 实验"文件夹,文件名为 SyA;保存类型为.vb,如图 A-4 所示。单击"保存"按钮即可。

在单击"关闭"按钮时,选择对话框中的"保存"按钮,即可关闭窗体。

(4)再次打开"SyA.vb"。

找到"E:\VB.NET 实验"文件夹,双击" SyA"文件夹,再双击" SyA"文件即可。

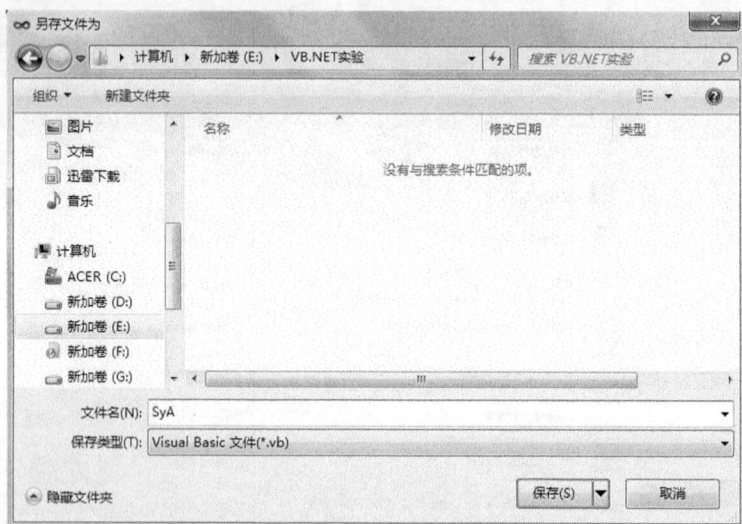

图 A-4　文件另存为

2. 一个了解 Form1 窗体的小程序。

(1)设计窗体。

设计窗体就是对主窗体进行设计,不仅可以更改窗体的标签,还可以更改调整整个窗体的大小、边框、字体、颜色、背景等属性,其属性栏中包含了许多关键字,例如:Text、BackColour、Font、Size 等。列表如表 A.1 所示。

表 A.1　　　　　　　　　　　　　　窗体属性

关　键　字	含　义	改　变　值
Text	显示窗体标题栏上的标签	窗体
BackColour	显示窗体背景色	自定义选择
Font	设置字体	字体:宋体 字形:粗体 大小:小四
Size	窗体大小,以像素为单位	450,300

(2)添加代码。

双击 Form1 窗体,在代码窗口中的右边组合框中找到 Click(单击)事件,并输入一段简单的代码,如下所示:

```
Private Sub Form_Click(ByVal sender As Object, ByVal e As System.EventArgs)Handles
Me.Click
    MsgBox("欢迎您使用 VB.NET!")
```

```
End Sub
```

（3）运行程序。

单击"运行"菜单下的"启动"项或单击工具栏上的▸图标或直接按"F5"快捷键，即可运行该程序。程序启动后，单击窗体，就能看到单击触发弹出的对话框显示"欢迎您使用 VB.NET!"。运行效果如图 A-5 所示。

（4）保存窗体。

程序以 SyA-2.vb 为文件名保存在自己创建的文件夹外存储介质下（或 U 盘上）。

3. 一个了解常用控件、巩固学习知识的小程序。

创建一个 Windows 窗体应用程序，在窗体中添加一组如图 A-6 所示的控件。要求：在屏幕上显示标签 Label1 "学习使用 VB.NET"；在标签 Label2 "请输入你的专业"后的文本框 TextBox1 中输入专业；当单击"你输入的专业是"的 Button1 按钮后，在 Label3 标签中显示文本框 TextBox1 输入的专业。

程序以 SyA-3.vb 为文件名保存。

图 A-5　实验 A.2 运行效果图　　　　图 A-6　实验 A.3 运行效果图

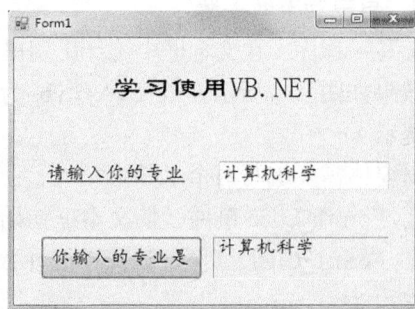

提示：

① 所用的控件及属性设置参见表 A.2 。

表 A.2　　　　　　　　　　　　　　　属性设置

控 件 名	属 性
Label1	Text ="学习使用 VB.NET" ; Font ：隶书，二号
Label2	Text ="请输入你的专业" ; Font ：楷体，有下画线，三号
TextBox1	Text =""; Font ：楷体，三号
Button1	Text ="你输入的专业是" ; Font ：楷体，三号
Label3	Text =""; AuToSize=False; BorderStyle =Fixed3D; Font ：楷体，三号

② 在代码窗口中建立事件过程。

```
Private Sub Button1_Click(ByVal sender As System.Object, ByVal e As System.EventArgs)
Handles
    Label3.Text=TextBox1.Text
End Sub
```

4. 动手模仿做一做。

模仿教材例 1.1,将事件过程中自左向右移动或自右向左移动改为自上而下移动或自下而上移动，也要考虑文字出窗体边界的情况。各控件及属性在属性窗口的设置参见表 A.3，图形文件可以选择自己喜欢的。以 SyA-4.vb 为文件名保存。

表 A.3 属性设置

控 件 名	属 性
Form1	Text =" 跑马灯游戏 ";
Label1	Text =" 行进方向：向　　　移"；Font：宋体，粗体，小四
Label2	Text ="上"；Font：宋体，粗体，小四；ForeColour =Red
Label 3	Text ="位置："；Font：宋体，粗体，小四
Label4	Text =""；Font：宋体，粗体，小四；ForeColour =Blue
Label5	Text =" 学习使用 VB.NET"；Font：宋体，粗体，二号； BackColour =Blue；ForeColour = White
PictureBox1	Image="…" 注释：加载你喜欢的图片；Location =180，130
Timer1	Enabled=False；Internal =100

5. 自己动手做一做。

编写一程序，在文本框中统计出用鼠标单击该窗体的次数，运行效果如图 A-7 所示。以 SyA-5.vb 为文件名保存。

提示 1：

对窗体需要编写两个事件。

① Form1_Load 事件，使文本框初始化为空。

② Form1_Click 事件，让文本框计数。

提示 2：

文本框计数：TextBox1. Text =val(TextBox1. Text)+1

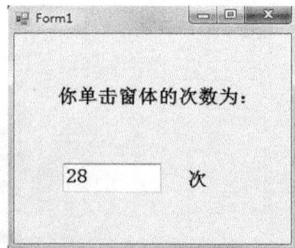

图 A-7 实验 A.5 运行效果图

6. 一个简单的应用程序设计。

编写一简单的"乘方运算"应用程序，在如图 A-8 所示的窗体界面中，当用户分别在 TextBox1 文本框和 TextBox2 文本框内输入底数和指数值时，单击"="按钮，在 TextBox3 文本框中显示乘方的计算结果；单击"判断结果"按钮判断其正确性，如果计算结果正确，给出"结果正确"的提示信息，如果计算结果不正确，给出"结果错误"的提示信息。

以 SyA-6.vb 为文件名保存。

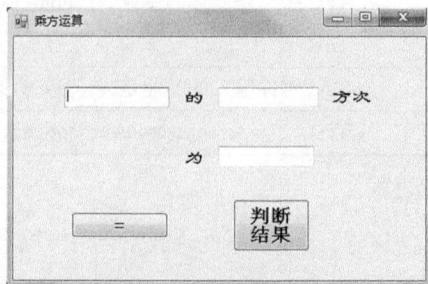

图 A-8 实验 A.6 窗体界面

提示：

判断结果程序可参考本书例 1.6。

实验 B
语言基础和顺序程序设计

一、实验目的

1．掌握 VB.NET 中的基本数据类型和 4 种运算符的使用。

2．掌握运算符、表达式的正确使用方法。

3．掌握常用函数的使用。

二、实验内容

1．创建一个控制台应用程序，定义两个布尔型变量 a、b 并分别赋值 True 和 False。要求：编写程序计算出下列表达式的值，并输出结果，如图 B-1 所示。

（1）a And b

（2）a And Not b

（3）a>b Or b

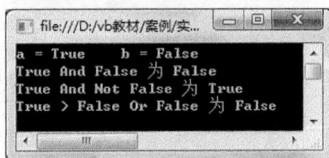

图 B-1　实验 B.1 输出结果

2．编写一个控制台应用程序，定义两个整型变量 x、y，从键盘上输入 x 和 y。要求：编写程序计算出下列表达式的值，并输出结果，如图 B-2 所示。

（1）$\sin x + \cos y$

（2）$\sqrt[3]{\dfrac{x^2 + y^2}{|y|}}$

（3）$x + y > x^2 - 10x$

3．编写一个用于求随机数的程序，窗口如图 B-3 所示。

要求：单击左侧的按钮，则在标签中显示一个（−50，50）的随机整数。单击右侧的按钮，则在标签中显示一个（0，99.99）内的随机浮点数，该浮点数具有两位小数。

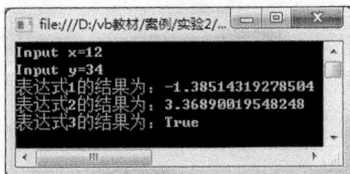

图 B-2　实验 B.2 输出结果

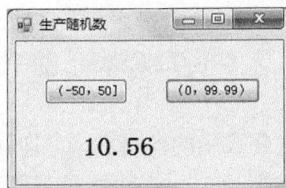

图 B-3　实验 B.3 运行界面

4．编写程序，生成一个四位的随机整数。要求：新数的十位和个位分别是原来数的个位和百位，新数的千位和百位是原来数的十位和千位。

5．在窗体上加入 1 个文本框、1 个命令按钮以及 2 个标签控件。

要求：当程序运行时，在文本框中输入一个数字。单击按钮，将文本框中的数字分别格式化为千分位和数字格式并分别在两个标签中显示，如图 B-4 所示。

6．使用 Mid、Left、Right 函数。在窗体上加入 1 个文本框、3 个标签以及 1 个按钮，文本框中的内容为"Visual Basic.NET 程序设计教程（第一版）"。当程序运行时，单击按钮，在标签 Label1、Label2 和 Label3 上显示的内容如图 B-5 所示。

图 B-4　验 B.5 运行界面　　　　　图 B-5　实验 B.6 运行界面

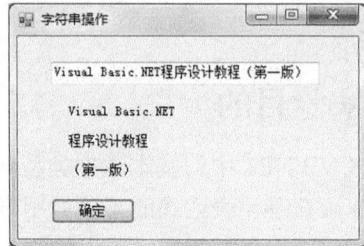

7．在窗体上加入 2 个文本框、1 个标签以及 1 个按钮。运行程序时，在第 1 个文本框中输入 1 个字符串，在第 2 个文本框中输入 1 个字符且该字符包含在第 1 个文本框中。单击命令按钮后，将从第 1 个文本框的字符串中删除第 2 个文本框中的字符，并在标签上显示结果，如图 B-6 所示。

8．编一个华氏温度与摄氏温度之间转换的程序，窗口如图 B-7 所示。

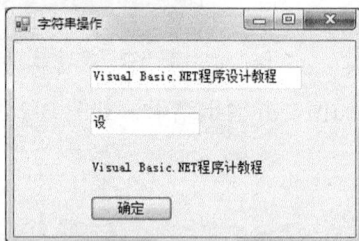

图 B-6　实验 B.7 运行界面　　　　　图 B-7　实验 B.8 运行界面

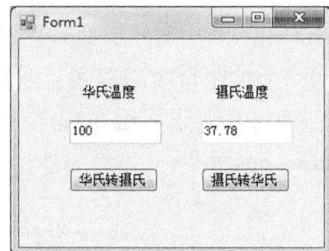

转换公式是：

F=（9/5）*C+32　'摄氏温度转换为华氏温度，F 为华氏温度

C=（5/9）*(F−32) '华氏温度转换为摄氏温度，C 为摄氏温度

要求用按钮实现转换。即单击"华氏转摄氏"按钮，则将华氏温度转换为摄氏温度；同样，单击"摄氏转华氏"按钮，则将摄氏温度转换为华氏温度。

提示：

① Text 文本框存放 String 类型数据，为了使程序正常运行，应通过 Val()函数将字符串转换为数值类型。

② 上述公式中的变量 F、C 应该是有值的，该值可通过 Text1.Text、Text2.Text 分别赋值获得。

9．输入半径，计算圆周长和圆面积，如图 B-8 所示。

进一步要求，为了保证程序运行的正确，对输入的半径要进行合法性检查，数据检查调用

IsNumeric 函数；若有错，利用 MsgBox 显示出错信息，如图 B-9 所示。通过 Focus 方法定位于出错的文本框处，重新输入；计算结果保留 2 位小数。

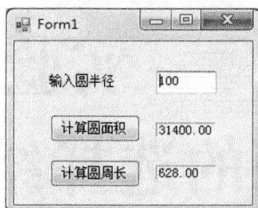

图 B-8 实验 B.9 运行界面　　　　　　　　图 B-9 输入错误提示

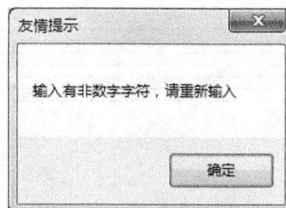

提示：

数据输入结束有两种方法，分别编写事件过程对数据进行检验。

① 按 Tab 键，检查数据的合法性，这时利用 Text1_LostFocus 事件。

② 按 Enter 键，利用 Text1_KeyPress 事件。

10. 在名为 Form1 的窗体上绘制一个名为 Text1 的文本框。程序运行后，用户在文本框中输入的英文字母一律用大写显示（要求焦点在最右端），如图 B-10 所示。

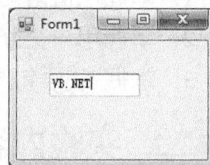

图 B-10 实验 B.10 运行界面

一、实验目的

1. 掌握赋值语句的使用。
2. 掌握用户交互函数 InputBox 与 MsgBox 的使用。
3. 掌握 IF 语句与 Select Case 语句的使用。

二、实验内容

1. 输入半径，计算圆周长和圆面积。

提示：为了保证程序运行的正确性，对输入的半径要进行合法性检查，数据检查调用 IsNumeric 函数；若有错，利用 MsgBox 显示出错信息。

2. 利用 If 语句、Select Case 语句两种方法分别计算分段函数。

$$y = \begin{cases} x^2 + 3x + 2 & , x > 20 \\ \dfrac{1}{2} + |x| & , x < 10 \\ \sqrt{3x} - 2 & , 其他 \end{cases}$$

3. 输入三角形的 3 边 a、b、c 的值，根据其数值，判断能否构成三角形。若能，还要显示三角形的性质：等边三角形、等腰三角形、直角三角形、任意三角形。

4. 任意产生一个 3 位正整数，分离出其个、十、百位数字并输出。

提示：随机数可通过 Randomize() 和 Rnd() 函数产生。

5. 任意产生两个二位正整数，对其进行四则运算（+ − * /）。

提示：可利用 Select Case 语句。

6. 某商场促销采用购物打折的优惠办法，即每位顾客一次购物金额

① 在 1 000 元以上者，按九五折优惠；
② 在 2 000 元以上者，按九折优惠；
③ 在 3 000 元以上者，按八五折优惠；
④ 在 5 000 元以上者，按八折优惠。

程序界面如图 C-1 所示。

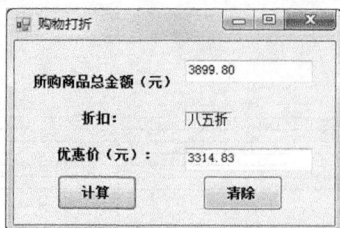

图 C-1　实验 C.6 运行界面

提示：

此例用多分支结构实现，注意计算公式和条件表达式的正确书写。

7. 输入 x、y、z 3 个整数，按从大到小的次序显示，如图 C-2 所示。

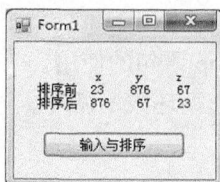

图 C-2　实验 C.7 运行界面

提示：

① 利用 InputBox 函数输入 3 个数，存放到数值型变量中，然后对其进行比较；若放在字符串变量中，有时会得到不正确的结果（因为字符串是按从左到右的规则比较，例如会出现"34" > "2345" > "126789"的情况）

② 对 3 个数进行排序，通过两两比较，一般可用 3 条单分支 IF 语句来实现。方法如下：先将 x 与 y 比较，使得 x>y；然后将 x 与 z 比较，使得 x>z，此时 x 最大；最后将 y 与 z 比较，使得 y>z。

8. 输入一元二次方程 $ax^2+bx+c=0$ 的系数 a，b，c，计算并输出一元二次方程的两个根 x1，x2。界面如图 C-3 所示。

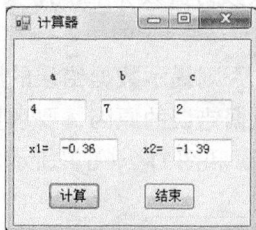

图 C-3　实验 C.8 运行界面

提示：

求根时要对 a、b、c 3 个系数分别考虑多种情况的处理，即：无实根、重根或两个实根。

程序的循环结构

一、实验目的

1. 掌握 For…Next 语句与 Do…Loop 语句的使用。

2. 掌握如何设计循环条件，防止死循环或不循环。

3. 掌握循环嵌套的使用方法。

二、实验内容

1. 对抛 100 次硬币，统计出现正反面的机率，开发一个模拟软件。

提示：利用随机函数 Rnd()，通过循环产生 100 个随机小数并依次判断其值是否小于 0.5，以此来区分抛硬币的正反面。

2. 求 100 以内的素数并输出。

3. 如图 D-1 所示，模拟实现一个登录界面进行用户身份验证，账号和密码可自定义，登录成功或失败通过 MsgBox 提示，输入出错 3 次则程序退出。

4. 利用计算机解决古代数学问题"鸡兔同笼问题"。即已知在同一笼子里共有 m 只鸡和兔，鸡和兔的总脚数为 n 只，求鸡和兔各有多少只？

提示：鸡、兔的只数通过 m，n 列出方程可解，但不能出现荒唐的解（如出现半只鸡或兔，或者求得的只数为负数）。因此，要考虑下面两个条件：

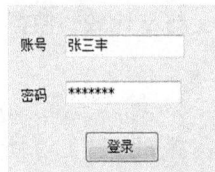

图 D-1 实验 D.3 运行界面

① 输入的总脚数 n 必须是偶数，否则提示数据错误的原因，要求重新输入数据。

② 若求出的只数为负数，提示数据错误的原因，要求重新输入数据。

程序运行时相关界面如图 D-2（a）和图 D-2（b）所示。

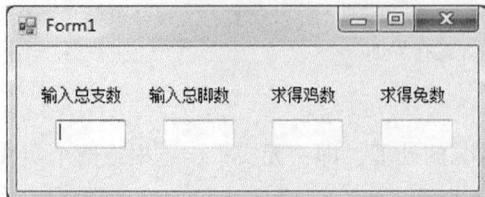

图 D-2（a） 实验 D.4 运行界面

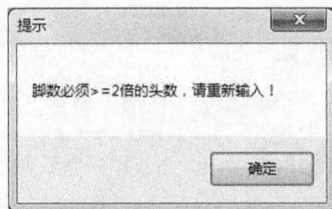

图 D-2（b） 数据输入错误提示

5. 计算 π 的近似值，π 的计算公式为：

$$\pi = 2 \times \frac{2^2}{1 \times 3} \times \frac{4^2}{3 \times 5} \times \frac{6^2}{5 \times 7} \times \cdots \times \frac{(2n)^2}{(2n-1) \times (2n+1)}$$

提示：

① 分别输出当 n=10、100、1 000 时的结果，比较该公式的收敛程度。

② 要防止大数相乘时结果溢出的问题，将变量类型改为长整型或实数类型。

6. 编一程序，显示出所有的水仙花数。所谓水仙花数，是指一个 3 位数，其各位数字立方和等于该数字本身。例如，$153=1^3+5^3+3^3$。

提示：常见的方法有两种：

① 利用三重循环，将 3 个数连接成一个 3 位数进行判断。

例如，将 1～9 连接成一个 9 位数 123 456 789，程序段如下：

```
s=0
For i = 1 to 9
 s=s*10+i
Next i
```

② 利用单循环将一个 3 位数逐位分离后进行判断。

例如，将 1～9 连接成一个 9 位数 123 456 789，从右边开始逐位分离，程序段如下：

```
s=123456789
Do While s > 0
 s1= s Mod 10
s= s \ 10
Loop
```

7. 计算 $S = 1 + \frac{1}{2} + \frac{1}{4} + \frac{1}{7} + \frac{1}{11} + \frac{1}{16} + \frac{1}{22} + \frac{1}{29} + \cdots$ 当第 i 项的值 $<10^{-4}$ 时结束。

提示：找出规律，第 i 项的分母是前一项的分母加 i 开始计数。可利用 For 循环结构的循环控制变量获得项数，当某项达到规定的精度时退出循环。

8. 编程显示如图 D-3 所示的界面。

提示：打印由多行组成的图案，通常采用双重循环，外层循环用于控制行数，内层循环用于输出每一行的信息。

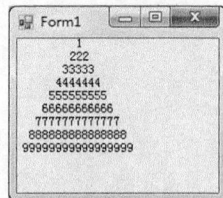

图 D-3 实验 D.8 运行界面

9. 通过迭代法求 $x = \sqrt[3]{a}$。求立方根的迭代公式为：

$$x_{i+1} = \frac{2}{3}x_i + \frac{a}{3x_i^2}$$

迭代到 $|x_{i+1} - x_i| < \varepsilon = 10^{-5}$ 为止，x_{i+1} 为方程的近似解。显示 a=3、27 的值，并通过求 $\sqrt[3]{a}$ 的表达式加以验证。

提示：

假定 x_0 的初值为 a，根据迭代公式求得 x_1，若 $|x_1 - x_0| < \varepsilon = 10^{-5}$，迭代结束；否则用 x_1 代替 x_0 继续迭代。迭代的流程图如图 D-4 所示。

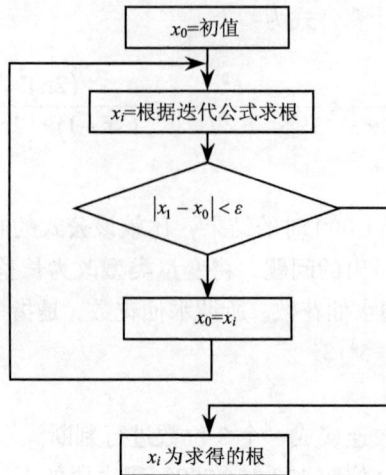

图 D-4　迭代法求根流程图

10．一个富翁试图与陌生人做一笔换钱生意，换钱规则为：陌生人每天给富翁 10 万元钱，直到满 1 个月（30 天）；而富翁第 1 天给陌生人 1 分钱，第 2 天给 2 分，第 3 天给 4 分，富翁每天给陌生人的钱是前一天的两倍，直到满一个月。分别显示富翁给陌生人的钱和陌生人给富翁的钱为多少？

提示：

设富翁第 1 天给陌生人的钱 x0 为 0.01，第 2 天给出的钱是前一天的两倍，即 x1= 2×x0 ，如此重复到 30 天，累计求得富翁给出的钱远远超过陌生人给出的 10 万元×30=300 万元。

实验 E
数　　组

一、实验目的

1. 掌握数组的声明、初始化和数组元素的引用。
2. 掌握数组的常用操作和常用算法。
3. 掌握数组对象的有关属性和方法的使用。
4. 掌握数组列表的有关属性和方法的使用。

二、实验内容

1. 随机产生闭区间[a, b]的 n 个整数（a, b 均为整数），求最大值、最小值、平均值，并显示它们的值和整个数组元素的值。要求：

① a，b，n 分别通过文本框输入，a，b 必须保证是整数，n 必须保证是 4 的倍数。

② 求最大值、最小值、平均值和显示 n 个整数的代码分别放在各自的命令按钮中。

③ n 个整数分行显示，每行 4 个整数。

④ 所有结果显示在输出窗口中。

提示：

窗口如图 E-1 所示。

2. 随机产生 100 个 ASCII 字符，分别求 0 ~ 9 等 10 个数字、26 个字母（不区分字母的大小写）的出现次数？要求：

① 按照控制台应用程序方式编写代码。

② 所有结果按照键值对的方式输出到输出窗口。（注意：只输出出现次数不为 0 的键值对）

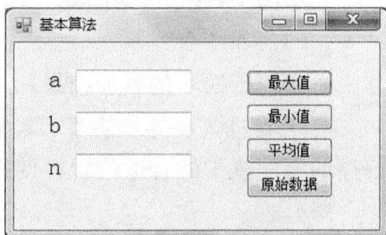

图 E-1　实验 E.1 窗口

<字符>: <出现次数>

提示：

① ASCII 字符的 ASCII 码的范围为 0 ~ 127。

② 利用数组元素作为计数器。

3. 幼儿识字训练。

① 将 20 个字或词存储在数组中，要求能随机挑选某个字词供幼儿识字。

② 当幼儿识字困难时，能利用图片提示。

提示：

① 将图片（自己到网上查找）的文件名按序保存在数组中，注意图片与字词的对应关系。

② 窗体如图 E-2 所示。

4．随机产生 20 个大写字母，要求：

① 求出现次数最多的字母及出现次数。

② 求出现次数为 0 的字母有哪些。

提示：

① 使用数组元素作为计数器。

② 出现次数最多的字母及出现次数通过标签显示。

③ 出现次数为 0 的字母在另一个标签中显示，字母之间
用逗号分隔。

图 E-2　幼儿识字训练

5．如果一个渔夫从 2000 年 1 月 1 日开始每 3 天打一次鱼，两天晒一次网，当指定一个日期
后，判断该渔夫是在打鱼还是在晒网。

要求：

① 指定日期通过文本框输入，格式为 2011-3-12。

② 代码放在命令按钮中。

提示：

① 判断指定日期所在的年份是否是闰年。

② 求指定日期距 2000 年 1 月 1 日有多少天，方法如下。

- 首先判断 2000 年距指定年份之间有多少年，这其中有多少年是闰年就加多少个 366，有多
  少年是平年也同样加多少个 365。

- 其次是要将 12 个月每月的天数存储到数组中，因为闰年 2 月份的天数有别于平年，故采
  用两个数组分别存储。当指定年份是平年，月份为 m 时，累加存储着平年每月天数的数组
  的前 m-1 个元素。

- 将以上两步的累加结果加上指定日期的天数。

6．直接插入排序算法是一种简单的排序方法，其基本操作是将一个待排数据插入到一个已排
好序的有序表中的合适位置，使得到的表仍然有序。

要求：

① 原始数据通过文本框进行输入。（原始数据：8，3，9，2，6，7，1，4，5）。

② 已输入的原始数据在标签中显示，数据之间用逗号分隔。

③ 排序后的结果数据在另一个标签中显示，数据之间用逗号分隔。

④ 排序代码放在命令按钮中。

提示：

① 直接插入排序的基本思想是:将一个含有 n 个数据的表看成是一个有序表和一个无序表的
组合，起始有序表中只含有一个数据，即表中的第 1 个数据，起始无序表为后 n-1 个数据，排序
过程中每次取出无序表中的第 1 个数据，将其插入到有序表中的合适位置，使有序表扩大，无序
表缩小。这样，经过 n-1 趟排序，就可完成数据的排序。

② 假设数据存放在数组 r 中，变量 i 指向无序表的第 1 个数据，则直接插入排序的基本思想
可用图 E-3 表示。

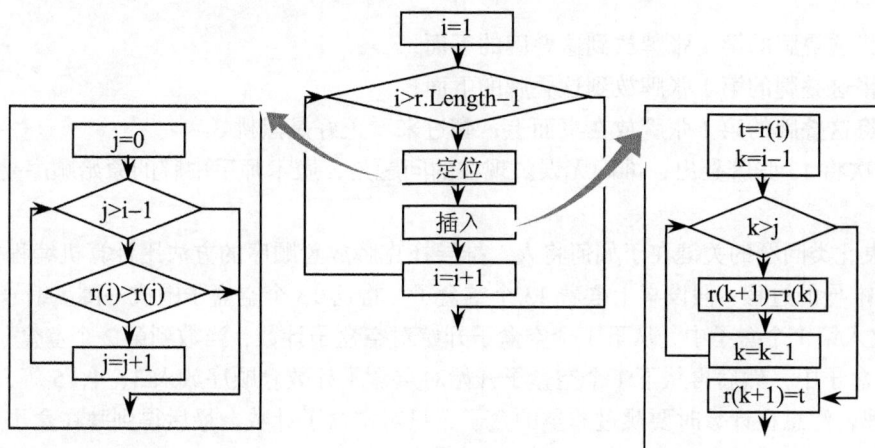

图 E-3 直接插入排序

7. 假设一篇文章仅由字母或空格组成，求文章中最长单词有哪些？

要求：

① 通过文本框显示文章内容。

② 在设计时完成文章的录入。

③ 最长单词显示在标签中。

提示：最长单词的数量可能有多个。

拓展：分隔符的数量由空格、逗号、句号 3 种符号组成。

8. 在 3 阶 Fibonacci 数列的前 100 项中，找出其中的所有素数。要求用下面两种方法分别实现：

① 数组在求素数的过程中动态增长。

② 使用数组列表。

提示：

所谓 3 阶 Fibonacci 数列由下列数组成：

1, 1, 1, 3, 5, 9, 17, 31, 57, …

其规律是：

① 数列中的前 3 个数均为 1

② 从第 4 个数开始，每一个数均是前 3 个数之和。

9. 在一次晚会上，一位魔术师掏出一副扑克牌，取出其中 13 张黑桃，预先洗好后，把牌面朝下并放在左手上，对观众说：“我不看牌，只数一数就能知道每张牌是什么。”魔术师口中每次所念内容如下。

第 1 次：

念 1，将这叠牌的第 1 张牌放在桌面上，翻过来看正好是黑桃 A。

第 2 次：

念 1，将这叠牌的第 1 张牌放到这叠牌的下面；

念 2，将这叠牌的第 1 张牌放在桌面上，翻过来看正好是黑桃 2。

第 3 次：

念 1，将这叠牌的第 1 张牌放到这叠牌的下面；

念 2，将这叠牌的第 1 张牌放到这叠牌的下面；

念 3，将这叠牌的第 1 张牌放在桌面上，翻过来看正好是黑桃 3。

这样依次将 13 张牌翻出，准确无误。现在的问题是，魔术师手中牌的原始顺序是怎样的？

提示：

① 解决此类问题的关键在于如何将人工推导扑克牌放置顺序的方法用计算机编程模拟出来。下面是人工推导的过程：假设桌上摆着 13 个空盒子，将这 13 个空盒子围成一圈。编号为 1～13，将黑桃 A 放入第 1 个盒子中，从下 1 个空盒子开始对空盒子计数，当数到第 2 个空盒子时，将黑桃 2 放入空盒子中，然后再从下 1 个空盒子开始对空盒子计数。顺序放入 3，4，5 等，直到全部放入 13 张牌，注意在计数时要跳过非空的盒子，只对空盒子计数，最后得到牌在盒子中的顺序，就是魔术师手中原来牌的顺序。

② 窗体如图 E-4 所示。

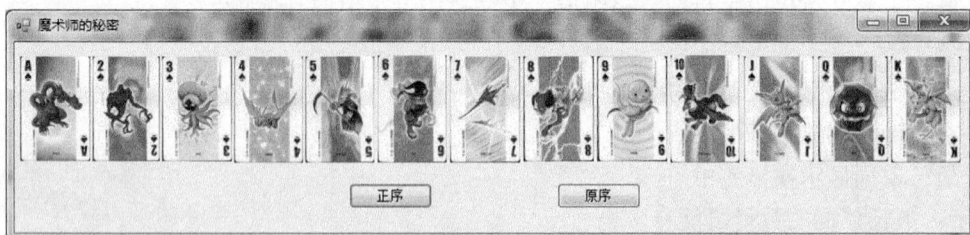

图 E-4　魔术师的秘密

③ 黑桃 13 张牌的图片（自己到网上查找）的文件名按序保存在一个数组中。

实验 F
过　　程

一、实验目的

1. 掌握 Function 过程和 Sub 过程的定义和调用方法。
2. 掌握形参和实参之间的对应关系。
3. 掌握参数传递的两种机制和传递顺序。
4. 掌握变量的有关特性。
5. 掌握递归的概念和使用方法。

二、实验内容

1. 分别用 Sub 过程和 Function 过程实现求一维数组 a（其初始值为 8，7，6，3，2，9）中的最小值。要求：

① 数组 a 必须在主调过程中初始化函数输出；

② 最小值用 Msgbox 函数输出；

③ 窗体如图 F-1 所示。

2. 编写一个 Function 过程 MySin(x as double) as double，求 $MySin(x)\dfrac{x}{1}-\dfrac{x^3}{3!}+\dfrac{x^5}{5!}-\dfrac{x^7}{7!}+\cdots+$

$(-1)^{n-1}\dfrac{x2^{n-1}}{(2n-1)!}$ 值。

要求：

① 创建如图 F-2 所示的窗体。

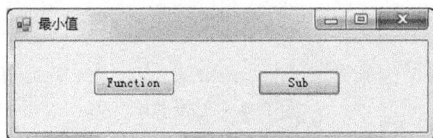

图 F-1　实验 F.1 窗体　　　　　　　　　　　　图 F-2　实验 F.2 窗体

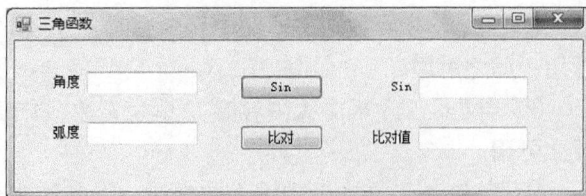

② 通过主调过程调用 Function 过程，并将计算结果显示在 Sin 文本框中。所谓比对值就是直接调用 VB 的内部函数 Sin 的结果。

③ 在编程时，考虑以下数据的输入方式和计算结束条件。

- 数据输入方式：当在角度文本框或者弧度文本框中输入数据时，清空其他 3 个文本框的内容。
- 计算结束条件：当第 n 项的绝对值小于 10^{-5} 时结束计算。

提示：

Function 过程的形参 x 的单位是弧度。

3．编写一个 Sub 过程 MySin(x as double, y as double)，求：

$$y = MySin(x) = \frac{x}{1} - \frac{x^3}{3!} + \frac{x^5}{5!} - \frac{x^7}{7!} + \cdots + (-1)^{n-1}\frac{x^{2n-1}}{(2n-1)!}$$

要求：

① 创建如图 F-3 所示的窗体。

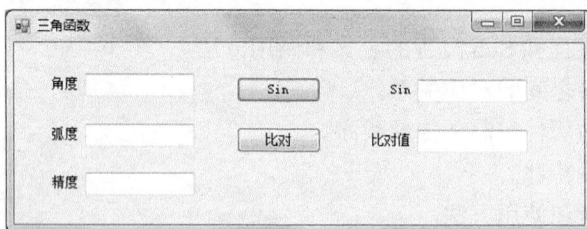

图 F-3　实验 F.3 窗体

② 通过主调过程调用 Sub 过程，并将计算结果显示在 Sin 文本框中。所谓比对值就是直接调用 VB 的内部函数 Sin 的结果。

③ 在编程时，考虑以下数据的输入方式和计算结束条件。

- 数据输入方式：当在角度文本框输入数据时，在弧度文本框中同步显示相应值，并清空 Sin 文本框和比对值文本框；或者，当在弧度文本框输入数据时，在角度文本框中同步显示相应值，并清空 Sin 文本框和比对值文本框。
- 计算结束条件：当相邻两项绝对值之差的绝对值满足指定精度时结束计算。

提示：

Sub 过程的形参 x 的单位是弧度。

4．求 n 以内的所有孪生素数（孪生素数是指一对素数，它们之间相差 2。例如 3 和 5，5 和 7，11 和 13，10 016 957 和 10 016 959 等都是孪生素数）。

要求：

① 创建如图 F-4 所示的窗体。

② 当"孪生素数"文本框中无内容时，"求和"按钮不可用；反之可用。

③ 当"n"文本框中无内容时，"孪生素数"按钮不可用；反之可用。

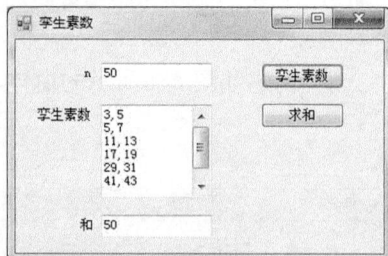

图 F-4　实验 F.4 窗体

④ 当在"n"文本框中输入数据时，将自动清空"孪生素数"文本框和"和"文本框中的内容。

⑤ 创建一个函数 IsPrime(number as long) as Boolean，其功能是判断一个数是否是素数。

⑥ 创建一个求和函数，其功能是求孪生素数的倒数之和。

提示：

声明一个一维数组存放孪生素数的第 1 个素数，可根据需要动态扩展其大小；亦可考虑使用数组列表。

5. 现有 m 个学生的成绩存放于整型数组 score 中。编写函数 Statistics (Score() As Integer, m as Interger，below() as Integer) as Integer，其功能是将低于平均分的人数作为函数值返回主函数，并将低于平均分的成绩存放在主调过程定义的数组 below 中。要求：在主调过程中定义初始化数组 score 并输出该数组的数据，调用 Statistic 函数后，输出统计的人数以及 below 数组的数据。

要求：

① 创建如图 F-5 所示的窗体。

② "平均成绩"、"低于平均分的人数"、"低于平均分的分数" 这 3 个文本框自始至终均不可用。

③ 学生人数和成绩的输入以回车键作为一个数据的输入结束标志。

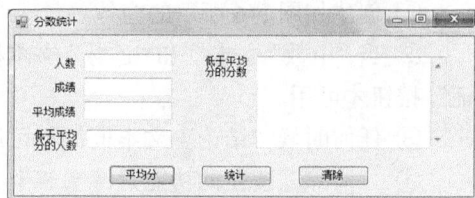

图 F-5　实验 F.5 窗体

④ 在学生人数确定之后，声明数组的实际大小。但在学生人数确定之前，不允许输入成绩，也不允许使用 "统计" 功能和 "平均分" 功能。

⑤ 从文本框中，接收成绩的输入。当成绩的个数等于人数时，不允许继续输入成绩，除非更改学生的人数（人数的更改不能影响已输入的成绩）。

⑥ "平均分" 按钮的功能是求所有学生的平均成绩，并显示在 "平均成绩" 文本框中；只有当求出平均分后，"统计" 按钮才能用。

⑦ "统计" 按钮的任务是调用函数 Statistics，将低于平均分的人数显示在相应的文本框中；将低于平均分的分数按每行 3 列的形式显示在相应的文本框中。此时，不允许再更改学生的人数、继续输入成绩和进行平均分的计算。

⑧ 如果需要重新统计，则应清除已统计结果，当然可继续更改学生的人数和继续输入成绩。（如果不违反设计要求 5）

提示：

窗体设计好后，请对表 F.1 所示的控件的有关属性进行设置。

表 F.1　　　　　　　　　　　"成绩统计" 窗体某些控件的属性设置

对　象	意　义	属　性	属　性　值
txtNum	学生人数		
txtScore	成绩	ReadOnly	True
txtAverage	平均成绩	ReadOnly	True
txtLowerNum	低于平均成绩的人数	ReadOnly	True
txtLowerScore	低于平均成绩的分数	ReadOnly	True
		Multiline	True
		ScrollBars	Vertical
btnAverage	平均分	Enabled	False
btnStats	统计	Enabled	False
btnClear	清除	Enabled	False

6. 婚约数，指两个正整数中，彼此除了 1 和本身的其余所有因子的和与另一方相等。例如，最小的一对婚约数 (48，75)，48 除了 1 和本身的其余所有因子相加的和是：2+3+4+6+8+12+16+24=75；75 除了 1 和本身的其余所有因子相加的和是：3+5+15+25=48。已知的婚约数都是奇数配偶数的，给出最小的 10 对婚约数(48，75)、(140，195) 、(1 050，1 925)、(1 575，1 648)、(2 024，2 295)、(5 775，6 128)、(8 892，16 587)、(9 504，20 735)、(62 744，75 495)、(186 615，206 504)。本题的任务是验证给出一对正整数是否是婚约数。

要求：

① 创建如图 F-6 所示的窗体。

② 当"甲数"文本框和"乙数"文本框中均有数据时，"验证"按钮才可用。

③ 任何时候"结论"文本框都不可用。

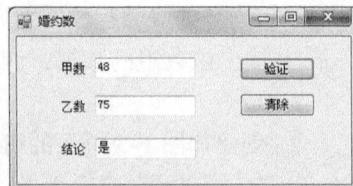

图 F-6　实验 F.6 窗体

④ "清除"按钮的功能是清空 3 个文本框的内容，且"验证"按钮不可用。

7. 编一个 Sub 过程 DelStr(SourceStr as string, TargetStr As String, StartPos As Integer, DelMode as Boolean)，其功能是将原字符串 sourceStr 中出现的 targetStr 子串删去。例如：sourceStr = "123456ABCDEabcde123456ABCDEabce123456ABCDEabcde"，targetStr = "ABCD"，StartPos = 10，DelMode=True，调用 Sub 过程 DelStr 后，sourceStr 的值为 "123456ABCDEabcde123456Eabce123456Eabcde"

要求：

创建如图 F-7 所示的窗体。

提示：

注意 Sub 过程各个参数的意义。

8. 用递归方法求 x^n（必须保证 n 为正整数）。

提示：

① 创建如图 F-8 所示的窗体。

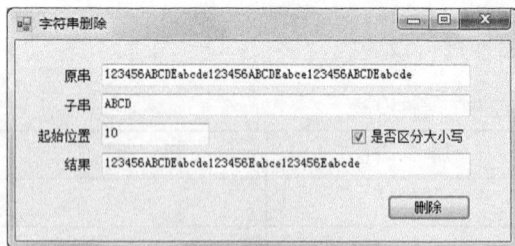

图 F-7　实验 F.7 窗体

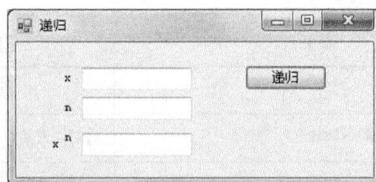

图 F-8　实验 F.8 窗体

② x^n 的递归定义：

$$x^n = \begin{cases} 1 & , \ n = 0 \\ x \times x^{n-1} & , \ n > 0 \end{cases}$$

9. 把第 5 章从习题 5.6 开始的每一道习题上机调试通过。

实验 G
用户界面设计

一、实验目的

1. 熟悉常用窗体控件的常用属性和常用方法。
2. 熟悉控件的属性设置和代码编辑窗体的使用。

二、实验内容

1. 在名为 Form1 的窗体上有两个框架，其中一个框架有两个单选按钮，另一个框架中有两个复选框，窗体上还有一个标题为"确定"的命令按钮和一个初始内容为空的文本框。程序的功能是：在运行时，如果选中一个单选按钮和一个或两个复选框，则对文本框中的文字做相应的设置，如图 G-1 所示。窗体上的控件已经绘制出，但没有给出主要程序内容，请编写适当的事件过程，完成上述功能。

2. 在名为 Form1 的窗体中有一个名为 Txt1 的文本框，请在窗体上绘制两个名称分别为 Fra1 和 Fra2 的框架，其标题分别为"性别"和"身份"；在 Fra1 中绘制两个名称分别为 Opt1 和 Opt2 的单选按钮，其标题分别为"男"和"女"；在 Fra2 中绘制两个名称分别为 Opt3 和 Opt4 的单选按钮，其标题分别为"学生"和"老师"；再绘制一个名为 Cmd1 的命令按钮，其标题为"确定"。程序界面如图 G-2 所示。

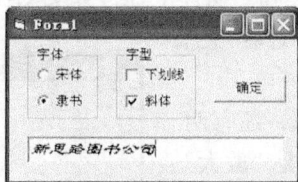

图 G-1　实验 G.1 界面

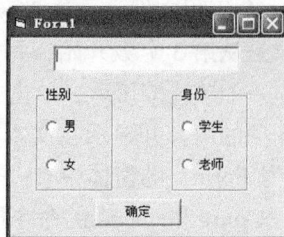

图 G-2　实验 G.2 界面

3. 在名为 Form1 的窗体上，有一个名为 Cmd1 的命令按钮，其标题为"移动"，一个名为 Vsb1 的垂直滚动条，一个名为 Txt1 的文本框，它的初始内容为空。程序的功能是在文本框中输入一个整数，单击"移动"按钮后，如果输入的是正数，滚动条中的滚动框向下移动与该数相符的刻度；但如果超过了滚动条的最大刻度，则不移动，并且显示"输入的数值太大"；如果输入的是负数，滚动条中的滚动框向上移动与该数相等的刻度；但如果超过了滚动条的最小刻度；则不移动，并且显示"输入的数值太小"。程序运行效果如图 G-3 所示。

4. 在名为 Form1 的窗体上绘制一个名为 Txt1 的文本框，Text 属性为"人民"，Font 属性为"楷体"；一个名为 Hsb1 的水平滚动条，其 Min 属性设置为 10，Max 属性设置为 50，LargeChange 属性设置为 5，SmallChange 属性设置为 2。编写适当的事件过程，使程序运行后，若移动滚动条上的滚动框，则可扩大或缩小文本框中的"人民"二字。程序运行效果如图 G-4 所示。

图 G-3　实验 G.3 界面　　　　　　　　　　图 G-4　实验 G.4 界面

5. 在名为 Form1 的窗体上有一个名称为 Txt1 的文件框；还有两个名称分别为 Chk1 和 Chk2 的复选框，它们的标题分别为"电子商务"和"物流管理"；一个名称为 Cmd1 的命令按钮，其标题为"确定"。编写适当的事件过程，使程序运行后，如果只选中"电子商务"，然后单击"确定"命令按钮，则在文本框中显示"学习电子商务"；如果同时选中"电子商务"和"物流管理"，然后单击"确定"命令按钮，则在文本框中显示"学习电子商务和物流管理"，如图 G-5 所示；如果"电子商务"和"物流管理"都不选，然后单击"确定"命令按钮，则文本框中什么都不显示。

6. 窗体上有一个名称为 Combo1 的组合框，其初始内容为空，有一个名称为 Command1、标题为"添加项目"的命令按钮。程序运行后，如果单击命令按钮，会将给定数组中的项目添加到组合框中，如图 G-6 所示。

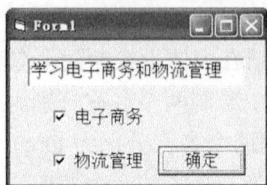

图 G-5　实验 G.5 界面　　　　　　　　　　图 G-6　实验 G.6 界面

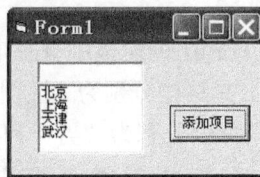

7. 创建一个工程文件 execise36.vbp 及窗体文件 execise36.frm。数列 1，1，2，3，5，8，13，21，…的规律是从第 3 个数开始，每个数是它前面两个数之和。窗体上控件如图 G-7 所示。

要求选中一个单选按钮后，单击"显示结果"按钮，则计算出上述数列的第 n 项的值，并显示在文本框中。

8. 在名为 Form1 的窗体中有一个名为 Img1 的图像框；还有两个名称分别为 Cmd1 和 Cmd2 的命令按钮，它们的标题分别是"放大"和"缩小"。要求程序运行后，单击"放大"按钮，则图像框变大；单击"缩小"按钮，则图像框变小。如图 G-8 所示。

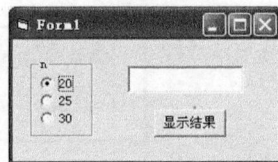

图 G-7　实验 G.7 界面

9. 在名为 Form1 的窗体中有一个名称为 Pic1 的图片框；一个名称为 Hsb1 的滚动条；3 个名称分别为 Cmd1、Cmd2 的 Cmd3 的命令按钮，它们的标题分别为"开始"、"暂停"和"结束"；一个名为 Tmr1 的时钟控件；一个名为 Lab1 的标签控件。程序要实现的功能如下。

① 单击"开始"按钮后，使小球围绕大球转动，并可以使用滚动条调节转动的速度。

② 单击"暂停"按钮后，暂停小球的转动。

③ 单击"结束"按钮结束程序。程序运行情况如图 G-9 所示。

图 G-8　实验 G.8 界面

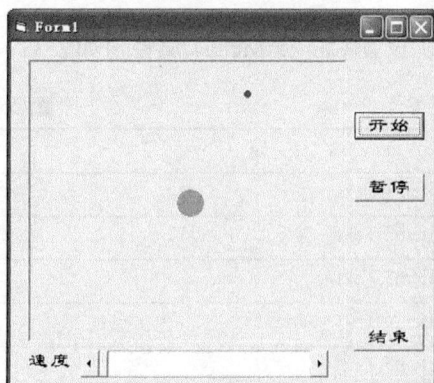

图 G-9　实验 G.9 界面

10．创建一个工程文件 execise29.vbp 及窗体文件 execise29.frm。在窗体上绘制两个图片框，名称分别为 Pic1 和 Pic2，分别用来表示信号灯和汽车（其中在 Pic1 中轮流装入"黄灯.ico"、"红灯.ico"和"绿灯.ico"文件来实现信号灯的转换）；有一个命令按钮，标题为"开车"；还有两个计时器 Timer1 和 Timer2，Timer1 用于交换信号灯，黄灯 1 秒，红灯 2 秒，绿灯 3 秒，Timer2 用于控制汽车向左移动。运行时，信号灯不断变换，单击"开车"按钮后，汽车开始移动，如果移动到信号灯前或信号灯下，遇到红灯或黄灯，则停止移动，当变为绿灯后再继续移动。如图 G-10 所示。

11．创建一个添加或删除歌手名的应用程序，如图 G-11 所示。要求：在窗体上有两个列表框，左列表框（LstLeft）罗列了一些歌手名字，右列表框（LstRight）初始状态为空；单击">"按钮（CmdAdd），可以将左列表框中的指定选项移动到右边列表框；单击">>"按钮（CmdAddall），可以将左列表框中所有的内容移动到右列表框中；单击"<"按钮（CmdDelete），可以将右列表框中选定的表项移动到左列表框中；单击"<<"按钮（CmdDeleteAll），可以将右列表框中的所有内容移动到左列表框中。

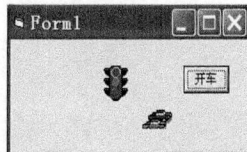

图 G-10　实验 G.10 界面

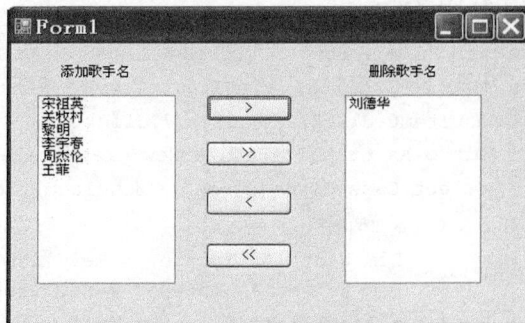

图 G-11　实验 G.11 界面

12．创建一个应用程序，当在窗体右击鼠标时，在出现的快捷菜单中，单击"圆形"项时，窗体变为"圆形"；单击"扇形"项时，窗体变为"扇形"……

（1）界面设计。

① 在窗体中添加一个上下文菜单控件 ContextMenu1，为窗体的 Background.Image 属性添加一图片。

② 设置 ContextMenu1 属性值如表 G.1 所示。

表 G.1　　　　　　　　　　　　　设置 ContextMenu1 属性值

属　　　性	值
MenuItem1.Text	椭圆
MenuItem2.Text	扇形
MenuItem3.Text	圆形
MenuItem4.Text	环形
MenuItem5.Text	三角形
MenuItem6.Text	恢复矩形
MenuItem7	退出

界面设计如图 G-12 所示。

图 G-12　实验 G.12 界面设计

（2）代码设计：

```
Private Sub MenuItem1_Click(ByVal sender As System.Object, ByVal e As System.EventArgs)
Handles MenuItem1.Click, MenuItem2.Click, MenuItem3.Click, MenuItem4.Click, MenuItem5.
Click, MenuItem6.Click, MenuItem7.Click
    Dim p As GraphicsPath = New GraphicsPath()
    Select Case CType(sender, MenuItem).Text
        Case "椭圆"
            Dim Width As Integer = Me.ClientSize.Width
            Dim Height As Integer = Me.ClientSize.Height
            p.AddEllipse(0, 20, Width - 50, Height - 100)
'根据要绘制椭圆的形状来填写 AddEllipse 方法中椭圆对应的相应参数
        Case "扇形"
            p.AddPie(10, 10, 250, 250, 5, 150)
            '根据要实现的扇形形状来填写 AddPie 方法中的相应参数
        Case "圆形"
            Dim Width As Integer = Me.ClientSize.Width
```

```
            Dim Height As Integer = Me.ClientSize.Height
            p.AddEllipse(0, 0, Height, Height)
            '圆形即是椭圆的一种特例
        Case "环形"
            Dim Height As Integer = Me.ClientSize.Height
              Dim width As Integer = 100
            p.AddEllipse(0, 0, Height, Height)
          p.AddEllipse(width, width, Height - (width * 2), Height - (width * 2))
            '根据环形的形状来分别填写 AddEllipse 方法中相应的参数
        Case "三角"
            p.AddLine(0, 0, 250, 150)
            p.AddLine(250, 150, 0, 300)
            p.AddLine(0, 0, 0, 300)
            '根据三角形的形状特征来分别填写 AddLine 方法中相应的参数
        Case "恢复矩形"
            p.AddRectangle(New Rectangle(0, 0, Me.Width, Me.Height))
            '用窗体尺寸矩形填充 AddRectangle()方法
        Case "退出"
            Close()
    End Select
    '设置窗体的外形
    Me.Region = New Region(p)
End Sub
```

（3）运行程序。

按"F5"键，在窗体右击鼠标，并在出现的快捷菜单中，单击"圆形"项，运行结果如图 G-13 所示。

13．在窗体控件绘制渔网，如图 G-14 所示。

图 G-13 不规则窗体

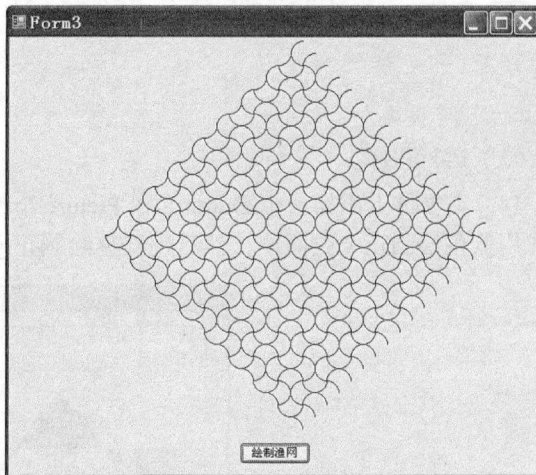

图 G-14 绘制渔网

（1）界面设计。

在窗体上添加一个 Button1 和 PictureBox1 控件，Button1.Text="绘制渔网"。

（2）代码设计：

```
Private Sub Button1_Click(ByVal sender As System.Object, ByVal e As System.EventArgs)
Handles Button1.Click
        Dim p As New Pen(Color.Blue)
        Dim g As Graphics
        g = PictureBox1.CreateGraphics()
        Dim x, y, i, j As Integer
        Dim x1 As Integer = 0
        Dim y1 As Integer = 0
        Dim x0 As Integer = 320
        Dim y0 As Integer = 6
        Dim n As Integer = 8
        Dim r As Integer = 13
        For i = 1 To 2 * n
            x1 = x0 - i * r
            y1 = y0 + i * r
            For j = 0 To n - 1
                x = x1 + 2 * j * r
                y = y1 + 2 * j * r
                g.DrawArc(p, x - r, y - r, 2 * r, 2 * r, 90, 90)
                g.DrawArc(p, x - r, y + r, 2 * r, 2 * r, 270, 90)

            Next
        Next
        x1 = x0 - 2 * r
        y1 = y0
        For i = 1 To 2 * n
            x1 = x1 + r
            y1 = y1 + r
            For j = 0 To n - 1
                x = x1 - 2 * j * r
                y = y1 + 2 * j * r
                g.DrawArc(p, x - r, y - r, 2 * r, 2 * r, 180, 90)
                g.DrawArc(p, x - 3 * r, y - r, 2 * r, 2 * r, 0, 90)
            Next
        Next
    End Sub
```

（3）运行程序。

14．在窗体上添加一个 Button1 和 PictureBox1 控件。要求：单击按钮后，在 PictureBox1 控件先用蓝色绘制正 y 弦曲线，然后用红色绘制正 y 弦曲线，如图 G-15 所示。

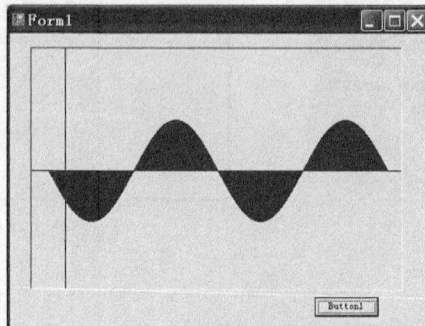

图 G-15　绘制正 y 弦曲线

程序代码如下：

```
    Private Sub Button1_Click(ByVal sender As System.Object, ByVal e As System.EventArgs)
Handles Button1.Click
        Dim G As Graphics
        G = PictureBox1.CreateGraphics()
        G.TranslateTransform(20, PictureBox1.Height \ 2)

    G.DrawLine(Pens.Black, 20, -PictureBox1.Height \ 2, 20, PictureBox1.Height \ 2)
        G.DrawLine(Pens.Black, -20, 0, PictureBox1.Width, 0)
        '正弦函数
        Dim X, Y As Double
        For X = 0 To 400 Step 0.002
            Y = 60 * Math.Sin(2 * 3.1415926 * X / 200)
            G.DrawLine(Pens.Blue, CInt(X), 0, CInt(X), CInt(Y))
            'Application.DoEvents()
        Next
        For X = 0 To 400 Step 0.002
            Y = 60 * Math.Sin(2 * 3.1415926 * X / 200)
            G.DrawLine(Pens.Red, CInt(X), 0, CInt(X), CInt(Y))
            'Application.DoEvents()
        Next
    End Sub
End Class
```

实验 H
面向对象程序设计

一、实验目的

1. 掌握类和对象的定义及使用。
2. 了解构造函数和析构函数的使用方法。
3. 理解继承的概念，掌握派生类的定义和使用。
4. 理解多态的概念，掌握基于继承的多态性实现方法。

二、实验内容

1. 类与对象的定义及使用。

创建 People（人员）类用于描述学校师生的基本信息，定义属性：id,name,birthDay；定义如下 3 个函数：

① 函数 input 用来从键盘分别输入人员的编号 id、姓名 name 以及出生日期 birthDay；

② 函数 calculate 计算人员的年龄；

③ 函数 output 输出人员的基本信息。

编写程序，上机调试并运行。

2. 构造函数和析构函数的使用方法。

输入下面的程序并运行。利用调试工具观察程序执行的每一步，观察构造函数、析构函数的调用顺序。

```
Module Module1
    Public Sub Main()
        Dim obj As CalTaper = New CalTaper()
        obj.GetS(4)     '调用派生类的 GetS 方法
    End Sub
    Public Class CalArea
        Private r As Integer = 10
        Protected s As Single
        Sub New()
            Console.WriteLine("基类的构造")
        End Sub
        Protected Overrides Sub Finalize()
            Console.WriteLine("基类的析构")
            MyBase.Finalize()
            Console.ReadKey()
```

290

```
        End Sub
    End Class
    Public Class CalTaper
        Inherits CalArea
        Sub New()
            MyBase.New() '注意：这句话要放在 Sub New()内的第一句
            Console.WriteLine("派生类的构造")
        End Sub
        Protected Overrides Sub Finalize()
            Console.WriteLine("派生类的析构")
            MyBase.Finalize()
        End Sub
        Public  Function GetS(ByVal r As Integer) As Integer
            Me.s = 3.14159 * r * r / 3
            Console.WriteLine("派生类的 GetS 方法，结果为： " & Me.s)
            Return Me.s
        End Function
    End Class
```

3．**基类、派生类定义及使用。**

从实验 H-1 的 People 类中派生出 Student（学生）类，添加属性 classNo（班号），grade（成绩）；从 People 类派生出 Teacher（教师）类，添加属性 profession（职称）、salary（工资）。为 Student 类构建预设构造函数；为 Teacher 类构建带参数构造函数。重写相应的函数，测试这些类。

4．**多态及其实现。**

利用多态性编程：创建一个 calculate 类，实现求长方形面积、三角形面积和圆面积。方法：定义一个共享父类；定义一个函数为输出面积的公共界面；再重新定义求各种形状面积的函数；创建不同类的对象，求得不同形状的面积。

一、实验目的

1．掌握顺序文件、随机文件以及二进制文件的特点和使用。

2．掌握各类文件的打开、关闭以及读/写等基本操作。

3．掌握在应用程序中使用文件。

二、实验内容

1．编写一个应用程序用于读写文件。若单击"创建文件"按钮，则将下列 3 个学生的信息写入到一个新文件 Score.dat 中。

2011001　钟子路　87

2011002　李海英　92

2011003　陈若琳　65

单击"显示文件"按钮，则将 Score.txt 文件中的内容显示到一个多行文本框中，如图 I-1 所示。要求使用 run-time 函数来实现。

2．单击"创建文件"按钮，使用 run-time 函数向文件中写入 20 个[0，100] 区间的随机整数，文件名为 math.txt。单击"显示文件"按钮，将文件中的数读入到列表框中，格式如图 I-2 所示。计算这 20 个数的平均值，并添加到列表框中。

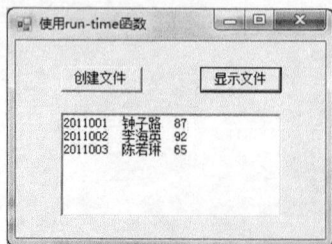

图 I-1　实验 I.1 运行界面　　　　　　　图 I-2　实验 I.2 运行界面

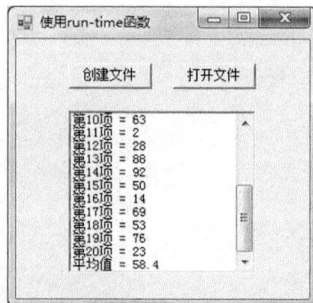

3．使用 System.IO 模型在应用程序中操作文件。单击"浏览"按钮，打开一个文件且该文件的文件名及路径显示到文本框中。单击"复制"按钮，将以在第 2 个文本框所示的路径及文件名复制源文件。单击"删除"按钮，源文件被删除。操作界面如图 I-3 所示。

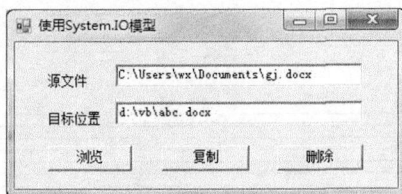

图 I-3 实验 I.3 运行界面

4.在 D 盘上创建一个以学号命名的文件夹。创建一个控制台应用程序,功能为:使用 System.IO 模型在该文件夹下新建一个名为 study.bin 的二进制文件。如果该文件存在,则覆盖旧文件。使用 GB2312 编码在文件中写入 3 个字符串("VB.NET 学习"、"华中科技大学"、"文件处理")。从二进制文件中读取并显示数据。

5. 设计一个如图 I-4 所示的应用程序。要求:

① 单击"浏览"按钮,弹出"打开"对话框。通过该对话框选择一个文本文件,该文件名及路径显示在左侧的文本框中。

② 在目标文件夹中输入一路径,如"d:\vb\12\"。如果存在该路径,则删除原路径下的文件夹及文件夹内的所有文件,并创建一个新的文件夹;否则新建一个文件夹。

③ 单击"复制"按钮,将源文件复制到新创建的文件夹下,文件名不变。

④ 单击"打开文件",在左侧的文本框中显示新复制文件的内容。

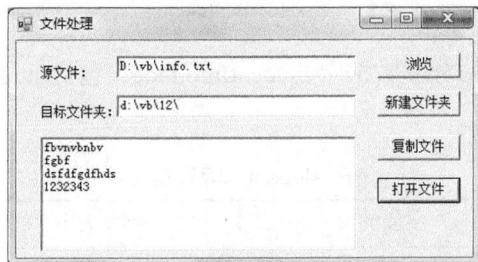

图 I-4 实验 I.5 运行界面

一、实验目的

1. 了解数据库应用程序开发过程。
2. 掌握结构化查询语言（SQL）的使用。
3. 掌握数据绑定的实现方式。
4. 掌握 DataGridView 控件的使用。
5. 掌握 BindingNavigator 控件的使用。

二、准备工作

1. 使用 Microsoft Access 建立数据库 StudentInfo.mdb，包括 student 表和 mark 表，表结构分别如表 J.1 和表 J.2 所示。

表 J.1　　　　　　　　　　　　　　　表 student 的字段定义

字 段 名	字段类型	字段大小	备 注
stud_id	文本型	7	学号
stud_name	文本型	6	姓名
stud_gender	文本型	2	性别
stud_birthday	日期型	8	生日
stud_college	文本型	8	学院
stud_classid	文本型	3	班级

表 J.2　　　　　　　　　　　　　　　表 mark 的字段定义

字 段 名	字段类型	字段大小	备 注
stud_id	文本型	7	学号
mark_course	文本型	7	课程名称
mark_score	数值型	单精度型	成绩

2. 数据库建立后，在 student 表和 mark 表中输入若干记录，分别如图 J-1 和图 J-2 所示。

stud_id	stud_name	stud_gender	stud_birthday	stud_college	stud_classid
1010101	张琳	女	1990/11/10	计算机学院	10101
1010102	黎民	男	1990/5/23	计算机学院	10101
1010103	罗志刚	男	1991/3/4	计算机学院	10101
1010106	张轩	男	1991/3/7	计算机学院	10101
1010109	旺财	男	1990/1/6	计算机学院	10101
1010201	王宏伟	男	1991/1/5	计算机学院	10102
1010202	万刚	男	1990/12/26	计算机学院	10102
1010203	常宏	男	1990/9/11	计算机学院	10102
1020101	李小欢	女	1990/7/7	计算机学院	10201
2010101	郝刚	男	1990/5/23	法学院	20101
2010102	张珍珍	女	1990/9/1	法学院	20101
2010201	魏明义	男	1991/2/11	法学院	20102
2010202	张华	女	1990/12/1	法学院	20102
2010203	张琳	女	1992/12/20	法学院	20102

图 J-1　表 Student 的记录信息

stud_id	mark_course	mark_score
1010101	大学英语	78
1010101	高等数学	85
1010101	体育	83
1010102	大学英语	75
1010102	高等数学	64
1010102	体育	80
1010103	大学英语	79
1010103	高等数学	90
1010103	体育	79
1010106	大学英语	83
1010106	高等数学	55
1010106	体育	66
1010109	大学英语	62
1010109	高等数学	84
1010109	体育	75

图 J-2　表 Mark 的记录信息

三、实验内容

1. 设计一个含有 DataGridView 控件的窗体，连接 StudentInfo.mdb 数据库中的 student 表，通过数据绑定来显示 Student 表中的数据内容。

（1）对 DataGridView 控件，通过数据源配置向导，设置数据源，实现 student 表中的记录内容的显示，如图 J-3 所示。

Form1

stud_id	stud_name	stud_gender	stud_birthday	stud_college	stud_classid
1010106	张轩	男	1991/3/7	计算机学院	10101
1010109	旺财	男	1990/1/6	计算机学院	10101
1010101	张琳	女	1990/11/10	计算机学院	10101
1010102	黎民	男	1990/5/23	计算机学院	10101
1010103	罗志刚	男	1991/3/4	计算机学院	10101
1010201	王宏伟	男	1991/1/5	计算机学院	10102
1010202	万刚	男	1990/12/26	计算机学院	10102
1010203	常宏	男	1990/9/11	计算机学院	10102
1020101	李小欢	女	1990/7/7	计算机学院	10201
2010101	郝刚	男	1990/5/23	法学院	20101
2010102	张珍珍	女	1990/9/1	法学院	20101
2010201	魏明义	男	1991/2/11	法学院	20102
2010202	张华	女	1990/12/1	法学院	20102
2010203	张琳	女	1992/12/20	法学院	20102

图 J-3　Student 表中信息的显示

（2）单击各列标题行的右边空白处，对各列的数据进行排序。图 J-4 是对 stud_name 列按照升序排序后的效果。

（3）在 DataGridView 控件中仅显示学生的学号、姓名、班级信息。

2. 设计一个窗体，使用 DataGridView 控件，使用数据绑定的方式，在界面上显示检索出来的记录。

（1）在 Microsoft Access 中创建 3 个查询，分别实现如下记录的检索。

① 查询一：检索“计算机学院”的所有同学的学号、姓名、性别及生日。

② 查询二：检索 “高等数学”课程成绩位于 60～79 分的记录，获取记录的学号、姓名及成绩。

③ 查询三：检索姓“张”的男生的记录信息，获取记录的学号、姓名、课程名及成绩。

（2）在窗体上创建 3 个 DataGridView 控件，分别显示上述 3 个查询的结果。

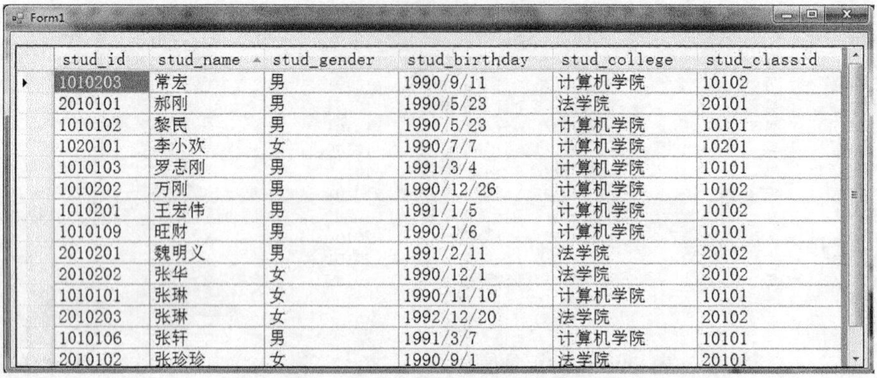

图 J-4　对 stud_name 列排序后的界面

3．设计一个窗体，界面如图 J-5 所示。使用 TextBox 文本框控件，逐条显示 student 表中学生的学号、姓名、性别、生日和学院信息，并使用 BindingNavigator 控件实现对记录的导航功能。

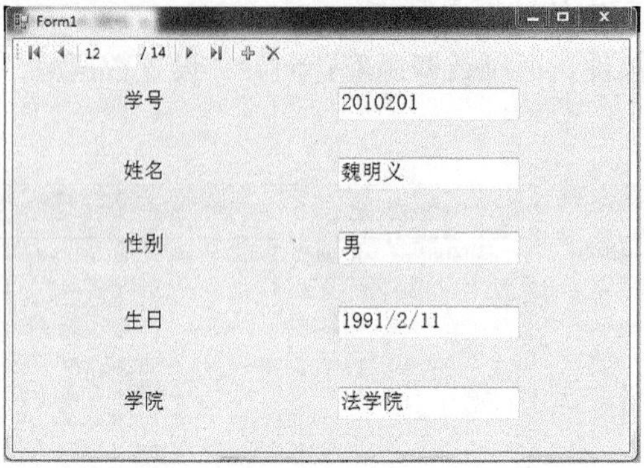

图 J-5　使用 BindingNavigator 控件实现记录的导航功能